KB090598

Third Edition

Food Service Management

외식경영론

정용주 저

 백산출판사

머리말

경영학이라는 분야는 기업을 경영하는 데 있어 근본적인 목표를 달성하기 위한 경영활동을 보다 효율적으로 수행하기 위해 필요한 원리를 종합적이고 체계적으로 연구하는 학문이다.

이러한 경영학은 제조기업의 문제를 중심으로 다루면서 개발되고 발전되었기에 제조업에 맞춰진 경영학 분야를 복합산업으로 성장한 외식산업에 그대로 적용하기에는 다소 어려움이 발생할 수 있다. 그렇다고 경영학을 배제하고 외식기업의 경영을 논할 수 없기에 다른 외식 관련 저서들과 마찬가지로 본서에서도 경영학의 기본 바탕에 외식산업이 지니는 특성을 접목하여 체계화하려 노력하였다.

현대의 외식산업은 소비자 중심의 사회로 소비자의 욕구를 충족시킬 방법을 모색해야만 기업이 생존할 수 있는 시대라 할 수 있다. 최근의 외식 트렌드를 살펴보면 생산자와 소비자 사이의 경계가 사라지고 정보화 기술 및 데이터를 포함하는 디지털 시대로의 전개가 진행 중이다. 또한 온라인을 통해 자국의 경계를 넘어 전 세계의 음식 트렌드를 공유하는 현상이 나타나고 온라인 배달대행 플랫폼을 통한 배달음식 시장의 규모가 급성장하고 있다. 특히 글로벌 외식기업들의 시장확장을 통해 우리나라의 경우 200조 원이 넘는 거대시장으로 발전하고 있어 향후 성장 가능성은 클 것으로 전망되고 있다. 그러나 이러한 성장에도 불구하고 외식산업의 경우 국내의 경제적 상황이나 외부환경의 불확실성으로 인해 어려움에 직면할 수 있기에 외식기업은 사고의 유연성과 무한경쟁의 글로벌 시대에서 경쟁할 수 있는 지식과 기술을 확보해야 지속적인 기업이 될 수 있을 것이다. 즉 시대적 흐름을 파악하고 새로운 시장을 선점하여 고객을 유치하기 위한 경쟁력이 필수적이라 할 수 있다.

이러한 상황적 배경을 바탕으로 본서에서는 외식산업의 경영 전반에 대한 기초적인 개념과 원리를 시작으로 저자의 호텔 및 외식업계의 근무경력을 바탕으로 외식산업을 올바르게 이해할 수 있도록 이론을 정립하였다.

본 교재는 총 10장으로 구성되었으며, 1장부터 3장까지는 외식산업을 쉽게 이해할 수 있도록 개념 위주로 정립하였고 4장부터 8장까지는 외식산업에서 실제 적용할 수 있는 실무 위주의 내용으로 다루었다. 마지막 9장과 10장에서는 앞장에서 다룬 내용을 토대로 실전에서 적용할 수 있는 창업과 프랜차이즈에 관한 내용을 기술하였다.

본 교재는 대학의 외식산업 관련 학과 학생들을 대상으로 작성하였으나 외식기업을 운영하고자 하는 일반 독자들도 이해하는 데 어려움이 없을 것이다.

본서의 집필 과정을 돌이켜 보면 열정과 노력으로 시작하였지만, 저자의 역량 부족으로 많은 부분에서 부족함을 느낄 수 있었고 세심한 부분까지 다루지 못한 것에 대한 아쉬움을 느낀다. 이러한 부분에 대해서는 향후 더욱 노력하고 연구하여 보충할 수 있도록 할 것이며 본 교재를 통해 외식기업을 경영하고 공부하는 모든 분들에게 조금이나마 도움이 되었으면 하는 바람이다.

마지막으로 본 교재가 출판되기까지 많은 노력을 기울여주신 백산출판사 진욱상 사장님을 비롯하여 편집부 직원분들의 노고에 진심으로 감사드리며, 세상에서 가장 소중하고 존경하는 부모님과 가족들에게 본서를 통해 사랑을 전하고자 합니다.

저자 정용주

차 례

제3장   외식산업의 경영환경

제4장   외식산업의 인적자원관리

제5장 외식산업의 메뉴관리

제6장 외식산업의 마케팅관리

제7장 외식산업의 원가 및 재무관리

제8장 외식산업의 경영전략

제9장 외식산업의 체인경영

제10장 외식산업의 창업경영

외식산업의 이해

01
Chapter

외식산업의 이해

 외식의 개념

인간이 생활하는 데 있어서 가장 기본적인 요소인 의·식·주 중 식생활은 인간의 생명 유지 및 연장은 물론 활동에 필요한 영양분을 섭취하는 일로 인류의 탄생과 함께 시작된 본능적인 생존수단이라 할 수 있다.

2만 년 전 채집수렵에서부터 시작된 인류의 식생활은 인류가 진화하는 동안 다양한 변화를 겪어 왔으며, 특히 한 국가의 식생활 문화는 해당 국가의 지리적·풍토적 자연환경과 정치·경제·사회적 여건, 그리고 역사 속에서 누적된 그 민족 특유의 문화적 배경에 의해 형성되며 식생활 양식은 오랫동안 지켜온 식습관과 새로운 생활 양식이 융합됨에 따라 변화되었다.

이러한 식생활은 이제 가정에서의 식사뿐 아니라 지불능력만 있으며 가정이라는 범위를 벗어나 가정 밖의 체험이나 개인의 욕구충족을 위한 기능과 더불어 맛에 대한 효용과 기대 등 시간과 장소에 구애받지 않고 자신이 원하는 음식을 원하는 상태로 제공받을 수 있다.

현대인에게 외식은 이제 생소하거나 특별한 의미를 부여해 주는 것이 아니라 하루 평균 1회 이상의 외식을 즐기는 일상생활의 한 부분으로 받아들여져 새로운 식생활 문화로 자리 잡고 있다.

외식이라는 용어의 사전적 의미는 '자기 집이 아닌 밖에서 식사하는 것'으로 정의하고 있으며 국내 대부분의 학자들은 '가정 밖에서 행하는 식사행위의 총칭'으로 정의하고 있다.

외식에 대한 정의는 외식산업의 특징이나 성격, 외식산업의 업종 · 업태와 위치를 파악할 수 있을 뿐 아니라 외식산업의 매출이나 성장률 등 통계적인 활용 및 외식산업의 발전방향을 모색할 수 있는 이론의 출발점이 되는 중요한 사항이다.

외식의 개념은 외식의 다양화를 통하여 내식, 외식, 중식의 개념으로 구분하여 설명할 수 있다.

1. 내식 · 중식 · 외식의 구분

광의의 개념으로 볼 때 외식은 내식 · 중식과 함께 식사의 하위개념에 속하며 음식을 만드는 장소, 음식을 만드는 사람, 음식을 먹는 장소와 연관되어 있다. 즉 요리를 만드는 사람이 가정 내의 사람인지, 아니면 가정 외의 사람인지, 먹는 장소가 가정 내인지, 가정 외인지에 따라 구분이 달라질 수 있다.

1) 내식

내식은 조리하는 주체가 가정 내의 사람이고 조리장소와 취식장소가 원칙적으로 가정 내에서 이루어지는 식사를 의미한다. 예를 들면 가정주부가 시장이나 슈퍼마켓 등의 매장에서 식재료를 구매하여 가정 내에 있는 사람의 가사노동을 통하여 조리하는 경우를 의미한다.

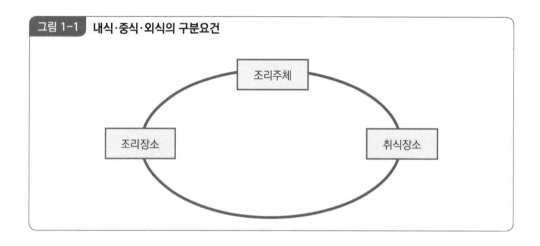

그림 1-1 **내식·중식·외식의 구분요건**

2) 중식

우리나라는 중식이라는 표현을 잘 사용하지 않으나 일본의 경우에는 1980년대 후반부터 일반화된 표현이다. 다만 일본도 중식의 범위를 명확하게 규정하는 공식적인 정의는 없지만 원재료를 구입해 조리해 먹는 것을 '내식(內食)', 밖에서 음식을 사먹는 것을 '외식(外食)'이라고 지칭하고 이 내식과 외식의 중간에 있는 식사형태를 '중식(中食 나카쇼쿠)'이라고 부른다.

즉, 일본에서는 한국의 가정간편식에 해당하는 개념을 중식이라고 하며 밖에서 조리가 끝난 음식을 구입하거나 생산한 장소와 다른 장소에서 소비하는 식품으로 정의하고 있다. 다만, 조리가 완료된 테이크아웃 식품으로 구입 후 며칠 내 소비되는 식품에 한하며, 한국에서 가정간편식에 속하는 조리냉동식품, 레토르트식품, 인스턴트식품, 전자레인지로 가열해 바로 먹을 수 있는 상온식품은 여기에 해당되지 않는다.

또한 도시락이나 초밥, 주먹밥, 샌드위치, 단체급식 등을 의미하고 있어 정확한 정의를 내리기보다는 음식을 먹는 장소적인 부분에 대해서만 주로 언급하고 있는 상태이다.

| 표 1-1 | 중식(中食: 나카쇼쿠) 정의

분류	상품 예시
일본식 반찬	구운 생선, 구운 닭고기, 달걀말이, 튀김 등
서양식 반찬	크로켓, 그라탱, 함박스테이크, 포테이토 샐러드 등
중국식 반찬	만두, 탕수육, 딤섬, 칠리소스 새우, 중국식 샐러드 등
쌀밥	도시락, 서양식 도시락, 중국식 도시락, 삼각김밥, 유부초밥 등
급식도시락	급식 시설 설치가 불가능한 사업소 등을 대상으로 급식업자가 자사 주방 시설에서 조리해 도시락 형태로 배달하는 식사
조리한 빵	샌드위치, 야키소바 롤, 핫도그 등
패스트푸드	햄버거, 오코노미야키, 야키소바 등
조리한 면	자루소바, 중국식 냉면, 야키소바
기타	아시아 반찬, 에스닉 등 위에 해당하지 않는 식품

자료: 식음료신문, 일본 나카쇼쿠(中食)시장 현황, 2018.

중식의 일반적인 개념은 조리주체가 가정 외의 사람이고 조리장소는 원칙적으로 가정 외에 있으며 취식장소가 가정 내인 식사를 의미한다. 예를 들면 편의점이나 패스트푸드점 같은 곳에서 만들어진 음식을 가정 내로 가져와 식사를 해결하는 형태이다.

| 표 1-2 | 간편식의 범위

품목분류	주요품목	정의
① 즉석섭취식품	도시락, 김밥, 샌드위치, 햄버거 등	동·식물성 원료를 식품이나 식품첨가물을 가하여 제조·가공한 것으로서 더 이상의 가열, 조리과정 없이 그대로 섭취할 수 있는 식품
② 즉석조리식품	가공밥, 국, 탕, 수프, 순대 등	동·식물성 원료를 식품이나 식품첨가물을 가하여 제조·가공한 것으로서 단순가열 등의 조리과정을 거치거나 이와 동등한 방법을 거쳐 섭취할 수 있는 식품
③ 신선편의식품	샐러드, 간편과일 등	농·임산물을 세척, 박피, 절단 또는 세절 등의 가공공정을 거치거나 이에 단순히 식품 또는 식품첨가물을 가한 것으로서 그대로 섭취할 수 있는 샐러드, 새싹채소 등의 식품

자료 : 가공식품 세분시장 현황, 농림축산식품부 보도자료, 2017.

중식은 현대인의 식생활 변화 및 여성의 사회참여율 증가, 1인 가구의 증가, 편의지향적 삶의 추구 등과 같은 현상으로 조리된 음식을 구매하는 비중이 높아지면서 급속도로 발전되고 있다. 우리나라의 경우 식생활 변화에 따라 새롭게 나타난 가정간편식(Home Meal Replacement)의 개념으로 별도 조리과정 없이 그대로 또는 단순조리과정을 거쳐 섭취할 수 있도록 제조·가공·포장한 완전, 반조리 형태의 제품을 소비하는 식사를 의미한다.

3) 외식

외식이란 가정을 중심으로 밖에서 하는 식사행위의 총칭이라 할 수 있으며 외식이라는 용어를 국어사전에서 찾아보면 '가정이 아닌 가정 밖에서 식사하는 것'으로 풀이되고 있다.

국내 대부분의 학자들 역시 '가정 밖에서 행하는 식사행위의 총칭'으로 정의하고 있다. 그러나 식생활 환경의 변화나 소비형태의 변화, 음식의 상태, 음식이 생산되고 판매되는 장소 등 다양한 요인들로 인하여 외식을 단순히 사전적인 의미로만 단정 짓기에는 애매모호한 판단이 될 수 있다.

여러 학자들의 견해와 음식물의 제공요건을 바탕으로 외식을 정의하면 외식은 '조리주체가 가정 외의 사람이고 조리장소는 원칙적으로 가정 외에 있으며 취식장소 역시 가정 외에 있는 식사행위'를 의미한다.

2. 외식의 범위

사회·경제·문화적 환경의 변화에 따라 다양하고 혼합된 식사형태가 등장하고 바쁜 삶을 살아가는 현대인들은 식사하는 장소가 다양해지고 있다. 예를 들면 달리는 차 안에서 식사를 하는 행위, 햄버거와 같은 패스트푸드를 길을 걸으면서 먹는 행위, 음식점에 주문하여 사무실 또는 가정에서 먹는 행위 등 내식과 중식, 외식의 경계가 점차 불명확해지고 있다.

일본의 도이토시오(土井利雄)는 '외식이란 가정 외에서 식사를 하는 행위의 의미뿐만 아니라 가정 외에서 가져온 식물을 가정 내에서 먹는 나물이나 부식은 물론 가정 내에서 만든 음식을 가정 외로 가지고 나가는 도시락, 초밥까지도 포함시켜야 한다'며 외식의 범위를 넓혔다. 도이토시오의 분류방식은 식생활이나 식사, 음식 및 소비자의 식사형태를 감안하여 식사가 행해지는 장소가 가정 내인가, 가정 외인가에 따라 내식 또는 외식을 구분하는 기준이 되었으나 가정 내와 가정 외라는 단순한 구분에 의한 외식의 구분은 내식과 외식을 구분하는 데 있어서 미흡한 점이 남아 있다.

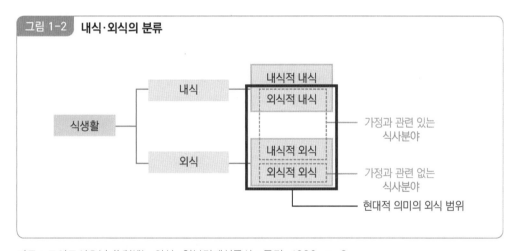

그림 1-2 **내식·외식의 분류**

자료 : 도이토시오(土井利雄), 외식, 일본경제신문사 : 동경, 1990, p. 9.

이와부치 미치오(岩渕道生)는 기존의 개념과는 달리 중식이라는 개념을 도입하여 외식의 정의 및 범위를 상세하게 구분하고 있다. 즉 음식을 조리하는 주체와 음식을 조리하는 장소, 음식을 먹는 취식장소 등 세 가지 요소를 사용하여 내식, 중식, 외식을 정의하였다.

내식과 외식, 중식을 구분하는 이유 중 하나는 외식산업의 시장 규모를 측정하는 것이라고 할 수 있으며 범위의 결정은 조리주체와 취식장소를 중심으로 정의할 수 있다.

일반적으로 조리주체가 가정 내의 사람인 경우 내식적(內食的)으로, 가정 외의 사람인 경우 외식적(外食的)으로 구분하고 취식장소가 가정 내에 있을 경우 내식(內食)으로, 가정 외에 있을 경우 외식(外食)으로 구분한다.

| 표 1-3 | 내식 · 중식 · 외식의 범위

구분		비상업적 음식제공				상업적 음식제공	
조리주체		가정 내의 사람		가정 외의 사람		가정 외의 사람	
조리장소		가정 내	가정 외	가정 내	가정 외	가정 내	가정 외
취식 장소	가정 내	① 내식적 내식(내식)	② 내식적 내식(내식)	③ 외식적 내식(중식)	④ 외식적 내식(중식)	⑨ 외식적 내식(중식)	⑩ 외식적 내식(중식)
	가정 외	⑤ 내식적 외식(내식)	⑥ 내식적 외식(내식)	⑦ 외식적 외식(외식)	⑧ 외식적 외식(외식)	⑪ 외식적 외식(외식)	⑫ 외식적 외식(외식)

자료: 이와부치 미치오(岩淵道生), 外食産業論, 農林統計協會, 1996.

1) 내식적 내식

내식적 내식은 ①번과 같이 조리를 하는 주체와 조리장소, 취식장소가 모두 가정 내에 있는 것으로 전형적인 내식이라 할 수 있다. 예를 들면 부모님이 일상적으로 가족을 위해 가정에서 조리하여 가정 내에서 먹는 것을 말한다. ②번의 경우는 조리장소가 가정 외에 있더라도 상업성을 띠지 않기 때문에 내식이라고 할 수 있다. 예를 들면 요리학원에 다니는 가족구성원 중 누군가가 학원에서 만든 음식을 가정 내에서 먹는 것을 말한다.

2) 내식적 외식

내식적 외식은 ⑤번과 같이 조리주체와 조리장소가 가정 내에서 이루어지지만 취식장소는 가정 외에서 행해지는 형태를 의미한다. 예를 들면 가족구성원이 가정 내에서 조리한 음식을 야외에 가서 먹는 것을 말한다. ⑥번의 경우는 가정 내의 사람이 가정 내에서 준비한 음식을 가정 밖으로 가져가 조리해 먹는 것을 말한다.

3) 외식적 내식

외식적 내식은 조리장소가 가정 내 또는 가정 외에 있지만 조리의 주체가 가정 외의 사람이고 취식장소가 가정 내라는 것이 공통된 특징으로 중식의 의미로 해석할 수 있다. 예를 들면 ③번의 경우는 호텔에 근무하는 전문 조리사가 봉사활동을 위하여 가정 내로 방문하여 조리한 것을 가정 내에서 먹는 경우를 들 수 있으며 ④번의 경우 외식업소에 종사하는 주방장이 자신의 레스토랑에서 음식을 만들어 가정 내에서 먹는 경우 ⑨번은 출장뷔페의 요리사에게 출장비용을 지불하여 가정 내에서 조리하게 한 후 조리된 음식을 가정 내에서 먹는 경우 ⑩번의 경우 백화점이나 전문 식당에서 구매한 음식을 가정 내에서 먹는 것으로 전형적인 중식의 개념이라고 할 수 있다.

4) 외식적 외식

외식적 외식은 조리주체가 가정 외의 사람이고 조리장소가 원칙적으로 가정 외에 있으며 취식장소가 가정 외에서 이루어지는 식사의 개념을 외식의 의미로 해석한다. 예를 들면 ⑦번은 외식업체에서 근무하는 조리사 친구가 집에 방문하여 요리한 음식을 야외에 나가 식사하는 경우 ⑧번은 무료급식을 하는 학교에서 단체급식회사가 조리한 음식을 학교에서 식사하는 경우 ⑪번은 출장비용을 지불한 출장뷔페의 요리사가 가정 내에서 조리한 음식을 가정 외에서 식사하는 경우 ⑫번은 외식업체의 요리사가 레스토랑에서 만든 요리를 해당 레스토랑에서 식사하는 경우로 전형적인 외식의 개념이라고 할 수 있다.

외식산업의 정의와 특성

외식산업이란 인간의 기본적인 욕구를 충족시켜주는 음식과 관련된 산업으로 경제 발전과 더불어 국민경제에서 차지하는 비중이 매우 높은 대표적 서비스산업이라 할 수 있다. 또한 외식산업은 음식을 조리해서 제공하는 식품제조업, 소비자에게 직접 판매하는 소매업, 서비스를 중심으로 하는 서비스산업의 성격이 강한 복합산업이라 할 수 있다.

1. 외식산업의 정의

외식산업이란 용어를 사용하기 시작한 것은 1950년대 미국에 세계 최대의 외식기업 인 맥도날드가 출현하면서부터인데 1950년대 이후 공업화 단계에 들어서면서 푸드서비 스산업(Foodservice Industry)으로 정착되었다. 일본의 경우 1970년대 『마스코미』 잡지에 서 외식산업으로 번역하여 사용하기 시작하여 1978년 일본 정부의 공식문서인 「경제백 서」에 외식산업이라는 용어가 정식으로 포함되어 사용되었다.

우리나라는 1980년대 이전에 음식의 생산 및 판매와 관련된 사업들을 요식업, 식당업, 음식업 등으로 지칭하였다. 1979년 일본 패스트푸드 업체인 롯데리아를 시점으로 해외 브랜드 외식기업들이 본격적으로 진출하기 시작한 1980년대 후반부터 외식업체들의 업 종 및 업태가 다양해지고 대규모화, 전문화되는 현상이 나타나면서 외식산업이라는 용 어가 본격적으로 사용되기 시작하였다.

외식산업과 관련된 영문 표기는 다소 차이가 있으나 보편적으로 외식사업은 Food Service Business, 외식산업은 Food Service Industry 또는 Dining Out Industry로 표기하 고 있다.

외식산업을 정의하자면 광의의 개념으로는 '음식과 관련된 산업으로 식사와 관련된 음식이나 음료, 주류 등을 제공할 수 있는 일정한 장소에서 직접 또는 간접적으로 생산 및 제조에 참여하여 특정인 또는 불특정다수에게 상업적 또는 비상업적으로 판매 및 서비스를 제공하는 산업'을 의미하며 협의의 개념으로는 '일정한 장소에서 조리, 가공된 음식물을 상품화하여 비용을 지불한 소비자에게 제공되는 가정 외의 식생활 전체를 총칭하는 산업'을 의미한다.

그림 1-3	**외식사업과 외식산업의 개념적 정의**

- Foodservice Business : 외식사업
영리를 목적으로 하는 경제활동을 의미하며 각각의 기업을 의미함
사업(事業) : 일, 기업 a work : an under-taking; operations; an enterprise; a project; activity

- Foodservice Industry, Dining Out Industry : 외식산업
재화 및 용역을 생산하는 경제활동의 단위로 유사한 종류의 제품 또는 서비스를 공급하는 기업, 즉 복수의 기업이 존재하고 있는 경우 이들이 서로 경쟁관계에 있는 동일한 분야를 의미함

자료 : 최상철, 외식산업개론, 대왕사, 2008, p. 18(저자 재구성).

2. 외식산업의 분류

1) 업종 및 업태의 이해

레스토랑의 콘셉트(Concept)에 따라서 영업방식이나 영업형태가 다르게 나타날 수 있는데 즉, 업종과 업태를 결정하게 되면 사업계획이라든지, 영업방침 등 레스토랑의 모든 전략이 달라질 수 있기 때문에 업종과 업태의 결정은 매우 중요하다고 할 수 있다.

|표 1-4| 우리나라 외식업의 업종 및 업태

업태	Fast Food Restaurant	Family Restaurant	Casual Restaurant	Dining Restaurant
내용	메뉴: 한정적 객단가: 5천~1만 원 서비스: 셀프 제공시간: 3분	메뉴: 다양 객단가: 1~3만 원 서비스: 풀서비스 제공시간: 15분 이내	메뉴: 다양 객단가: 3~5만 원 서비스: 풀서비스 제공시간: 20분 이내	메뉴: 한정적 객단가: 5만 원 이상 서비스: 풀서비스 제공시간: 25분 이내
업종	한식, 일식, 중식, 양식 등			

(1) 업종(Type of Business)

근래에 다양하고 복잡하게 전개되고 있는 외식산업은 여러 가지 형태의 새로운 콘셉트(Concept)의 등장으로 업종(Type of Business)과 업태(Type of Service)의 구분이 모호한 경우가 많다. 사전적 의미에서의 업종은 직업이나 영업의 종류를 의미하는데 외식산업에서의 업종이라 함은 취급하고 있는 상품이나 메뉴의 대분류상의 영업형태를 의미한다. 외식산업의 시장이 성숙하지 않았을 때는 각 레스토랑 간의 경쟁이 치열하지 않았고 상품도 다양하지 않았다. 따라서 소비자는 단순히 '무엇을 먹을 것인가'를 기준으로 레스토랑을 선택하였으며 레스토랑의 입장에서는 '무엇을 판매할 것인가'가 기준이 되었다. 이때 소비자는 메뉴를 선택하는 1차적 구분을 하게 되는데 예를 들면 한식, 중식, 양식, 일식 등 어떤 종류의 요리를 먹을 것인가 하는 것이다. 여기서 말하는 한식, 중식, 일식 등이 바로 업종을 의미한다.

(2) 업태(Type of Service)

업태는 사전적 의미로 영업이나 사업의 실제적 형태를 의미하는데 이것은 특정의 영업방식이나 서비스형태, 금액지불방식 등의 차이로 구분되며 상품이나 메뉴의 소분류상의 영업형태를 의미한다. 대체적으로 한 개 업종이 세분화되는 것을 업태라고 말하는데 예를 들어 한식을 업종으로 본다면 한식이라는 업종에서도 패스트푸드(Fast Food), 패밀리 레스토랑(Family Restaurant), 다이닝 레스토랑(Dining Restaurant)은 업태라고 할 수 있다.

(3) 업태의 발전단계

　외식산업이 처음에는 업종을 중심으로 성장하다가 해당 업종이 성숙단계에 이르게 되면 경쟁사의 등장으로 인하여 경쟁이 치열해지고 새로운 업태로 세분화되어 발전하게 된다. 즉 외식산업이 처음 등장하는 도입기에 양식이라는 업종이 활성화되면 다수의 경쟁자들이 등장하여 양식 레스토랑을 운영하게 될 것이다. 이러한 상황이 성숙기에 접어들고 소비자 욕구의 다양성으로 인하여 양식이라는 업종은 새로운 변화를 시도해야 하는 상황에 이르게 된다. 이에 따라 양식에서도 영업의 형태가 변화된 또 다른 레스토랑이 등장하게 되는 것이다. 예를 들면 양식에서도 패스트푸드가 등장하고, 시간이 흘러 패스트푸드에 만족을 느끼지 못하는 고객을 위하여 패밀리 레스토랑이 등장하고, 이후 다이닝 레스토랑 등 또 다른 업태가 지속적으로 등장하게 되는 것이다. 이러한 업태의 분화과정은 소비자의 욕구변화에 따라 외식산업 전반에 걸쳐 계속적으로 나타나면서 발전하게 된다.

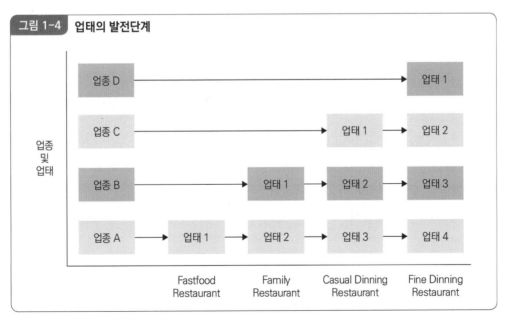

그림 1-4 업태의 발전단계

자료: 박기용, 외식산업경영학, 2009, 대왕사. p.76.

2) 외식산업 분류의 이해

우리나라는 1980년대 후반에 들어 외식산업이 발달하기 시작하였으며 외식산업에 대한 연구가 활발하게 진행되기 시작하였다. 하지만 외식산업에 대한 명확한 개념정립이 되지 않은 상태에서 편의상 정부주도로 외식업소에 대한 법적규제와 통계작성 및 세원관리의 명목으로 외식산업이 분류되고 있다.

외식산업의 분류는 국가별 식생활과 식습관에 따른 식문화 형성이 다르기 때문에 획일적인 분류가 어려운 것이 사실이다. 이렇다 보니 현재 우리나라는 외식산업에 대한 통일된 분류표가 없으며 정부기관의 목적에 따라 한국표준산업분류, 표준소득률, 식품위생법 등에서 외식산업에 속해 있는 여러 외식산업들을 분류하고 있다.

외식산업의 분류에 대한 이해를 돕기 위해서는 우선 외식기업의 활동이 시장지향적인가 또는 비용지향적인가라는 기준으로 외식산업분류를 생각해 볼 수 있다.

여기서 말하는 시장지향적이란 기업의 경영을 고객관점에서 생각하고, 시장환경(고객 및 경쟁사 등)을 끊임없이 분석하고 이해하며, 고객가치를 통해 이익을 극대화하려는 것이라 할 수 있다.

비용지향적이란 기업의 경영을 고객가치를 통한 이익의 증대라기보다는 모든 업무영역에서 전체비용을 줄여 이익을 극대화하려는 것이라 할 수 있다.

시장지향적 외식사업으로는 호텔, 레스토랑, 패스트푸드 등 일반적인 레스토랑(한식, 중식, 일식 등)을 들 수 있으며, 비용지향적 외식사업으로는 병원급식, 기업의 단체급식 등 사회복지적 성격을 지닌 업소를 들 수 있다.

시장지향적 외식사업의 특성은 다음과 같이 설명할 수 있다.

첫째, 판매량에 관계없이 지출되는 고정비용(임대료, 이자비용, 임금, 보험료, 설비의 감가상각비 등)이 높다.

둘째, 고정비용을 줄이기보다는 매출을 높여 이익을 극대화하려고 노력한다.

셋째, 상품에 대한 수요가 불안정하기 때문에 다양한 형태의 판매방법과 전략이 요구된다.

넷째, 소비자와 경쟁자, 마케팅활동 등에 따라 상품의 가격변동이 심하게 나타난다.

즉, 시장지향적 외식사업은 임대료, 임금, 보험료, 시설 설비의 감가상각비용 등 많은 고정비용이 발생하며 사업의 수익성을 향상시키기 위해 비용을 줄이기보다 판매를 증가시키는 데 중점을 둔다. 또한, 시장지향적 외식사업은 상품에 대한 수요가 불안정하기 때문에 판매량에 대한 정확한 측정이 필요하고 다양한 형태의 판매전략이나 판매촉진 방법 등이 요구된다.

이에 반해 비용지향적 외식사업의 특성은 다음과 같다.

첫째, 판매량에 따라 지출되는 변동비용(식재료비, 가스비, 수도비 등)이 고정비용보다 높게 나타난다.

둘째, 이익을 향상시키고 판매량을 증대시키기보다는 비용을 줄이는 데 노력한다. 따라서 비용지향적 외식사업은 식재료 구매, 직원의 수 등 모든 영역에서 비용을 줄이기 위해 노력을 해야 한다.

셋째, 시장지향적 외식사업과 비교할 때 상품에 대한 시장수요가 비교적 안정되어 있다. 이로 인해 비용지향적 외식사업은 고정비용보다는 식재료비 등과 같은 변동비용의 지출이 많이 발생하며 사업의 수익성을 향상시키기 위해 상품판매량의 증가보다는 비용을 줄이는 것에 중점을 둔다. 또한 시장지향적 외식사업과 비교하여 가격 경쟁력이 높기 때문에 시장에서 상품에 대한 잠재력이 높으며 안정된 수요를 확보할 수 있다.

이러한 분류 외에도 외식산업은 상업적, 비상업적 외식사업으로 구분할 수 있으며 이는 다시 일반적 외식사업과 제한적 외식사업으로 구분할 수 있다.

(1) 상업적 외식사업

상업적 외식사업은 영리를 목적으로 상품을 제공하는 사업을 말한다. 대부분 개인 또는 주식회사 등의 형태로 운영되지만 공공기관에서 영리를 목적으로 운영하기도 한다. 예를 들면 패스트푸드, 패밀리 레스토랑, 커피숍, 출장연회(Catering) 등을 포함한다. 이러한 상업적 외식사업은 사업의 목적과 판매시장의 범위를 기준으로 일반적 외식사업과 제한적 외식사업으로 구분할 수 있다.

① 일반적 외식사업

일반적 외식사업은 한식, 일식, 중식, 양식 등의 일반외식업소와 호텔의 식음료 업장, 음료 및 다과점, 주류전문점 등으로 주로 불특정 다수의 고객에게 식음료 제공을 위한 장소와 시설을 준비하고 고객에게 식음료를 직접 제공하는 장소이다.

② 제한적 외식사업

제한적 외식사업은 특정 다수에게 제한된 장소에서 식음료를 판매하는 사업으로 자동차, 철도, 항공기, 선박 등의 사업과 단체급식 등의 특정단체에서 식음료를 판매하는 것을 말한다.

(2) 비상업적 외식사업

비상업적 외식사업은 비영리를 목적으로 하는 단체급식 형태로 일반적으로 공공의 복지를 위해 운영하는 외식업소이다. 예를 들면 병원이나, 군부대, 교도소, 고아원, 양로원 등이 있으며 최근 점차 확대되고 있는 초, 중, 고등학교의 무료급식도 이에 해당된다.

3) 우리나라 외식산업의 분류

우리나라의 외식산업 분류는 일본의 분류표를 기준으로 응용하였으며 현재는 통계청에서 분류하는 '한국표준산업분류', '식품위생법상의 분류', '관광진흥법상의 분류'로 구분되고 있다.

(1) 한국표준산업상의 분류

통계청에서 분류하고 있는 한국표준산업분류(Korea Standard Industrial Classification)는 산업관련 통계자료의 정확성 및 비교성을 확보하기 위해 사업체가 주로 수행하는 산업활동을 유사성에 따라 분류한 것이다.

| 표 1-5 | 한국표준산업분류표의 음식점업

대분류	중분류	소분류	상세분류 1	상세분류 2	상세분류 3
I	숙박 및 음식점업 (55~56)	음식 및 주점업 (56)	음식점업 (561)	한식 음식점업 (5611)	한식 일반음식점업(56111)
					한식 면요리 전문점(56112)
					한식 육류요리 전문점(56113)
					한식 해산물요리 전문점(56114)
				외국식 음식점업 (5612)	중식 음식점업(56121)
					일식 음식점업(56122)
					서양식 음식점업(56123)
					기타 외국식 음식점업(56129)
				기관 구내 식당업(5613)	기관 구내식당업(56130)
				출장 및 이동 음식점업 (5614)	출장 음식 서비스업(56141)
					이동 음식점업(56142)
				기타 간이 음식점업 (5619)	제과점업(56191)
					피자, 햄버거, 샌드위치 및 유사 음식점업 (56192)
					치킨 전문점(56193)
					김밥 및 기타 간이 음식점업(56194)
					간이 음식 포장 판매전문점(56199)
			주점 및 비알코올 음료점업 (562)	주점업 (5621)	일반유흥주점업(56211)
					무도유흥주점업(56212)
					생맥주 전문점(56213)
					기타 주점업(56219)
				비알코올 음료점업 (5622)	커피전문점(56221)
					비알코올음료점업(56229)

자료: 한국표준산업분류표 제10차 개정판(2017. 07. 01 시행일자 기준), 저자 재구성

한국표준산업분류에서 구분한 대분류의 경우 숙박 및 음식점업(l. 55~56), 중분류의 경우 음식 및 주점업(56), 소분류의 경우 음식점업(561), 주점 및 비알코올음료점업(562), 세분류의 경우 한식음식점업(5611), 외국식 음식점업(5612) 기관 구내식당업(5613), 출장 및 이동 음식업(5614), 기타 간이 음식점업(5619), 주점업(5621), 비알코올음료점업(5622)으로 구분하고 세세분류에서는 세분류를 기준으로 더욱 자세하게 분류하고 있다.

특히 소분류에 있는 음식점업(561)은 접객시설을 갖추고 구내에서 직접 소비할 수 있도록 주문한 음식을 조리하여 제공하는 음식점을 운영하거나 접객시설 없이 고객이 주문한 음식을 직접 조리하여 배달·제공하는 산업활동을 말한다. 여기에는 회사, 학교 등의 기관과 계약에 의하여 음식을 조리·제공하는 구내 식당을 운영하는 활동도 포함한다.

① 한식 음식점업(Korean Food Restaurants)_(Code 5611)

한식 요리법에 따라 조리한 각종 일반 음식류를 제공하는 산업활동을 말한다. 단, 라면, 피자, 샌드위치 등과 같은 간이 음식을 제공하는 활동(5619)이나 음식의 종류 등과 관계없이 이동 음식점을 운영하는 경우(56142), 기관 구내식당을 운영하는 경우(56130), 출장 음식서비스(56141)의 경우 제외한다.

㉠ 한식 일반 음식점업(General Korean Food Restaurants)_(Code 56111)

백반류, 죽류, 찌개류(국, 탕, 전골), 찜류 등 한식 일반 음식을 제공하는 산업활동으로 주로 죽류, 찌개류 및 찜류는 육류 또는 해산물이 주재료가 되는 경우를 포함한다. 예를 들면 설렁탕을 판매하는 점포나 해물탕집, 해장국집, 보쌈집, 냉면집, 일반 한식 전문뷔페 등을 의미한다.

㉡ 한식 면 요리전문점(Korean Food Restaurants Specializing in Noodle Dishes)_(Code 56112)

냉면, 칼국수, 국수 등 한식 면 요리 음식을 전문적으로 제공하는 산업활동을 말한다. 단, 간이 음식형태로 제공하는 면 요리 음식점(56194)은 제외된다. 대표적인 예로는 냉면 전문점, 칼국수 전문점 등이 있다.

ⓒ 한식 육류 요리전문점(Korean Food Restaurants Specializing in Meat Dishes)_(Code 56112)

쇠고기, 돼지고기, 닭고기, 오리고기 등 육류 구이 및 회 요리를 전문적으로 제공하는 산업활동을 말한다.

ⓓ 한식 해산물 요리전문점(Korean Food Restaurants Specializing in Seafood Dishes)_(Code 56114)

한국식 횟집, 생선 구이점 등 한식 해산물 요리를 제공하는 산업활동을 말한다. 예를 들어 한국식 횟집이나 일식 이외의 해산물 요리전문점이 이에 해당되는데 해산물 찜류, 탕류, 죽류 전문점(56111)은 제외된다.

② 외국식 음식점업(Foreign Food Restaurant)_(Code 5612)

한식 요리를 제외한 중식, 일식, 서양식 및 기타 외국식 요리법에 따라 조리한 각종 일반 음식류를 제공하는 산업활동을 말한다.

ⓐ 중식 음식점업(Chinese Food Restaurants)_(Code 56121)

중국식 음식을 제공하는 산업활동을 말한다.

ⓑ 일식 음식점업(Japaneses Food Restaurants)_(Code 56122)

정통 일본식 음식을 전문적으로 제공하는 산업활동을 말하며 대표적으로 초밥집(일식전문점), 일식 횟집, 일식 구이 전문점(로바다야끼), 일식 우동전문점이 있다. 단 한국식으로 운영되는 횟집(56114)은 제외한다.

ⓒ 서양식 음식점업(Western Food Restaurants)_(Code 56123)

유럽 및 미국 등에서 발달한 서양식 음식을 제공하는 산업활동을 말하며 대표적으로 서양식 레스토랑, 서양식 패밀리 레스토랑, 이탈리아 음식점 등이 있다.

ⓓ 기타 외국식 음식점업(Other Foreign Food Restaurants)_(Code 56120)

동남아, 인도 등 기타 외국식 음식점업을 운영하는 산업활동을 말하며 대표적으로 베트남 음식점, 베트남 쌀국수 전문점, 인도 음식점 등을 들 수 있다.

③ 기관 구내식당업(Industrial Restaurants)_(Code 5613)

㉠ 기관 구내식당업(Industrial Restaurants)_(Code 56130)

회사 및 학교, 공공기관 등의 기관과의 계약에 의하여 구내식당을 설치하고 음식을 조리하여 제공하는 산업활동으로 회사나 학교 등의 구내식당을 운영하는 경우를 말한다. 단, 회사 등의 기관과 계약에 의하여 별도의 장소에서 다량의 집단 급식용 식사를 조리하여 약정기간 동안 운송·공급하는 경우(10751)는 제외한다.

④ 출장 및 이동 음식점업(Event Catering and Mobile Food Service Activities)_(Code 5614)

연회 등과 같은 행사 시 특정 장소로 출장하여 음식 서비스를 제공하는 산업활동과 고정된 식당시설 없이 각종의 음식을 조리하여 제공하는 이동식 음식점을 운영하는 산업활동을 포함한다.

㉠ 출장 음식 서비스업(Event Catering)_(Code 56141)

파티, 오찬, 연회 등의 행사 시 고객이 지정한 장소에 출장하여 주문한 음식물을 조리하여 제공하는 산업활동으로 주로 가족 모임이나 소규모의 다양한 연회행사나 독립적인 식당차 운영 등을 예로 들 수 있다. 실내공간의 한계에서 탈피할 수 있고 고객의 욕구를 충족시켜 줄 수 있는 장점이 있다.

㉡ 이동음식업(Mobile Food Service Activities)_(Code 56142)

제공하는 음식 종류에 관계없이 특정 장소에 고정된 식당을 개설하지 않은 이동식 음식점을 운영하는 산업활동을 말하며 대표적으로 이동식 포장마차, 이동식 떡볶이 판매점, 이동식 붕어빵 판매점 등을 들 수 있다.

⑤ 기타 음식점업(Other Light Food Restaurants)_(Code 5619)

즉석식의 빵, 케이크, 생과자, 떡류, 피자, 햄버거, 샌드위치, 분식류, 기타 패스트푸드 및 유사 식품 등을 조리하여 소비자에게 제공하는 음식점을 운영하는 산업활동을 말한다.

㉠ 제과점업(Bakeries)_(Code 56191)

즉석식의 빵, 케이크, 생과자 등을 직접 구워서 일반 소비자에게 판매하거나 접객
시설을 갖추고 구입한 빵, 케이크 등을 직접 소비할 수 있도록 제공하는 산업활동
을 말하며 접객시설을 갖추고 떡류를 제공하는 경우도 포함한다. 단, 접객시설 없
이 빵, 케이크 등을 구입하여 일반소비자에게 판매하는 경우(47)는 제외한다.

㉡ 피자, 햄버거, 샌드위치 및 유사음식점업(Pizza, Hamburger and Sandwich Eating places
and Similar Food Services Activities)_(Code 56192)

피자, 햄버거, 샌드위치 및 이와 유사한 음식을 전문적으로 제공하는 산업 활동을
말한다. 예를 들면 피자 전문점, 샌드위치 전문점, 햄버거 전문점, 토스트 전문점
등을 들 수 있다.

㉢ 치킨 전문점(Chicken Restaurants)_(Code 56193)

양념치킨, 프라이드치킨 등 치킨 전문점을 운영하는 산업활동을 말한다. 단, 주류
와 치킨을 함께 판매하는 경우나 치킨과 햄버거를 함께 판매하는 경우는 주된 산
업활동에 따라 분류할 수 있다. 대표적인 예로는 양념치킨 전문점, 프라이드치킨
전문점 등이 있다.

㉣ 김밥 및 기타 간이 음식점업(Dried Seaweed Rolls and Other Light Food Restaurants)_(Code 56194)

간이 음식(대용식이나 간식, 야식 등)용으로 조리한 김밥, 만두류, 찐빵, 면류(라면, 우동 등),
떡볶이류, 튀김류, 꼬치류 등을 제공하는 음식점을 운영하는 산업활동으로 간이
음식류를 포장 판매도 하지만 객석 판매가 많은 경우를 포함한다. 이들 음식점은
간단한 메뉴를 동일한 방식으로 신속하게 조리하는 경우가 일반적이다. 예를 들면
김밥 판매점이나 일반분식점, 아이스크림 전문점 들을 들 수 있다.

단, 객석 없이 간이 음식류를 조리하여 판매하는 경우(56199)나 면류, 만두류를 전
문적으로 요리하여 판매하는 경우(561)는 제외한다.

㉤ 간이 음식 포장 판매 전문점(Take-out Light Food Restaurants)_(Code 56199)

고정된 장소에서 대용식이나 간식 등 간이 음식류를 조리하여 포장 판매하거나

일부 객석은 있으나 포장 판매 위주로 음식점을 운영하는 산업활동을 말한다.

⑥ 주점업(Drinking Places)_(Code 5621)

요정, 선술집(스탠드바), 나이트클럽, 생맥주 전문점, 디스코클럽, 카바레, 대폿집 등과 같이 술과 이에 따른 음식을 판매하는 산업활동을 말한다.

㉠ 일반 유흥 주점업(General Amusement and Drinking Places)_(Code 56211)

접객시설과 함께 접객 요원을 두고 술을 판매하는 각종 형태의 유흥주점을 말한다. 예를 들어 한국식 접객 주점이나, 룸살롱, 바, 서양식 접객 주점, 접객 서비스 방식의 비어홀 등이 있다.

㉡ 무도유흥 주점업(Dancing and Drinking Halls)_(Code 56212)

무도시설을 갖추고 주류를 판매하는 유흥주점을 말한다. 예로는 카바레, 무도 유흥주점, 극장식 주점(식당) 클럽, 나이트클럽 등이 있다. 단, 무도장 및 콜라텍 운영(91291)은 제외한다.

㉢ 생맥주 전문점(Taphouses)_(Code 56213)

접객시설을 갖추고 대중에게 주로 생맥주를 전문적으로 판매하는 주점을 말한다. 주로 생맥주집(호프집)을 말하며 생맥주 이외 맥주 판매 주점(56219)은 제외한다.

㉣ 기타 주점업(56219)

생맥주 전문점을 제외한 대폿집, 선술집 등과 같이 접객시설을 갖추고 대중에게 술을 판매하는 기타의 주점을 말한다. 예를 들어 소주방, 막걸리집, 토속 주점 등이 이에 해당된다.

⑦ 비알코올 음료점업(Non-alcoholic Beverages Places)_(Code 5622)

접객시설을 갖추고 비알코올성 음료를 만들어 제공하는 산업 활동으로 커피전문점이나 주스전문점, 찻집, 다방 등이 이에 해당된다.

㉠ 커피 전문점(Coffee Shops)_(Code 56221)

접객시설을 갖추고 볶은 원두, 가공 커피류 등을 이용하여 생산한 커피 음료를 전문적으로 제공하는 산업활동을 말하며 접객시설 없이 커피 포장 판매를 전문적으로 하는 음료점도 포함한다. 단, 전통식 다방(인스턴트 커피점: 56229)은 제외한다.

ⓒ 기타 비알코올 음료점업(Other Non-alcoholic Beverages Places)_(Code 5622)

접객시설을 갖추고 주스, 인스턴트 커피, 홍차, 생강차, 쌍화차 등을 만들어 제공하는 산업활동을 말한다. 접객시설 없이 비알코올 음료 포장 판매를 전문적으로 하는 음료점도 포함한다. 예를 들면 주스 전문점이나 찻집, 다방 등이 이에 해당한다.

(2) 식품위생법상의 분류

우리나라 식품위생법상 음식점 영업은 「식품위생법」 '제7장 영업'의 '제36조(시설기준) 1항'에서 식품접객업이라는 용어를 사용하고 있으며 「식품위생법 시행령」 '제21조 8항 영업의 종류'에서는 식품접객업의 종류 및 영업내용을 명시하고 있다. 식품위생법상 음식점분류 기준은 판매상품과 주류의 판매여부 등을 기준으로 하여 한국표준산업분류표의 음식점업과는 다소 큰 차이가 있으며 지속적으로 변화되는 외식산업의 범위와 특징을 반영하지 못하고 있다는 문제점을 지니고 있다.

「식품위생법 시행령」에 따른 세부기준은 휴게음식점영업, 일반음식점영업, 단란주점영업, 유흥주점영업, 위탁급식영업, 제과점영업으로 분류하고 있으며 구체적인 사항은 〈표 1-6〉과 같다

| 표 1-6 | 식품위생법상의 분류

대분류	중분류	소분류	상세분류
식품위생법 제7장 영업	제36조 1항 식품접객업	시행령 제21조 8항	휴게음식점영업
			일반음식점영업
			단란주점영업
			유흥주점영업
			위탁급식영업
			제과점영업

자료: 식품의약품안전청, 식품위생법, 2020. 3. 24 기준, 저자 재구성

① 휴게음식점영업

주로 다류(茶類), 아이스크림류 등을 조리·판매하거나 패스트푸드점, 분식점 형태의 영업 등 음식류를 조리·판매하는 영업으로서 음주행위가 허용되지 아니하는 영업을 말한다. 다만, 편의점, 슈퍼마켓, 휴게소, 그 밖에 음식류를 판매하는 장소(만화가게 및 「게임산업진흥에 관한 법률」 제2조 제7호에 따른 인터넷컴퓨터게임시설제공업을 하는 영업소 등 음식류를 부수적으로 판매하는 장소를 포함한다)에서 컵라면, 일회용 다류 또는 그 밖의 음식류에 물을 부어 주는 경우는 제외한다.

휴게음식점에는 객실(투명한 칸막이 또는 투명한 차단벽을 설치하여 내부가 전체적으로 보이는 경우는 제외)을 둘 수 없으며, 객석을 설치하는 경우 객석에는 높이 1.5m 미만의 칸막이(이동식 또는 고정식)를 설치할 수 있다. 이런 경우 2면 이상을 완전히 차단하지 않아야 하고, 다른 객석에서 내부가 서로 보이도록 해야 한다.

② 일반음식점영업

음식류를 조리·판매하는 영업으로 식사와 함께 부수적으로 음주행위가 허용되는 영업을 말한다. 일반음식점 영업을 하려는 자는 식품위생법에 따라 시장, 군수, 구청장에게 신고함으로써 영업을 할 수 있으며 특별한 제한 없이 영업신고 후 누구든지 할 수 있다. 단, 다음과 같은 사항에 해당 시 영업신고를 제한하고 있다.

예를 들면, 식품위생법령 위반으로 영업소의 폐쇄명령을 받은 후 6개월이 경과하지 않고 그 영업장소에서 동일한 영업을 하고자 하는 경우나 청소년을 유흥접객원으로 고용하여 유흥행위를 한 후 폐쇄명령을 받은 지 1년이 경과하지 않은 경우 등은 영업을 제한한다.

③ 단란주점영업

주로 주류를 조리·판매하는 영업으로 손님이 노래를 부르는 행위가 허용되는 영업을 말하며, 단란주점 영업을 하려는 자는 영업소를 관할하는 시장, 군수, 구청장 등에게 필요한 구비서류를 갖춰 허가를 받아야 한다.

영업허가 신청을 받은 관청은 구비서류 검토 및 확인 후 부적합 사항에 대해서는 시정을 요청하고 이후 해당 영업소의 시설에 대한 확인조사 실시 후 영업허가증을 발급한다.

단란주점 영업장 내에 객실이나 칸막이를 설치하려는 경우에는 주된 객장의 중앙에서 객실 내부가 전체적으로 보일 수 있도록 설비해야 하며, 통로형태 또는 복도형태로 설비해서는 안 된다. 또한 객실로 설치할 수 있는 면적은 객석 면적의 2분의 1을 초과할 수 없으며 객실에는 잠금장치를 설치할 수 없다.

④ 유흥주점영업

주로 주류를 조리·판매하는 영업으로 유흥종사자를 두거나 유흥시설을 설치할 수 있고 손님이 노래를 부르거나 춤추는 행위가 허용되는 영업을 말한다. 여기서 유흥종사자란 손님과 함께 술을 마시거나 노래 또는 춤으로 손님의 유흥을 돋우는 부녀자인 유흥접객원을 의미하며, 유흥시설이란 유흥종사자 또는 손님이 춤을 출 수 있도록 설치한 무대를 의미한다.

유흥주점업의 경우 역시 객실에는 잠금장치를 설치할 수 없으며 소방시설 등 영업장 내부 피난통로, 그 밖의 안전시설을 갖추어야 한다.

⑤ 위탁급식영업

집단급식소를 설치·운영하는 자와의 계약에 따라 그 집단급식소(1회 50명 이상에게 식사를 제공하는 급식소를 의미)에서 음식류를 조리하여 제공하는 영업을 말한다. 위탁급식영업의 경우 영업활동을 위한 독립된 사무소가 있어야 하며, 식품을 위생적으로 운반하기 위하여 냉동시설이나 냉장시설을 갖춘 적재고가 설치된 운반차량을 1대 이상 갖추어야 한다. 단, 영업활동에 지장이 없는 경우에는 다른 사무소를 함께 사용할 수 있으며, 허가 또는 신고한 영업자와 계약을 체결하여 냉동 또는 냉장시설을 갖춘 운반차량을 이용하는 경우 운반차량을 갖추지 않아도 된다.

⑥ 제과점영업

주로 빵, 떡, 과자 등을 제조, 판매하는 영업으로서 음주행위가 허용되지 아니하는 영업을 말한다.

(3) 관광진흥법상의 분류

「관광진흥법」에서 구분하는 외식산업의 종류는 크게 관광객이용시설업과 관광편의 시설업이 있다. 관광객이용시설업은 관광객을 위하여 음식이나 운동, 오락, 휴양, 문화, 예술 또는 레저 등에 적합한 시설을 갖추고 이를 관광객에게 이용하는 업을 의미하며 관광편의시설업은 관광사업 외에 관광진흥에 이바지할 수 있다고 인정되는 사업이나 시설 등을 운영하는 업을 말한다. 이러한 관광진흥법상의 분류는 〈표 1-7〉과 같다.

| 표 1-7 | 관광진흥법상의 분류

대분류	중분류	소분류	상세분류
관광진흥법	관광객이용시설업	전문휴양업	휴게음식점영업
			일반음식점영업
			제과점영업
	관광편의시설업		관광유흥음식점업
			관광극장유흥업
			외국인전용 유흥음식점업
			관광식당업

자료: 관광진흥법 시행령, 2020. 06. 04 기준, 저자 재구성

① 전문휴양업

관광객의 휴양이나 여가 선용을 위하여 숙박업시설이나 「식품위생법 시행령」에 따른 휴게음식점영업, 일반음식점영업 또는 제과점영업의 신고에 필요한 시설을 갖추고 관광객에게 이용하게 하는 영업을 말한다.

㉠ 휴게음식점영업

주로 다류(茶類), 아이스크림류 등을 조리·판매하거나 패스트푸드점, 분식점 형태의 영업 등 음식류를 조리·판매하는 영업으로서 음주행위가 허용되지 아니하는

영업을 말한다. 다만, 편의점, 슈퍼마켓, 휴게소, 그 밖에 음식류를 판매하는 장소(만화가게 및 「게임산업진흥에 관한 법률」 제2조 제7호에 따른 인터넷컴퓨터게임시설제공업을 하는 영업소 등 음식류를 부수적으로 판매하는 장소를 포함한다)에서 컵라면, 일회용 다류 또는 그 밖의 음식류에 물을 부어 주는 경우는 제외한다.

  ⓛ 일반음식점영업

음식류를 조리·판매하는 영업으로 식사와 함께 부수적으로 음주행위가 허용되는 영업을 말한다. 일반음식점 영업을 하려는 자는 「식품위생법」에 따라 시장, 군수, 구청장에게 신고함으로써 영업을 할 수 있으며 특별한 제한 없이 영업신고 후 누구든지 할 수 있다.

  ⓒ 제과점영업

주로 빵, 떡, 과자 등을 제조, 판매하는 영업으로서 음주행위가 허용되지 아니하는 영업을 말한다.

  ② 관광유흥음식점업

식품위생법령에 따른 유흥주점영업의 허가를 받은 자가 관광객이 이용하기 적합한 한국 전통 분위기의 시설을 갖추어 그 시설을 이용하는 자에게 음식을 제공하고 노래와 춤을 감상하게 하거나 춤을 추게 하는 영업을 말한다.

  ③ 관광극장유흥업

식품위생법령에 따른 유흥주점영업의 허가를 받은 자가 관광객이 이용하기 적합한 무도(舞蹈)시설을 갖추어 그 시설을 이용하는 자에게 음식을 제공하고 노래와 춤을 감상하게 하거나 춤을 추게 하는 영업을 말한다.

  ④ 외국인전용 유흥음식점업

식품위생법령에 따른 유흥주점영업의 허가를 받은 자가 외국인이 이용하기 적합한 시설을 갖추어 그 시설을 이용하는 자에게 주류나 그 밖의 음식을 제공하고 노래와 춤을 감상하게 하거나 춤을 추게 하는 영업을 말한다.

⑤ 관광식당업

식품위생법령에 따른 일반음식점영업의 허가를 받은 자가 관광객이 이용하기 적합한 음식 제공시설을 갖추고 관광객에게 특정 국가의 음식을 전문적으로 제공하는 영업을 말한다.

우리나라에서 외식업이라는 용어가 사용되기 전에는 요식업, 식당, 레스토랑 등으로 불렸으며 일반적으로 음식점이라는 용어가 널리 사용되었다. 특히 '식당'이라는 표현은 외식업이라는 용어가 일반화되기 이전에 식사하는 모든 장소를 총칭한 것이다. 하지만 소비자의 소득수준이 높아지고 여가시간이 확대됨에 따라 삶의 질에 대한 소비자들의 질적 욕구가 다양해지고 높아졌으며, 식사라는 것을 생리적욕구 충족을 위한 차원이 아니라 그 이상의 차원으로 생각하는 경향이 나타나게 되었다. 이에 따라 외식업소는 고객을 대상으로 식음료 판매 및 고객 상호 간 유대감을 쌓고 정보를 교환하는 커뮤니케이션 장소의 역할과 함께 문화생활의 공간으로 자리 잡고 있다.

1. 레스토랑의 정의

1600년경 프랑스에 레스토랑의 전신인 커피하우스(Coffee House)가 출현하여 커피 및 코코아, 포도주 등 간단한 음료와 술을 판매하였다. 이곳에서 사람들은 간단한 음료수를 마시면서 흥미 있는 사건들에 대해 토론하며 그 지역의 상류사회에서 흘러나오는 최신 뉴스와 소문들을 서로 주고받았다. 레스토랑의 어원은 1760년 프랑스 루이 15세

집권기간 중 몽 블랑제(Mon Boulanger)라는 사람이 자신의 집에서 양의 다리를 재료로 수프 'Restaurers'를 만들어 판매하였는데 훗날 이 요리를 먹는 장소를 '레스토랑(Restaurant)'이라 불렀던 것에서 유래된 것으로 전해진다.

레스토랑은 미국의 웹스터(Webster) 사전에서 'an establishment where refreshments or meals may be procured by the public: a public eating house'라고 기록되어 대중들이 가벼운 음식이나 식사를 할 수 있는 시설로 설명하고 있다. 국어사전에서는 '식사를 할 수 있도록 설비된 방, 음식물을 만들어 손님에게 파는 집'으로 설명하고 있다. 이러한 내용을 종합하면 레스토랑이란 '일정한 장소에 필요한 시설을 갖추고 영리 또는 비영리를 목적으로 식음료의 상품과 인적서비스를 동시에 제공하는 곳'이라고 할 수 있다.

2. 외식업의 분류

외식업은 소비자의 식생활을 향상시키고 고용 인구를 창출하는 등 외식산업 전반에 걸쳐 중요한 역할을 하고 있으며 단순히 음식을 제공하는 시설이 아닌 서비스와 분위기, 청결 등 종합적인 상품을 판매하는 장소로 휴식공간의 의미도 지니고 있다. 또한 외식 활동이 하나의 문화생활로 자리 잡기 시작하면서 다양한 형태의 레스토랑이 출현하고 변화하는 유행성을 지니고 있다. 이러한 변화에 따라 외식업을 분류해 보면 다음과 같이 크게 서비스형태에 의한 분류, 메뉴품목에 의한 분류, 레스토랑 명칭에 의한 분류로 구분할 수 있다.

1) 서비스형태에 의한 분류

(1) 셀프서비스 레스토랑(Self Service Restaurant)

셀프서비스(Self Service)는 고객이 메뉴를 선택한 다음 고객이 직접 음식을 운반하거나 이동하여 점포 내 또는 점포 외에서 먹는 형태를 말한다.

대체적으로 가격이 저렴하고 신속하며, 간편하게 제공되기 때문에 식사시간이 짧고 식사 후 고객이 직접 잔반을 처리하게 된다.

셀프서비스 레스토랑은 식사의 편리함을 찾는 고객의 욕구를 만족시켜 주는 데 있기 때문에 음식의 질, 서비스, 분위기 등보다는 시간, 가격, 편의성 등이 구매의사 결정요인이 된다. 이러한 셀프서비스 레스토랑은 유동인구가 많은 지역에 출점하는 경향이 강하고 서비스의 형태에 따라 테이크아웃 서비스, 카페테리아 서비스, 픽업 서비스, 뷔페 서비스 등이 있다.

주로 햄버거나 샌드위치류 등의 패스트푸드 음식류와 카페테리아, 단체급식, 뷔페레스토랑 등이 셀프서비스에 해당된다고 할 수 있다.

① 테이크아웃 방식(Take Out Style)

고객이 음식을 주문한 후 포장된 음식을 가지고 점포 밖(가정이나 사무실 등)으로 가져가서 먹는 형태를 말하며 주로 패스트푸드 및 제과, 제빵 등이 해당된다.

② 픽업 방식(Pick Up Style)

고객이 음식을 선택한 후 직접 음식을 가져다가 점포 내에서 먹는 형식이다. 금액을 지불함과 동시에 음식을 가져가는 Cash & Carry 방식으로 패스트푸드가 이에 해당되며 대부분의 셀프서비스 방식이 픽업 방식으로 운영되고 있다.

셀프서비스 방식의 레스토랑 특징은 다음과 같다.

첫째, 고객이 직접 참여하기 때문에 종업원을 최소화하여 인건비가 절감된다.
둘째, 간편하고 단순한 메뉴의 취급으로 식사시간이 짧아 고객회전율이 높다.
셋째, 단순화 · 자동화 · 표준화를 통해 효율적인 대량생산이 가능하다.
넷째, 호텔이나 외국 등에서 지불되는 봉사료(Service Charge)가 없다.
다섯째, 비교적 저렴한 가격으로 신속한 식사가 가능하다.

③ 카페테리아 방식(Cafeteria Style)

고객이 만들어진 음식을 선택한 후 직접 음식을 담아 가지고(또는 점원이 담아 줌) 점포

내 좌석으로 이동하여 먹는 형태를 말한다. 메뉴에 따라 가격차등제가 적용되는 경우도 있으며 식사 후에는 고객이 식기를 직접 반납하는 곳까지 가져가야 한다. 주로 단체급식소나 직원식당을 예로 들 수 있다.

④ 바이킹 방식(Viking Style)

고객이 만들어진 음식을 선택한 후 직접 음식을 가져다 점포 내에서 먹는 형태이다. 카페테리아 방식과 유사하나 음식에 대한 양과 횟수에 제한 없이 무제한으로 식사할 수 있으며 일정금액을 지불하는 가격균일제로 흔히 뷔페(Buffet)라고 부르며 식사 후 식기는 고객이 반납하는 것이 아니라 직원들이 치워준다.

이러한 방식을 바이킹이라고 부르는 이유는 스칸디나비아 반도의 해적단 바이킹족이 약탈한 음식을 한꺼번에 놓고 나눠 먹는 방식에서 유래되었다고 하며 일본에서는 뷔페를 바이킹이라고 부른다.

(2) 테이블 서비스 레스토랑(Table Service Restaurant)

테이블 서비스 레스토랑은 고객의 주문에 의해 직원이 식음료를 제공하는 레스토랑을 말하며 일반적인 레스토랑에서 이루어지는 가장 전형적인 서비스 방식의 레스토랑이다. 테이블 서비스 레스토랑은 셀프서비스 레스토랑에 비해 가격이 비싸고 식사 제공시간이 늦으며, 이로 인하여 식사시간이 긴 편이다.

테이블 서비스 레스토랑은 쾌적하게 조성된 분위기 속에서 특징 있는 요리를 신속하고 보다 전문적이며 효율적인 방법으로 제공하여 고객의 욕구를 충족시키는 데 목적이 있으며 맛있는 음식을 먹는 즐거움과 사교, 그리고 심리적, 신체적인 만족 등을 위한 식음료 상품을 제공하기 때문에 고객들이 테이블 서비스 레스토랑을 구매하는 결정요인은 주로 음식의 질이나 메뉴, 서비스, 분위기, 엔터테인먼트 등이 될 수 있다.

테이블 서비스 레스토랑에서 이루어지는 서비스는 방식에 따라 프렌치 서비스(French Service)와 러시안 서비스(Russian Service), 아메리칸 서비스(American Service)로 구분될 수 있다.

① 프렌치 서비스(French Service)

프렌치 서비스는 유럽의 귀족들이 좋은 음식과 시간적인 여유를 즐기기 위한 형식적이고 우아한 서비스 방식으로 고객 앞에서 요리를 완성시켜 서비스하는 방식을 말한다.

숙련된 종사원이 서비스해야 하는 관계로 인건비의 지출이 높고, 다른 서비스에 비하여 시간이 오래 걸리는 단점이 있다.

② 러시안 서비스(Russian Service)

러시안 서비스는 프렌치 서비스와 유사한 점이 있으나 주방에서 미리 준비된 음식을 가지고 종사원이 고객의 몫에 맞게 알맞은 양을 서비스해 주는 방식이다. 주로 연회(Banquet)에서 이루어지는 서비스 방식이다.

③ 아메리칸 서비스(American Service)

아메리칸 서비스는 일반 레스토랑에서 가장 흔하게 이루어지는 서비스 형태로 주방에서 준비된 음식을 접시(Plate)나 쟁반(Tray)을 이용하여 신속하게 운반해 서비스하는 방식이다. 신속한 서비스가 장점으로 고객 회전이 빠른 레스토랑에 적합하며 종사원 한 사람이 많은 고객을 담당할 수 있다는 장점이 있으나 고객의 미각을 돋울 수 있는 우아한 서비스 연출이 어렵다.

테이블 서비스 레스토랑의 특징은 다음과 같다.

첫째, 종사원에게 접객서비스를 제공받기 때문에 인건비가 높은 편이다.
둘째, 종사원 전문성을 필요로 하며 가격이 비싼 편이다.
셋째, 식사제공시간과 고객의 식사시간이 비교적 길며 고객회전율이 낮다.
넷째, 맛과 품질이 요구되며 레스토랑의 서비스와 분위기 연출이 필요하다.

(3) 카운터 서비스 레스토랑(Counter Service Restaurant)

카운터 서비스 레스토랑은 주방대면서비스 방식(Open Kitchen Service Style)이라고 할 수 있으며 카운터가 테이블의 역할을 대신할 수 있어 조리사가 조리하는 과정을 지켜보면서 식사할 수 있는 형식을 말한다.

카운터 서비스 레스토랑은 조리사의 조리과정을 직접 볼 수 있기에 음식에 대한 흥미와 청결하고 위생적 분위기를 함께 공감할 수 있으며 음식을 기다리는 동안 지루하지 않다는 장점이 있다. 대표적인 예로 회전초밥과 같은 레스토랑을 들 수 있다.

카운터 서비스 레스토랑의 특징은 다음과 같다.

첫째, 조리사와 고객이 직접 대화를 할 수 있어 고객유대관계에 도움이 된다.

둘째, 카운터와 주방이 함께 있어 빠른 서비스를 제공할 수 있다.

셋째, 주방이 오픈되어 위생상태 및 청결상태를 확인할 수 있다.

넷째, 고객의 식사시간이 짧아 고객회전율이 높은 편이다.

2) 메뉴품목에 의한 분류

레스토랑은 세계 각국의 조리기술 및 문화에 따라 다양한 음식의 종류와 메뉴품목이 있으며 이러한 품목에 따라 동양식과 서양식으로 구분할 수 있다. 동양식은 한국식, 중국식, 일본식, 태국식 등으로 구분하고 서양식은 미국식, 프랑스식, 이탈리아식, 스페인식 등으로 구분할 수 있다.

(1) 동양식 레스토랑(Oriental Restaurant)

동양식 레스토랑은 동양의 기본적 문화가 농경문화에 바탕을 두고 발달하여 주로 곡물류 음식 및 장류 등을 활용한 조리가 주류를 이루고 있다.

① 한국식 레스토랑(Korean Style Restaurant)

한국식 레스토랑은 우리나라 고유의 음식을 제공하는 레스토랑으로 특히 외국인들에게 한국음식을 맛 보일 수 있는 좋은 기회를 제공한다. 한국 음식은 곡물을 중시하여 각종 곡물음식이 발달하였고 음식의 모양보다는 맛을 위주로 하며 주식과 부식의 구분이 명확해 밥을 중심으로 국이나 찌개 및 김치 외에 채소, 육류들로 조리법을 달리한 여러 가지 반찬을 먹는 것이 특징이라 할 수 있다.

한국식 레스토랑의 메뉴는 크게 밥, 죽, 면 등의 주식류와 탕, 찌개, 구이, 조림, 찜, 김치, 육류, 장, 떡 등의 부식류로 구분된다.

② 일본식 레스토랑(Japanese Style Restaurant)

일본은 사계절의 구분이 명확하여 각 계절마다 작물에 따른 조리법도 다양하게 발달하였다. 또한 섬나라의 특성상 생선을 이용한 요리가 다양하고 조리법이나 재료 등이 중국의 영향을 받아 중국음식과 유사한 점이 많다.

일본식 레스토랑의 요리로는 육류, 어패류, 달걀을 사용하지 않고 곡물, 콩, 야채 등의 식물성 재료와 해조류를 사용한 요리인 정진요리(精進料理 : 쇼우진 요리)와 관혼상제 등의 의식요리에 이용되는 요리로 1즙(汁) 3채(菜), 2즙(汁) 5채(菜), 3즙(汁) 7채(菜)가 기본이 되는 본선요리(本膳料理 : 혼젠요리), 일본의 대표적인 향응요리로 예법이나 형식을 중요시하는 식사가 아니고 음식 맛에 주안점을 둔 편안한 마음으로 술을 즐기는 것과 같은 형태의 식사인 회석요리(會席料理 : 가이세키요리)가 있다. 대표적 음식으로는 사시미와 스시(생선회와 초밥), 돈부리(덮밥), 소바(메밀국수), 덴푸라(튀김류), 스키야키(냄비요리) 등이 있다.

③ 중국식 레스토랑(Chinese Style Restaurant)

중국식 요리는 일상생활에서 조화와 균형을 중요시하는 가치체계를 지니고 있으며 미각을 강조하여 오미(五味) 즉, 신맛, 쓴맛, 단맛, 매운맛, 짠맛의 다섯 가지 맛으로 인간의 신체를 보호하기 위한 균형과 배합을 중요시하여 왔다.

중국요리는 기름과 녹말을 많이 사용하고 다양한 식재료를 사용한 보신용 음식이 많이 발달하였다.

중국요리는 각 지역마다 독특한 재료의 미(味)와 풍토에 따라 특색이 있으며 크게 호화로운 고급요리가 발달한 북경요리와 기름을 적게 사용하여 재료가 가지고 있는 자연을 맛을 살려 싱겁고 담백한 맛을 내는 광동요리, 간장이나 설탕으로 달콤하게 맛을 내며 기름기가 많고 진한 맛을 내는 상하이요리, 계절적 악천후를 이겨내기 위해 마늘, 파, 고추, 생강, 후추 등과 같은 자극적인 향신료를 많이 사용하여 맵고 기름진 음식이 발달한 사천요리 등이 있다.

대표적인 요리로는 북경오리요리, 제비집요리, 샥스핀 수프, 마파두부, 불도장 등이 있다.

④ 태국식 레스토랑(Tai Style Restaurant)

태국음식은 중국, 인도, 포르투갈의 영향을 받아 독특한 음식문화를 발달시켰으며 프랑스, 중국음식과 더불어 세계 3대 음식의 하나로 꼽힐 만큼 세계 미식가들의 사랑을 받는 맛있는 음식들이 많다. 전 국민의 95%가 불교도인 엄격한 불교국가이지만 고기를 금하지는 않는다. 이러한 태국은 지리적으로 가까운 인도 음식문화의 영향으로 자극적인 향신료와 커리의 사용량이 많고 중국 이주민의 후손들에 의해 발달한 중국 음식문화인 중국식 냄비나 면 요리, 장류의 이용이 많으며 칠리를 이용한 요리도 즐긴다.

대부분의 요리는 큰 접시에 제공되며 각자 먹을 만큼 접시에 덜어 먹으면 된다. 주식은 쌀이며 여러 가지 재료로 만든 국수도 흔히 먹는다. 태국의 쌀은 '안남미'라고 하여 우리나라의 쌀과는 달리 끈기가 없고 모양도 길쭉하게 생겼다. 전통적인 불교국가이지만 부식으로 육식을 금하지 않고 있어 식재료의 선택이 비교적 자유로우며 선호도에 따라 돼지고기, 쇠고기, 닭고기, 오리고기를 사용한다. 또한 달걀보다는 오리 알을 선호하는 경향이 있으며 육류보다는 해산물 요리를 더욱 선호하므로 대구, 농어, 고등어, 새우, 게, 바닷가재 등 바다생선과 민물생선 등 범위가 다양하다.

대표적인 음식으로는 볶음밥의 일종인 카오팟(Khao Phad), 볶은 국수 팟타이(Phad Thai), 톰얌(Tom Yam), 솜탐(Som Tam) 등이 있다.

(2) 서양식 레스토랑(Western Restaurant)

서양식 레스토랑은 서양조리의 근간을 이루고 있으며 목축문화에 뿌리를 두고 발전하였기 때문에 육류에 기반을 둔 요리가 많으며 육식에 따른 향신료의 사용법이 발달하였고, 나이프와 포크를 사용하는 문화적 특징을 가지고 있다.

① 미국식 레스토랑(American Style Restaurant)

미국 음식은 인디언 원주민의 식생활문화와 식민세력이었던 스페인, 프랑스의 식문화 지배세력이었던 영국과 독일, 유태인 등 다양한 국가의 음식문화가 혼합되어 있다. 또한 식품가공 및 식품저장기술이 세계에서 가장 발달하였고 유통시스템의 발달로 전 지역에서 다양한 종류의 식재료를 얻을 수 있다.

미국 이민자들은 인디언들로부터 신대륙의 작물인 옥수수, 호박, 토마토, 칠면조, 땅콩, 블루베리 등의 식재료를 얻고 구대륙의 레시피(Recipe)를 적용함으로써 새로운 미국 요리를 만들어냈다. 대표적인 음식으로 햄버거(Hamburger), 비프스테이크(Beef Steak), 핫도그(Hot Dog) 등이 있다.

② 프랑스식 레스토랑(French Style Restaurant)

프랑스요리는 중국요리와 더불어 세계 2대 요리로 손꼽히며 중국요리가 다양함으로 대표된다면 프랑스요리는 화려함을 내세운다.

프랑스는 다양한 기후와 지형으로 지방마다 특색 있는 요리가 발달하였다. 또한 충분한 재료의 맛을 살리고 합리적이며 고도의 기술을 구사하여 포도주, 향신료, 소스로 맛을 낸다.

프랑스의 북부지역은 주로 우유, 버터 등의 유제품을 많이 사용하는 반면 남부지역에서는 올리브유, 매콤한 고추, 토마토 등을 많이 사용한다.

주요 산물인 치즈, 육류, 와인, 밀, 귀리, 옥수수 등의 곡물류 등을 이용한 다양한 음식과 조리법도 발달하였다.

프랑스식 레스토랑의 경우 고도의 숙련된 종사원이 필요하며 격조 높은 요리가 제공되는 만큼 가격이 비싸다.

코스요리는 대략 8~10코스 정도가 되며 시간은 보통 2~3시간 정도 소요된다. 대표적인 요리로는 달팽이요리(Escargot : 에스카르고)와 세계 3대 진미요리 중의 하나로 알려진

거위간 요리(Foie Gras : 푸아그라), 땅속의 다이아몬드라 불리는 송로버섯(Truffle : 트러플) 등이 있다.

③ 이탈리아식 레스토랑(Italian Style Restaurant)

이탈리아는 선진문화지역들에서 공통적으로 찾아볼 수 있는 뜨거운 음식들을 중심으로 육류와 빵으로 대표되는 동물성과 식물성 재료들의 이상적인 결합에 기초한 음식문화의 전통을 가지고 있다.

신대륙으로부터 들어온 토마토, 고추, 감자, 고구마, 옥수수 등은 식탁에 풍요로움을 가져왔으며 특히 토마토는 널리 이용되어 버터 중심의 소스에서 토마토 중심의 소스로 변화하는 중요한 계기가 되었다.

또한 외부로부터 유입된 식재료가 지중해성 기후와 비옥한 토양에서 잘 자라 밀, 옥수수, 과일, 채소, 허브와 향신료 등이 풍부해지고 지중해의 질 좋은 해산물의 원활한 공급과 목축업의 성행으로 생선류, 치즈, 육가공품의 생산이 활발히 이루어졌다.

대표적인 요리로는 파스타(Pasta), 리조토(Risotto), 피자(Pizza), 프로슈토(Prosciutto) 등이 있다.

④ 스페인식 레스토랑(Spain Style Restaurant)

스페인은 지방색이 강해서 그 지역에 따라 전통적인 음식들이 존재한다. 음식문화는 유럽의 장식적이고 화려한 음식에 비해 소박하고 푸짐한 상차림으로 그들만의 특성이 있으며 하루를 음식으로 시작해서 음식으로 마감하는 관습에 의해 1일 5식의 문화가 형성되었다.

스페인은 매콤하고 자극적인 음식을 좋아하며 후추, 마늘을 요리에 많이 이용한다. 또한 조개, 어패류, 육류를 섞어 만든 요리들은 묘한 어울림으로 음식의 맛을 높여 느끼함을 뺀 담백함으로 더욱 입맛을 당기게 한다.

유럽인과 아랍인의 잦은 침입으로 독특한 음식문화가 형성되었으며 삼면이 바다로 둘러싸여 있어 어패류가 음식의 재료로 많이 사용되었고 남부지방에서는 오징어, 문어,

새우 등을 이용한 튀김을 많이 하고 북부지방에서는 생선을 소금에 절여 오븐에 굽기도 한다.

육류는 올리브유, 야채 등과 함께 요리한 음식이 많으며 특히 돼지는 머리부터 발, 내장까지 모두 음식재료로 이용된다.

대표적인 음식으로는 에스파냐의 전통요리로서 마늘과 양파, 닭고기, 새우, 조개 등을 올리브유로 볶아 향을 낸 후 노란색을 내는 샤프란이라는 향신료와 쌀을 넣어 끓인 요리로 우리나라의 해물볶음밥과 유사한 빠에야(Paella), 아랍어로 '촉촉하게 젖은 빵'이라는 뜻으로 안달루시아 지방의 대표적 요리인 가스파초(Gazpacho) 등이 있다.

3) 레스토랑 명칭에 의한 분류

(1) 패스트푸드 레스토랑(Fast Food Restaurant)

패스트푸드 레스토랑은 즉석 편의식품점으로 셀프서비스 방식을 주로 사용하고 제공시간이 빠르며 가격이 저렴한 편으로 대용식이나 간식처럼 간단한 음식으로 메뉴를 구성한다. 주로 햄버거나 샌드위치류, 프라이드치킨류 등을 판매하는 경우가 많으며 시간과 장소에 제약받지 않는 편이고, 동일한 방식으로 신속하게 제공되는 시간절약형 레스토랑을 말한다.

(2) 패밀리 레스토랑(Family Restaurant)

패밀리 레스토랑은 가장 넓은 의미로 사용되는 레스토랑의 대표적 명칭으로 가족단위에서 출발하여 대중화된 레스토랑을 말한다. 우리나라의 패밀리 레스토랑은 레스토랑 분류로 볼 때 캐주얼 다이닝이라 불러야 옳은 표현이다. 그러나 우리나라에서 1980년대 후반 미국 캘리포니아 스타일의 캐주얼 레스토랑 코코스(Coco's)가 등장한 이후 이와 유사한 T.G.I.F, 아웃백스테이크, 빕스, 베니건스 등이 생겨나면서 패밀리 레스토랑이라는 개념이 정착화되기 시작했다. 이러한 형태의 레스토랑은 주로 가족이나 모임, 단체가 주요 대상이며 테이블 서비스와 풀서비스 방식을 사용하며, 코스메뉴(Course

Menu)를 비롯하여 일품요리(A La Carte) 등 다양한 메뉴를 구성한 레스토랑을 말한다.

(3) 커피숍(Coffee Shop)

커피숍은 커피를 주력으로 한 가벼운 스낵형의 식사와 음료를 취급하고 셀프서비스와 테이블서비스 방식을 병행하여 사용한다. 일반적으로 고객이 많이 왕래하는 장소에서 간식개념이 강한 메뉴들을 판매하는 레스토랑이다. 단 호텔의 커피숍 같은 경우에는 레스토랑의 기능을 겸비하고 있어 다양한 식사류를 이용할 수도 있다.

(4) 테이크아웃 레스토랑(Take Out Restaurant)

테이크아웃 레스토랑은 점포에 객석이 없거나 있다고 해도 고객이 구매하여 포장해가는 비율이 높은 레스토랑을 말한다. 패스트푸드와 유사한 측면이 있으나 내식의 간편화를 위한 개념의 레스토랑이라고 할 수 있다. 주로 커피나 김밥, 만두, 어묵 등을 판매하는 소형점포를 들 수 있다.

(5) 다이너 레스토랑(Diner Restaurant)

웹스터 사전에 따르면 다이너(Diner)는 '기차처럼 생긴, 작고 편안한 분위기의 비싸지 않은 레스토랑'이라고 정의하고 있다. 이렇듯 다이너 레스토랑은 미국인들이 흔히 먹는 평범한 식사를 할 수 있는 레스토랑이다. 주로 핫케이크나 수프, 커피, 샌드위치, 각종 튀김 등 빠르게 조리할 수 있는 메뉴들을 취급하고 있으며 가격은 저렴한 편이다. 영업시간이 비교적 길며 24시간 영업을 하는 곳도 있다.

다이너 레스토랑은 식사시간에 따라 제공되는 메뉴에 구애받지 않고 모든 메뉴를 주문할 수 있다.

그림 1-5 **다이너 레스토랑**

(6) 스페셜티 레스토랑(Specialty Restaurant)

스페셜티 레스토랑은 한 가지 음식만을 전문적으로 생산·판매하는 레스토랑으로 예를 들면 스테이크, 오믈렛, 샌드위치, 해산물 등의 특정 상품을 전문으로 하는 레스토랑을 의미한다.

(7) 카페테리아(Cafeteria)

카페테리아는 고객이 직접 기호에 맞는 메뉴를 선택하여 가격을 지불하고 가져다 먹는 셀프서비스 방식의 간이식당을 말하며 대형건물이나 휴게소, 단체급식소 등에 출점하여 있는 레스토랑을 말한다.

(8) 테마레스토랑(Theme Restaurant)

테마레스토랑은 기차나 항공기, 극장, 동굴, 열대우림 등 테마에 적합한 분위기와 직원들의 서비스를 갖추고 식음료를 판매하는 레스토랑을 말한다.

(9) 그릴(Grill)

그릴은 주로 일품요리(A La Carte)를 제공하는 레스토랑으로 육류를 중심으로 특별요리와 특선요리 및 고급일품요리를 취급한다. 아침, 점심, 저녁 등 모든 식사 시간대에 식사를 할 수 있다.

(10) 다이닝 룸(Dining Room)

다이닝 룸은 최고급 전문레스토랑으로 일반적으로 영업시간을 정해 놓고 조식을 제외한 점심과 저녁식사를 제공한다. 최근에는 다이닝 룸이라는 명칭을 사용하지 않으며 일부 패밀리 레스토랑을 고품격 콘셉트(Concept)로 변형시켜 캐주얼 다이닝레스토랑으로 부르기도 한다.

(11) 런치 카운터(Lunch Counter)

런치 카운터는 조리과정을 직접 볼 수 있도록 카운터 테이블을 만들어 놓고 고객이 식탁 대신 카운터 테이블에 앉아 직접 주문하여 식사를 제공받는 레스토랑을 말한다.

그림 1-6 **런치 카운터**

(12) 드라이브 인 레스토랑(Drive In Restaurant)

드라이브 인 레스토랑은 승용차를 이용하는 고객이 레스토랑 내부로 들어가지 않고 자동차에 앉은 채로 음식을 주문하고 제공받는 레스토랑을 말하며 주로 햄버거, 피자, 치킨 등의 패스트푸드를 위주로 한다.

(13) 푸드 코트(Food Court)

푸드 코트는 할인점 및 대형 상가, 백화점, 쇼핑센터 등의 내부에 다양한 업종 및 업태의 레스토랑을 집결시켜 테이블과 좌석을 공동으로 사용하는 레스토랑을 말한다. 가격이 낮은 편이고 셀프서비스 방식을 사용한다.

(14) 델리카트슨(Delicatessen)

조리된 육류나 치즈, 햄 등 고품질 음식을 판매하는 소규모 상점 또는 다양한 종류의 치즈, 냉장고기, 준비된 샐러드 등을 구매할 수 있는 상점을 의미한다. 델리카트슨(Delikatessen)은 18세기 독일에서 시작되어 19세기 중반에 미국의 뉴욕(New York)을 중심으로 퍼졌다.

그림 1-7 **델리카트슨**

(15) 뷔페 레스토랑(Buffet Restaurant)

뷔페 레스토랑은 다양한 음식을 만들어 진열한 상태에서 고객이 일정 금액을 지불한 후 고객의 기호와 취향에 따라 음식의 양이나 시간, 횟수 등의 제약을 받지 않고 주로 셀프서비스 방식으로 음식을 먹는 곳이다.

3. 외식산업의 특성

외식산업은 국가 전체산업 중 커다란 부분을 차지하고 있는 중요한 산업으로 외식서비스산업이라고도 하며 다양한 외식경영활동의 본질적인 요소들을 내포하고 있다. 외식산업은 식사를 만든다는 측면에서 보면 제조업에 속할 수 있지만 서비스를 매우 중요시하고 소비자에게 직접 판매하는 측면에서는 소매업, 인적서비스가 포함되어 있다는 측면에서는 용역업이라고 할 수 있어 복합적인 성격을 지닌 산업이라 할 수 있다.

1) 생산 · 판매 · 소비의 동시성

외식산업은 고객이 직접 현장에 방문해 주문이 이루어지고, 이로 인해 상품이 생산되며, 이후 소비로 이어지는 과정이 전개된다. 즉 제조업의 경우 일정한 유통경로에 의해 상품을 고객에게 판매하지만 외식산업은 유통경로 없이 고객이 직접 외식업체를 방문하여 상품 구매 및 소비가 이루어진다. 그러나 최근 들어 외식업체의 매출 다각화와 인터넷 네트워크의 활용을 통하여 특정 메뉴를 판매하므로 소비자가 외식업체를 직접 방문하지 않으면서 구매 가능한 부분이 확대되고 있다.

외식산업은 생산 · 판매 · 소비의 동시성이라는 특성으로 인해 고객과 만나는 서비스접점(MOT: Moment of Truth)이 매우 중요하다. 고객과 종사원들의 접촉이 이루어지는 일대일 상호작용인 서비스접점은 고객만족에 영향을 주며 나아가서는 성공적인 사업으로 이어지는 역할을 한다. 고객의 시각에서 서비스는 그 기업의 전체를 보여주는 것이고 서비스가 곧 브랜드이기 때문에 서비스접점은 매우 중요한 역할을 한다. 고객은 외식기업을 방문해서부터 나갈 때까지 수많은 서비스접점을 경험하게 되는데 이 경우 외식기업은 모든 역량을 동원하여 고객을 만족시켜야 할 것이다.

이를 위한 방안으로는 고객접점에 있는 종사원들의 강화된 교육을 비롯하여 고객과의 상호작용에 필요한 권한 부여 및 서비스 프로세스를 갖출 필요가 있다.

2) 노동집약적 산업으로 인한 높은 인적 의존도

제조업은 자본집약적이면서 기술집약적 산업인 데 반해 외식산업은 제조업과 달리 생산과 서비스의 자동화에 한계가 있으며 소비자와 고용자, 경영자와의 인간관계 및 커뮤니케이션이 중요한 요인으로 작용하는 인적 산업이다. 외식산업은 사람의 손에 의지하는 인적의존도가 높아 1인당 매출액이 타 산업에 비해 매우 낮은 반면, 인건비가 차지하는 비율이 높다. 이러한 높은 인건비 비중은 외식업체의 큰 부담으로 작용할 수 있다. 특히, 최저임금의 급격한 인상 등은 경영난 해소를 위한 종사원 감소로 이어지고 이는 다시 대 고객서비스의 질 저하로 이어질 수 있어 적정 수준의 인력 유지를 위한 방안을 모색해야 할 필요성이 있다. 한국외식산업연구원의 '최저임금 인상 이후 외식업계 변화' 자료에 따르면 2018년 폐업한 외식업체들은 공통적으로 인건비에 대한 부담이 컸으며 폐업률에 가장 큰 영향을 미친 것으로 나타났다.

3) 입지활용산업

어떤 산업이든 한번 정한 입지를 변경하는 것은 쉽지 않으며, 똑같은 입지는 그 어디에도 존재하지 않기 때문에 매우 신중한 결정이 필요하다.

외식산업은 생산과 판매, 소비가 동시에 이루어지는 원활한 장소, 즉 고객을 유치하는 공간의 위치가 매우 중요하다. 특히 지역상권 내에 상주 고객, 유동 고객을 어떻게 나의 고객으로 만드느냐에 따라 사업의 성패가 좌우될 수 있는 지역밀착형 산업이다.

즉, 점포로 고객을 유인함으로써 판매가 이루어지며 매출이 발생하기 때문에 유동인구가 많은 곳에서 영업하는 것이 유리하다. 물론 맛있는 집으로 소문이 나면 아무리 먼 거리라도 찾아가는 고객이 발생하겠지만 가깝고 좋은 위치에 있는 점포보다는 상대적으로 방문하는 횟수가 적을 수밖에 없다는 것이다. 따라서 영업의 형태나 고객층에 따라 다소 차이가 있을 수 있지만 주로 번화하며 고객들이 쉽게 이용할 수 있는 입지가 필요하다.

4) 다품목 소량생산의 주문판매

일부 전문화된 레스토랑들도 있지만 소비자의 욕구가 다양해지고 복잡해짐에 따라 소비자의 욕구를 충족시켜야 하는 외식산업에서는 다양한 메뉴를 갖추고 판매하는 경우가 많다. 다품목 소량생산은 갑자기 많은 주문이 들어왔을 경우 생산능력에 한계 및 인건비 상승의 요인이 된다는 단점이 있으나 주문판매로 인한 재고가 없다는 장점도 있다.

5) 시간적, 공간적 제약

외식산업은 영업이 잘되는 시간과 그렇지 못한 시간의 구분이 확연하다. 이는 소비자의 식사시간이 대부분 아침, 점심, 저녁시간에 한정되어 있으며 주로 이 시간대에 매출이 발생되기 때문이다. 또한 식사시간대에 집중되는 고객을 수용할 수 있는 좌석 수도 한정되어 있기 때문에 효율적인 공간관리와 수요를 분산할 수 있는 방안들이 필요하다. 먼저 시간적인 제약을 해결하기 위해서는 해당 외식업체를 방문하는 고객의 니즈(Needs)를 파악하는 것이 중요하다. 예를 들어 점심에 먹는 식사와 저녁에 먹는 식사는 고객에게 다르게 느껴질 수 있다. 점심 식사의 경우 일상적인 업무로 빠른 시간 안에 식사를 해결해야 할 것이고, 가벼운 식사로 인해 합리적인 가격대를 원하는 경우가 많을 것이다. 이러한 상황에서 점심시간에 레스토랑을 방문했는데 테이블 위에 다 먹은 음식들이 치워져 있지 않거나, 주문을 하려 해도 한참 기다리고, 주문한 음식도 늦게 제공된다면 고객들이 해당 레스토랑을 재방문할 확률은 매우 낮다. 바쁜 일상에서 기다리는 것을 좋아하는 고객은 없기 때문이다. 그렇다면 점심시간의 경우 빠르게 제공되는 실속형 메뉴를 판매하는 것이 시간적인 제약을 해결하는 방안이 될 수 있다. 물론 이 외에도 테이크아웃(Take Out)이나 수요조절전략 및 수요재고화전략 등을 통한 마케팅 전략도 활용할 수 있다.

6) 수요예측의 불확실성

외식산업은 사회·경제적 변동뿐 아니라 계절이나 날씨, 기타 주변 상황의 변동으로 인하여 정확하게 고객의 수를 예측하거나 식재료의 적정 구입량을 결정하기가 어렵다. 특히 비나 눈이 많이 오는 날의 경우 고객감소 및 예약취소는 흔한 일인데 이중 예약을 하고 아무 연락 없이 나타나지 않는 노쇼(No-Show) 고객으로 인한 매출 기회비용과 식재료 준비에 소요된 비용손실 등은 외식업체 입장에서 큰 부담으로 작용될 수 있다. 또한 식재료는 보존기간이 짧고 그 방법이 까다로워 자칫 소홀하게 관리하면 부패의 가능성이 매우 높아 폐기에 따른 비용지출이 발생하며, 부패한 식재료를 사용할 경우 보건위생적인 문제를 야기하여 사회적 지탄의 대상이 되기도 하는 예민한 산업이다.

7) 낮은 진입장벽

외식산업은 미래 성장산업으로 발전할 가능성이 매우 큰 분야로 다른 산업에 비해 적은 자본과 특별한 기술적 노하우 없이 누구나 쉽게 참여할 수 있어 개인창업을 비롯한 대기업의 신규사업 등 시장에 대한 신규참여율이 높은 사업이다. 이러한 낮은 진입장벽으로 인해 외식업은 창업 아이템의 1순위로 거론되지만 경제위기나 과잉경쟁에 따른 업종 포화상태로 인해 예전과 같은 대박 창업은 쉽지 않은 상황이다. 또한 인건비와 임대료 부담을 견디지 못해 외식 가격을 올리는 경우 경기침체로 외식비를 줄이려는 소비자들이 늘어나 결국 외식업체를 찾는 고객 수가 크게 줄어들고 이로 인해 문을 닫는 업체들도 발생할 수 있어 신중한 신규시장 참여가 필요하다.

8) 높은 이직률

외식산업의 경우 타 산업에 비하여 노동 강도는 높은 데 비해 급여수준이나 복리후생이 낮은 편으로 이직률이 높은 경향이 있다. 서비스산업의 특성상 종사원을 우선적으로 배려하기보다는 고객만족을 우선시하는 경우가 많고, 정신노동이 아닌 육체노동이다 보니 사회에서 중요한 일을 하고 있다는 평을 받지 못한다. 이는 외식업 종사원들의 직업에 대한 열정을 감소시키고 직업의식을 결여시키는 요인으로 작용할 수 있다. 물론 이직이 부정적으로만 평가받는 것은 아니다. 한편으로는 새로운 활력을 불어넣기도 하고, 정체된 문화를 변화시킬 수 있는 긍정적인 부분도 있으나 너무 잦은 이직이 발생할 경우 기업의 조직이 불안정해질 수 있어 외식기업이 발전하고 인력난을 해소하기 위해서는 체계적인 시스템을 갖출 필요가 있다.

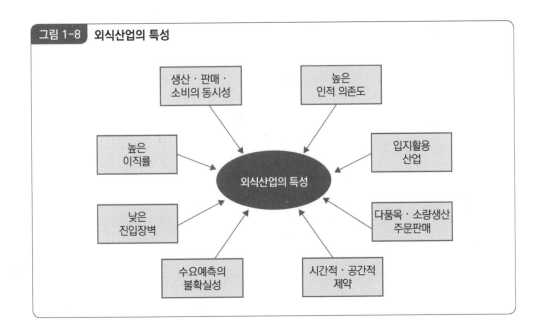

그림 1-8 **외식산업의 특성**

외식산업의 발전과정

Chapter 2

외식산업의 발전과정

1 외식산업의 역사

인간은 먼 옛날부터 음식과 함께 살아왔으며 이는 일정한 장소에서 음식과 서비스라는 상품을 매개체로 경제활동을 하면서 산업의 발전과 함께 외식산업이라는 형태로 발전하였다. 즉 인류의 역사가 태동하면서부터 인간은 생존을 위해 음식과 불가분의 관계에 있을 수밖에 없었음을 의미하는 것이다.

1. 식생활의 변천사

1) 농경사회

　농경사회란 농업을 경제체제의 기반으로 한 시대를 의미하며 수렵채집사회에서 농경시대로의 전환을 신석기 혁명이라 부른다. 농경사회의 경제활동을 살펴보면 거주지역에 따라 다를 수 있지만 사냥 및 채집에 의한 생활이었기에 인간들은 음식을 찾는 데 지나치게 많은 시간을 보내야 했다. 수렵채집사회에서 농경사회로 전환된 시기는 명확하지는 않으나 어느 시점에 작물을 심고, 식량을 생산하며, 저장을 통해 식량을 찾아다니는 일에서 해방되면서 농경사회로의 전환이 시작되었다. 농경사회에서는 주로 집단생활을 하였으며 정착생활을 통한 기본적 생산활동에만 의존하였다. 식생활의식에서는 주식개념으로 생존을 위한 식사라는 의식이 강했던 시기이다.

2) 산업사회

　산업사회는 대량상산을 가능하게 만드는 기술의 활용에 의해 구동된 사회로 18세기 산업혁명을 계기로 농경사회에서 산업사회로의 전환이 시작되었으며 외식산업 역사에 매우 중요한 전환점이 되었다. 즉 그동안 수작업으로 실시하던 생산활동에서 벗어나 기계와 에너지를 이용하게 되었으며 이로 인하여 생산성 향상 및 대량생산이 가능하게 되었다.

　산업사회에 들어서면서 레스토랑이 출현하고 식생활에 대한 인식이 변화하기 시작하였으며 주식과 부식이라는 개념을 구분하게 되었다.

3) 정보사회

　컴퓨터의 발달과 전산화, 과학화된 20세기 정보화 산업사회에서는 컴퓨터와 통신망의 발달로 축적된 많은 정보가 산업의 엔진으로 기계를 대신하게 되었으며 에너지 대신 정보자료가 경제활동의 근원이 되었다. 식생활의식은 식도락을 추구하게 되고 간편하고 신속하며, 영양지향적인 음식을 선호하게 되었다. 또한 다양한 업태가 등장하고 전문화되는 시대로 발전하였다.

4) 창조사회

창조사회란 경제활동에 있어서 창조가 상당히 중요한 역할을 하고 있다는 의미이고 차별화된 기술, 제품, 시스템, 경영 등에서 창조를 우선순위로 두는 사회를 말한다.

이 시기의 식생활의식은 웰빙을 추구하고 예술성과 감성을 중요시하며 각 나라의 음식을 즐길 수 있는 글로벌화를 추구한다.

| 표 2-1 | 식생활의 변천사

구분	농경사회	산업사회	정보사회	창조사회
경제	- 집단사회 - 기본적 생산 활동 - 정착생활	- 기계와 에너지 이용 - 생산성 향상 - 대량생산	- 전산화, 과학화 - 통신망 발전 - 정보화	- 창의력 극대화 - 차별적 독창성
식생활의식	- 생존을 위한 식사 - 주식개념	- 식생활의 인식 - 부식개념 - 내식위주 - 레스토랑 출현	- 식도락추구 - 다양한 업태 - 기능성, 전문화	- 웰빙 추구 - 예술성, 감성화 - 글로벌화
생산시스템	- 소품종, 소량생산	- 소품종, 대량생산	- 다품종, 소량생산	- 단일품목의 다양한 생산

자료: 박기용, 외식산업경영학, 대왕사, 2009. p100.

2. 고대의 외식산업

고대 이집트의 무덤과 사원의 벽화를 보면 사람들이 음식을 만들고 대접하는 것이 잘 나타나 있다. 또한 음식의 역사는 인간이 불과 무기를 사용하여 사냥을 하고 음식을 만들어 먹던 공동생활과 함께 시작되었으며 축제와 같은 단체모임을 위한 음식을 만들면서 발전하였다.

고대 인도에서는 여관 등에서 음식을 제공하는 것이 일반화되었고 이러한 것을 규제하는 법이 생겼었다. 고대 모헨조다로의 유적에서는 음식을 만들기 위해 돌로 만들어진 오븐과 스토브 형태의 장비를 사용했던 레스토랑 형태의 시설이 발견되었으며 고대 이집트 분묘의 벽화에서는 제빵사와 조리사들의 작업과정이나 상인들이 시장에서 음식을 판매하는 모습들이 잘 묘사된 벽화들이 나오기도 했다.

고대 페르시아는 화려한 연회나 축제를 즐긴 것으로 유명하며 그들이 만든 고대의 음식들은 오늘날에도 세계적으로 널리 알려져 전해지고 있다.

로마시대에는 연회를 매우 즐겼으며 특히 로마의 황제들은 나라가 망할 정도로 연회를 즐겼다. 루쿨루스(Lucullus) 황제는 호화로운 연회를 매우 좋아하여 오늘날에 사치스럽고 낭비적인 식사를 의미하는 루쿨란(Lucullan)이라는 단어가 유래되기도 하였다.

로마인들은 음식 판매와 운영에 관한 많은 내용의 법률이 있었으며 AD 1세기경 아피시우스(Apicius)라는 레시피가 존재했는데 이는 특정계층만 알 수 있는 고전적인 언어보다는 평범한 시민들도 알 수 있는 언어로 사용되었으며 이것을 '드 흐 코퀴나리아(De Re Coquinaria)'라고 불렀다.

3. 근대의 외식산업

1600년경은 근대 외식산업의 중요한 전환기가 된 시기로 레스토랑의 시초가 되는 커피하우스(Coffee House)가 프랑스에 등장하여 전 유럽으로 확산되었는데 이것이 오늘날 레스토랑의 선두주자 역할을 하게 되었다.

1760년 프랑스 루이 15세 때 몽 블랑제(Mon Boulanger)란 사람이 양의 다리를 재료로 하여 원기회복제인 수프를 만들었는데 그 수프를 'Restaurers'라고 불렀고 판매하는 장소를 '레스토랑(Restaurant)'이라 부르게 되었다. 이후 프랑스에서 많은 커피하우스들이 몽 블랑제의 레스토랑을 모방하여 식당으로 전환하면서 30년 동안 프랑스 파리에 500곳의 식당이 생겨났으며 프랑스 대혁명으로 인하여 궁중에서 쫓겨 나온 요리사들에 의해 많

은 레스토랑들이 세워지면서 전성기를 맞이하게 된다.

18세기의 산업혁명은 유럽의 사회구조를 바꾸면서 길드조직의 붕괴를 가져왔으며 상업무역이 국가경제의 중요한 분야로 등장하는 결과를 가져왔다. 또한 실업가들을 중심으로 한 중산계급의 출현으로 외식산업은 프랑스의 영향을 받아 영국에서도 번성하기 시작하였다. 산업혁명으로 외식산업의 역사에는 새로운 변화가 일어나게 되는데 소득이 낮은 사람부터 중산계급에 이르기까지 상류층이 좋아하는 고급요리를 찾게 되고 자연스럽게 외부에서 식사를 즐기는 본격적인 외식이 사회적으로 등장하기 시작했다.

우리나라 외식산업의 성장과 발전은 지속적인 경제발전과 소득증대, 그에 따른 사회·문화적 환경의 변화가 가장 큰 배경이라 할 수 있다. 특히, 1986년 아시안게임과 1988년 서울올림픽을 계기로 비약적인 발전을 거듭한 우리나라의 외식산업은 매년 그 비중이 증가하고 있으며 현대인들의 일상생활에 휴식을 제공하고 생활을 윤택하게 만들 수 있다는 인식이 확산되면서 그 수준이 한층 더 향상되고 있다.

1. 발전 배경

우리나라 외식산업의 발전은 패스트푸드에서 시작되었다고 볼 수 있다. 즉, 미국과 일본에서 발달한 패스트푸드가 우리나라 외식산업의 주체가 된 것이다.

우리나라 외식산업의 원동력은 〈그림 2-1〉과 같이 환경요인을 배경으로 경제성장과 소득증대, 식생활의 국제화, 외식화현상 등 사회·경제적인 다양한 영향 등에서 비롯되었으며 이러한 배경을 바탕으로 우리나라 외식산업은 짧은 기간 동안에 빠른 성장을 거둘 수 있었다.

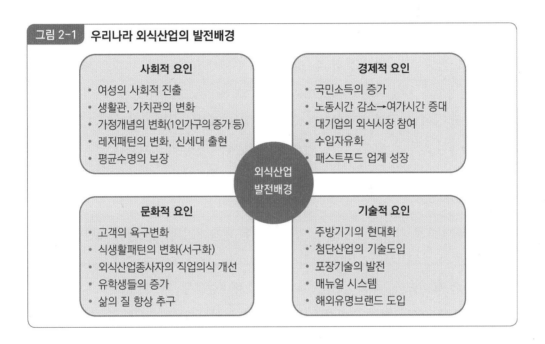

그림 2-1 **우리나라 외식산업의 발전배경**

사회적 요인
- 여성의 사회적 진출
- 생활관, 가치관의 변화
- 가정개념의 변화(1인가구의 증가 등)
- 레저패턴의 변화, 신세대 출현
- 평균수명의 보장

경제적 요인
- 국민소득의 증가
- 노동시간 감소→여가시간 증대
- 대기업의 외식시장 참여
- 수입자유화
- 패스트푸드 업계 성장

외식산업
발전배경

문화적 요인
- 고객의 욕구변화
- 식생활패턴의 변화(서구화)
- 외식산업종사자의 직업의식 개선
- 유학생들의 증가
- 삶의 질 향상 추구

기술적 요인
- 주방기기의 현대화
- 첨단산업의 기술도입
- 포장기술의 발전
- 매뉴얼 시스템
- 해외유명브랜드 도입

1) 사회적 요인

사회적 요인으로 여성의 사회적 진출과 생활관, 가치관 및 가정개념의 변화, 레저패턴의 변화, 신세대의 출현, 평균 수명의 보장 등을 들 수 있다. 즉, 여성의 사회 진출이 증가하면서 수입 증대 및 가정에서의 역할이 약해지고 자연스럽게 밖에서 먹는 외식이 증가하는 현상을 수반하게 되는 것이다. 또한 시간의 가치를 돈으로 환산하는 가치관이 등장하면서 가정에서 재료를 사다가 음식을 준비하는 것보다 외식을 하고 남는 시간을 개인의 업무에 사용하는 것이 훨씬 경제적이라는 생각을 하게 되는 것이다.

1인 가구의 증가 및 동거, 계약 결혼 등이 증가하면서 집에서 해 먹기보다는 사먹는 것이 편리하고 아직은 주부로서의 생활에 익숙지 않다 보니 외식이 증가하는 현상을 나타낸다.

2) 경제적 요인

경제적 요인으로는 국민소득이 증가하고 노동시간이 감소함에 따라 소비자의 여가시간이 증대되었고 이는 외식을 할 수 있는 기회가 확대될 수 있는 여건을 마련하였다. 또한, 경영기술과 기술 환경의 향상으로 소비자의 욕구를 충족시켜 줄 수 있는 대기업의 외식시장 참여, 외국의 음식문화를 접할 수 있는 기회를 확대시킨 수입자유화, 패스트푸드 업계의 성장은 외식문화를 한층 더 발전시킨 원동력이 되었다.

3) 기술적 요인

기술적 요인으로 자동화의 발달과 함께 진행된 주방기기의 현대화와 첨단산업의 기술도입을 통하여 외식산업의 생산성 향상 및 원가절감, 대량생산을 증대시켰고, 포장기술의 발달은 테이크아웃(Take Out)을 통한 외식 증대현상을 유발하였다.

또한 손맛에 의존하던 조리방식에서 탈피하여 동일한 맛을 유지할 수 있는 매뉴얼 시스템 및 선진국과의 기술제휴를 통한 해외 브랜드 도입은 우리나라 음식문화의 글로벌화를 추구하는 계기가 되었다.

4) 문화적 요인

문화적 요인으로는 소비자의 욕구변화 및 식생활의 서구화, 유학생들의 증가 등을 들수 있는데 음식이라는 것이 생존을 위한 수단에서 탈피하여 문화를 즐기고 자아를 충족할 수 있는 단계로 변화하고 있기 때문이다. 이러한 식생활패턴의 변화는 해외개방을통해 외국의 문화가 들어오면서 더욱 활발해지고 있는 실정이다. 예를 들면 이제는 일상생활에서 흔히 볼 수 있는 식사대용으로 햄버거를 먹는 행위, 커피를 들고 다니면서먹는 행위 등은 외식산업이 빠르게 변화되고 있는 모습을 보여주는 것이다.

2. 발전 과정

우리나라의 식문화는 고대부터 근대에 이르기까지 그 시대에 적응하는 식생활문화가 형성되었고 존속기간도 시대에 따라 다르게 나타났다.

이러한 식문화의 발달과 변화는 여러 가지 복합적인 요소가 상호견제 또는 호환하며 자연스럽게 소멸 또는 존속하는 경향으로 진행되었다.

우리나라의 식생활문화가 변화·발전된 요인을 살펴보면 다음과 같다.

첫째, 지리적 환경과 지역적 특색 요인으로 농촌이나 어촌, 도시 등 그 환경과 지리적 상태는 식품재료의 재배, 생산과 연관되어 고유한 식문화가 형성될 수 있었다. 특히, 지역적인 요소의 영향으로 조리방법, 섭취방법, 저장 및 유통 등의 방법이 결정되어 새로운 식문화 형성에 간접적으로 관여하게 되었다.

둘째, 종교적 요인으로 고대의 샤머니즘을 비롯하여 우리나라의 전통종교인 불교, 유교 근대에 유입된 기독교 등 종교행사에 제공되는 음식이 자연스럽게 식생활과 연관되어 발전하게 되었다.

셋째, 외래문화의 유입으로 실용적이고 개별적, 합리적인 식문화가 형성되었다. 이러한 외래문화는 근대 이후의 식생활 변화에 가장 큰 요인으로 작용하였다.

넷째, 과학기술의 발달로 이는 더욱 효율적인 음식이나 식품의 생산, 재배, 가공, 조리, 저장 등을 이루었고 식문화의 가치와 효율성을 증대시키기도 하였다.

| 표 2-2 | 한국식생활의 변천과정

연대별 구분	음식문화의 특징
고조선	- 주식과 부식의 분리형 식문화 (주식: 쌀, 보리 등 / 부식: 장류, 장아찌 등) - 공동식사 습관 정착 - 육류의 식용화(곰, 여우, 너구리, 담비 등) - 향신료 사용의 보편화(생선이나 육류 냄새의 제거 및 보존에 사용)

삼국시대	- 식품의 가공, 저장 및 조리법의 발달 - 계층화된 신분제도에 의해 식생활에도 계층문화 형성 - 신분계급제도에 의해 여성이 조리담당 - 밀가루 떡의 등장 및 떡류의 발달 - 김치의 등장(장류나 된장 또는 무를 소금에 절인 김치) - 부엌과 주방 및 각종 식기류의 발달
통일신라	- 귀족과 서민이라는 계층차이에 따른 식생활 정착 - 주식인 미곡과 부식인 야채와 과실류의 등장 - 잠수법이 성행하여 수산물인 미역, 다시마, 해조류를 식생활에 활용 - 다양한 조미료 등장(산초, 생강, 계피, 밀감의 일종인 등(橙)의 껍질)
고려시대	- 숭불사상에 의한 다류, 한과류, 채소음식 발달(육류문화의 쇠퇴) - 일상식과 다른 제례, 연회 등의 식문화 발달 - 소금의 보급과 함께 조리법과 저장법의 향상(소금은 국가가 전매권 지님) - 주막의 등장, 조미료의 발달, 기호품의 보급(설탕: 상류계층의 기호품) - 몽고의 침입 이후 육식문화 번성 - 육류의 다양한 조리법 등장 - 공설주막의 개설 - 김치의 발달(동치미와 같은 침채형 김치)
조선시대	- 유교사상을 근본으로 한 공동체의식으로 한식(韓食)이 발달 - 대가족제도와 식생활의 규범정착(좌식(坐食)의 정착 및 서열에 따른 식사) - 김치의 발달과 필수 식품화 - 고추(남만초라 부름)의 전래 및 식용화 - 조미료로 각종 참기름 및 식용유를 활용 - 숭늉(누룽지 탕) 문화의 출현
개화기 이후 (1870~1910년대)	- 개화기 이후 서양의 식품과 요리법, 식생활 관습이 전래(식문화의 혼동과 충돌 발생) - 일반서민에게도 우유, 커피, 양과자 보급 - 남녀노소 구별 없이 한 자리에서 음식을 먹는 방식으로 변화 - 실용성과 경제적인 식문화 형성 - 건강과 영양을 지향하는 식문화 형성
근대 (1910~1970년대)	- 일본의 식민지 수탈정책 실시(식량부족과 빈곤으로 인한 식문화의 침체) - 식품소비형태의 침체화 - 지속적인 기아 및 영양실조 상태 - 분식장려 운동과 서구식 식생활 유입

	- 덜어먹는 식습관 및 식탁의 간소화 - 1960년대 이후 경제발전과 핵가족화로 인한 식생활 수준 향상 - 유제품 등 고급제품의 출현과 청량음료, 과자 등 기존제품의 다양화
현대 (1980년대)	- 음식에 대한 가치관의 변화 및 가공식품화 - 건강식에 대한 관심 고조 - 식생활의 서구화 및 국제화 - 외식비중의 확대

자료: 미야에이지(三家英治), 외식비즈니스, 1992. p.10(저자 재구성)

1) 1960년대

1960년대는 일본 식민지하에서의 식량부족과 빈곤으로 인하여 외식산업이 본격적으로 나타나지 못한 시기였다. 이 당시는 6.25전쟁 이후 식량사정이 어려워 미국의 원조품인 밀가루 위주의 분식장려운동과 쌀의 소비를 줄이는 절미운동의 일환으로 제과나 제빵, 과자, 국수 등의 업소들이 출현하였다. 이때 가장 일반적이며 대중적인 음식점은 자장면을 판매하는 중국음식점으로 이는 미국에서 수입한 밀가루의 가격이 쌀 가격과는 비교가 되지 않을 정도로 저렴했기 때문으로 해석할 수 있다. 이로 인해 자장면은 외식 시 가장 선호하는 최고의 음식으로 등장할 수 있었다.

2) 1970년대

1970년대는 외식산업의 태동기로 경제개발계획에 따른 경제성장과 소득증대로 동물성 식품소비량이 증가하면서 식생활의 구조적인 변화가 일어나기 시작했다. 이 시기에는 서양문화에 눈을 떠가는 시기로 육가공, 식용유, 기호식품 가공으로 발전의 비중이 증대됨에 따라 소비패턴의 고급화와 다양화로 이어졌으며 양적인 개선이 두드러지면서 풍요로운 식생활을 접하게 되었다.

1977년 우리나라에서는 최초로 '림스치킨'이 프랜차이즈 형태를 도입하여 외식산업에 다점포화를 추구하였으며, 1979년에는 '난다랑'이 고급 커피전문점으로 프랜차이즈를 시도하였다. 또한 1979년에는 롯데그룹이 일본 롯데리아의 기술지원을 받아 국내에 상륙하면서부터 현대적 의미의 본격적인 프랜차이즈 시스템을 도입하는 외식산업의 태동기를 맞게 되었다.

3) 1980년대

1980년대는 제2차 오일쇼크(Oil Shock) 및 국내 정국의 불안 등으로 외식산업이 위축되기도 하였지만 경제성장의 가속화로 국민의 의식구조는 양적인 단계에서 질적인 생활수준의 향상으로 높아졌다. 이에 따라 기존의 요식업, 음식업, 식당업의 명칭이 퇴조하면서 외식산업으로 변화되는 과정을 맞이하기 시작했다.

국내기업이 글로벌 외식기업들과 제휴를 맺기 시작하면서 소자본업종으로 인식되던 외식산업시장에 기업형 외식사업이 본격적으로 등장하였다.

해외 브랜드의 외식기업이 본격적으로 국내에 진출하기 시작한 것은 1984년 외국자본 도입법이 개정되면서부터인데 이때 미국의 외식기업들이 대거 등장하기 시작하였다. 1984년에 버거킹(Burger King's : 1984)이 국내기업과의 제휴로 체인점을 개설한 것을 시작으로 KFC(1984), 웬디스(Wendy's : 1984), 피자헛(Pizza Hut : 1985), 맥도날드(McDonald's : 1986), 도미노피자(Domino's Pizza : 1989) 등의 패스트푸드 외식기업들이 계속하여 진출하였다.

이에 맞서 우리나라의 토종 브랜드들도 프랜차이즈 형태로 전개되기 시작하였는데 1980년 신라당을 비롯하여 장터국수(1983), 크라운베이커리(1986), 한식 브랜드 놀부보쌈(1987) 등이 나타났으며 최초의 패밀리 레스토랑이라 불리는 투모로우 타이거(Tomorrow Tiger)가 1984년 개점하였고, 1988년 코코스(Coco's)가 일본에서 도입되어 외식산업을 대중에게 알리는 계기가 됨과 동시에 외식활동을 레저·문화생활로 정착시키는 데 큰 역할을 하였다.

4) 1990년대

1990년대에는 국민소득의 꾸준한 증가와 더불어 여가생활이 급격하게 증가하였고 대기업이 외식산업을 21세기 비전산업으로 인정하면서 기업화가 가속화되었다.

특히 패밀리 레스토랑을 최대 유망업종으로 평가하면서 대대적으로 진출하기 시작하였다.

대기업들이 합작 또는 단독 기업형으로 진출하면서 외식산업의 질적 발전이 본격화되기 시작함과 동시에 새로운 업종과 업태의 지속적인 출현, 프랜차이즈의 난립으로 인해 많은 기업이 도산하는 등 외식산업이 역동적인 시기를 맞이하게 되었다.

해외 브랜드로는 주로 패밀리 레스토랑이 도입되었으며, 1992년 T.G.I.F가 호텔수준의 맛과 서비스, 독특한 분위기로 외식산업 시장에 혁신을 일으켰다. 이후 시즐러(Sizzler : 1995), 베니건스(Bennigan's : 1995), 마르쉐(Marche : 1996), 아웃백 스테이크 하우스(Outback Steak House : 1997) 등이 진출하였다.

5) 2000년대 초

2000년도 초기에는 외식사업이 지속적으로 증가하고 성장하였다. 주 5일제 근무를 비롯하여 여가생활의 증가와 가족단위의 활동이 급증하면서 성장한 것이다.

특히 이탈리안 음식을 비롯하여 커피전문점, 샌드위치 전문점 등이 본격적으로 진출하였으며 퓨전음식이나 외국 전통음식 레스토랑이 대거 등장하였다. 하지만 외식업체 간의 경쟁심화 및 외식업체의 양적 증대와 많은 퇴직자들의 외식업 진출, 프랜차이즈의 무분별한 확장으로 경쟁력을 상실하는 경우가 많았다. 특히 건강식에 대중의 관심이 고조되어 비만의 우려와 광우병 파동 등으로 육류 기피현상이 발생하여 맥도날드나 롯데리아와 같은 패스트푸드 레스토랑은 매출이 감소되는 결과가 초래되기도 하였다.

6) 2010년대 초

2010년대에 들어 우리나라 외식산업 시장규모는 80조 원으로 2000년대 초반에 비해 2배 가까이 성장하였다. 소비트렌드의 경우 경기 침체로 인한 소비 위축 기조와 함께 일상적 외식에 있어서는 소비를 줄이고자 하는 성향이 있으나 특별한 외식이나 자신이 좋아하는 특정 상품에 있어서는 거침없이 소비하는 '작은 사치'의 소비패턴을 보여 한 개인이 이중적인 소비를 하는 경향이 발생하였다. 또한 라이프스타일의 변화(도시화 및 1인 가구 증가 등)로 아침식사 시장의 경쟁, 배달 서비스, 배달 애플리케이션, 편의점, HMR 시장의 성장이 가속화되었으며 기존의 한식을 그대로 재현하기보다는 현대화된 콘셉트에 맞춰 세련되고 모던하게 재해석하는 방향으로 변화되었다.

특히, 2014년부터는 TV, 스마트폰, 페이스북 등의 다양한 SNS를 통해 자신이 먹은 음식에 관한 정보와 정서를 타인과 함께 공유하는 새로운 형태의 식문화 현상인 '먹방 신드롬'이 탄생하기도 하였다. 다만, 1990년대 말부터 2000년대 가족 고객과 젊은 층을 중심으로 큰 인기를 모았던 패밀리 레스토랑의 폐점이 줄을 이으며 위상이 급격히 떨어지기 시작하였다. 호주 자연을 콘셉트로 내세워 1997년에 국내에 첫 상륙한 아웃백의 경우 2002년 국내 패밀리 레스토랑 점포수 1위에 오르기도 했으나 2014년 말부터 아웃백 스테이크 전체 매장(109개 점) 중 31.2%에 해당하는 전국 34개 매장을 폐점하였고 한때 잘나갔던 코코스, 시즐러, 마르쉐, 토니로마스 등의 패밀리 레스토랑도 사업을 접고 역사 속으로 사라졌다.

이처럼 패밀리 레스토랑이 부진한 이유는 장기불황과 함께 내수침체에 따른 소비심리가 위축된 상황에서 소비자들 사이에서는 4인 가족 기준으로 비용을 산출하면 10만 원이 훌쩍 넘는 패밀리 레스토랑이 다른 레스토랑에 비해 비싸다는 인식이 팽배해졌으며, 건강한 먹거리를 선호하는 소비자들의 눈높이가 오르다보니 고열량에 기름진 메뉴로 가득한 패밀리 레스토랑을 외면하는 방향으로 전환되었다. 이 외에도 반가공 상태로 간단히 조리해 소비자 식탁에 내놓는 패밀리 레스토랑 음식의 경쟁력이 온라인 중심으로 발굴, 소개하는 문화의 확산으로 개성 있고 특색 있는 레스토랑에 밀린 것도 하나의 요인이라 할 수 있다.

7) 2010년대 말

2010년대 말 외식시장은 2010년대 초에서 연계되는 과정으로 다양한 변화를 맞이한 시기였다. 특히 뉴트로의 열풍에 힘입어 저렴한 군것질거리 정도로 여겨지던 핫도그가 프리미엄화로 재탄생하고, 가성비로 무장한 냉동삼겹살과 무한리필 고깃집이 인기를 끌기도 했다.

2015년도에는 저가 커피브랜드의 확산으로 프리미엄 브랜드와 본격적인 경쟁이 시작되었고 베트남 음식, 중화권 음식 등 에스닉푸드(Ethnic Food)가 인기를 끌었다.

또한, SNS를 통한 마케팅 및 유튜브를 활용한 먹방 열풍이 활발하게 이루어지고 가성비를 고려한 합리적인 소비뿐 아니라 가격 대비 마음의 만족을 추구하는 '가심비', 가격과 성능을 비교한 기존의 소비형태가 아닌 내가 만족하면 지갑을 열수 있다는 '나심비' 등의 소비심리가 나타났다. 또한 개인화시대로 인해 혼밥, 혼술, 가정간편식의 성장이 지속되고 비대면 트렌드의 확장으로 무인서비스 및 키오스크 등 비대면 서비스 시스템이 강화되는 현상이 나타났다.

2016년도에는 푸드서비스 테크의 진화로 기존의 식품관련 서비스업과 빅데이터 등 외식업체에 IT기술이 접목되어 소비자의 음식점 이용이 스마트해지고 셀프서비스 시스템이 진화하여 적은 인력으로 음식점 운영이 가능해졌다.

1인 가구의 증가(전체 가구의 27.2%)에 따라 혼밥이 보편화되었으며 싱글족이 새로운 소비층으로 급부상하였다.

2017년도에는 SNS를 통해 보기 좋고 예쁜 음식이 인기를 끌었다. 즉 소비자들은 '찍기 위해 먹는다'라는 말이 생길 정도로 SNS를 통해 맛집 사진과 음식사진을 활발하게 공유하였다. 또한 차별화되고 매력있는 상품을 추구하는 경향이 높아지고 새로운 경험을 원하는 소비자의 니즈(Needs)가 증가하였다.

2018년도에는 '뉴트로'(New + Retro의 합성 신조어)의 열풍으로 젊은 세대들에게는 낯설지만 새롭고 매력적으로 어필하는 과거 세대의 문화와 정서를 담은 트렌드가 나타났으며, 언택트(Untact: 비대면 서비스)의 강세로 무인화 및 자동화가 급속히 확산되었다. 하지만 언택트의 강세는 가정간편식(HMR: Home Meal Replacement)에 대한 선호도 급증으로 외식기업을 위협하는 요인으로 작용되었다.

2019년도에는 친환경 가치를 경쟁요소로 부가가치를 창출하는 외식기업들의 등장과 식물성 고기를 사용하는 대체육 열풍으로 건강한 삶을 위해 채식을 섭취하는 소비가 증가하였고, 개인이 추구하는 가치나 개성이 다양화, 세분화되면서 자신의 취향이나 감성적 욕구를 충족시킬 수 있는 상품이나 서비스 소비가 확산되었다. 또한 간편식의 고급화, 프리미엄화로 소비자의 만족을 충족시켜줄 수 있는 프리미엄 재료 및 서비스 등이 확대되었다.

| 표 2-3 | 한국외식산업의 발전 과정

연대	발전 내용	주요 외식업소
1960년대 이전	- 음식업의 태동기 - 경제적 빈곤기 - 식생활 및 식습관의 가내주도형	이문설렁탕(1907), 용금옥(1930), 조선옥(1937) 등
1960년대	- 음식의 침체기 및 여명기 - 식생활의 궁핍, 밀가루 위주의 분식 - 식생활 문제 개선 및 부각	뉴욕제과(1967) 등 제과제빵 중심의 개인 업소 및 노점 잡상인 대량 출현
1970년대	- 외식산업의 태동기 - 대중음식의 출현(한식, 중식 등) - 경제개발계획의 성공과 식생활 향상	림스치킨(1975), 가나안제과(1976), 롯데리아(1979), 난다랑(1979) 등
1980년대	- 외식산업의 적응기 - 해외브랜드 도입 및 프랜차이즈화	버거킹(1984), KFC(1984), 배스킨라빈스(1985), 맥도날드(1986), 놀부보쌈(1987), 도미노피자(1989) 등
1990년대	- 외식산업의 성장기 - 대기업 및 호텔업의 외식산업 진출 - 프랜차이즈 활성화	TGIF(1991), 하겐다즈(1991), 미스터피자(1993), 시즐러(1993), 베니건스(1995), 스타벅스(1999) 등
2000년대	- 외식산업의 고도성장기 - 업체 간 경쟁심화 - 건강에 대한 관심 고조 - Take Out 커피전문점 대거 진출	엔젤리너스(2000), 투썸플레이스(2002), 애슐리(2003) 등

2010년대 초	- 외식산업의 성숙기 - 스마트폰, SNS의 확대로 인한 전시성 소비증가 - 요리프로그램의 변화(먹방 신드롬) - 단일소비자의 이중적 소비패턴 - 패밀리 레스토랑의 쇠퇴(한식뷔페의 재조명) - 간편식의 프리미엄화 - 편의점 도시락시장 급성장	CJ 계절밥상(2013), 이랜드 자연별곡(2014), 신세계푸드 올반(2014), 바르다김선생(2014) 등
2010년대 말	- 외식산업의 성숙기 - 배달 및 사전 주문 애플리케이션 등장 - 비대면 서비스의 확대(무인서비스 키오스크 등) - 즉석식품의 다양화 및 혼밥족 증가 - 이색메뉴 열풍(중화권 음식, 브라운 슈가 음료, 매운맛 열풍 등) - 외식 온라인 쇼핑시장의 강세 - 프리미엄 가치 소비의 증가	명랑시대쌀핫도그(2016), 대왕카스테라(2016), 이차돌(2017), 홍루이젠(2018) 등

자료: 한국외식산업연구소, 외식사업경영론, 2006. p.36. KREI - 2019 외식업 경영실태 조사 통계보고서(저자 재구성)

🍲 사례: 도시락 시장 성장 가능성

 1인 가구가 갈수록 늘어나면서 편의점 매출이 가파르게 늘어나고 있다. '편의점 도시락'이 인기몰이를 거듭하는 이유도 여기에 있다. 물론 배달 문화, 분식 문화 탓에 편의점 도시락의 성장엔 한계가 있을 거라는 분석도 많다. 하지만 '편의점 도시락'의 천국인 일본의 전철을 밟을 거라는 밝은 전망도 나온다.

일본의 가정간편식(HMR: Home Meal Replacement) 시장은 약 4조 2,000억 원으로 세계 3위를 차지한다. 우리나라 1조 3,000억 원의 3배 규모다. HMR 시장 성장에는 1~2인 가구 증가로 인한 근거리 소량 소비패턴의 증가가 한몫했다. 잦은 지진으로 고층빌딩 내 구내식당이 없는 경우가 많아 직장인의 편의점 도시락 구매가 대중화된 것도 주요 원인이다.

일본 HMR 시장의 74%는 냉장식품이 차지하고 있다. HMR 품목 가운데 도시락, 샐러드같이 구매 후 곧바로 시식할 수 있는 RTE(Ready To Eat) 품목이 많아서다. HMR의 채널별 점유율에서 편의점이 차지하는 비중은 13.3%다. 슈퍼·대형마트에 비해 낮은 비중이지만 미국(5%), 유럽(6%)보다는 높다. 편의점 도시락이 일본인의 빼놓을 수 없는 일상 품목이라는 얘기다.

일본의 편의점은 등장한 지 40년이 지났지만 여전히 성장 중이다. 편의점 산업은 2014년 기준 10조 엔(약 98조 70억 원) 규모다. 점포 면적은 평균 132㎡(약 40평)로 우리나라의 2배 수준이다. 도시락 진열 코너의 너비도 우리나라에 비해 2배가량 길다. 일본 편의점에서 주로 팔리는 프레시푸드(Fresh Food) 가운데 도시락과 샌드위치의 가격은 각 400~500엔(약 3911~ 4889원)이다. 품질과 물가를 감안하면 매우 저렴하다. 이런 값싸고 맛있는 먹을거리의 인기는 점당 매출과 품목별 매출 비중을 끌어올린다.

일본 세븐일레븐의 경우 일평균 점포 매출은 66만 4000엔(약 649만 7904원)이며, 그 가운데 도시락이 포함된 프레시푸드가 차지하는 비중은 25%에 이른다. 우리나라의 프레시푸드 비중은 6%에 불과하다.

국내 편의점 시장 규모는 12조 원으로 추정된다. 인구 1960명당 1개의 편의점이 운영되는 셈이다. 일본의 편의점 1개당 2400여 명보다 적은 수치로, 편의점 시장이 벌써 포화상태임을 보여 준다.

그럼에도 점포 수는 더 늘어날 것으로 보인다. 국내 편의점의 1일 평균 매출액은 145만 원으로 일본의 57만 엔(약 558만 6400원)에 비해 3분의 1 수준도 안 되기 때문이다. 최근 담뱃값 인상 등으로 매출이 늘어나면서 출점 여력이 다소 커진 것도 한 이유다. 다소 적은 점당 매출, 갈수록 증가하는 매출 등이 국내 편의점 업계의 '성장 열쇠'라는 얘기다.

물론 우리나라에서 편의점 도시락이 일본처럼 대세로 자리 잡는 덴 어려움이 많을 것으로 보인다. 배달 음식과 분식 시장이 발달해 있기 때문이다. 그럼에도 도시락 시장은 점차 확대될 가능성이 크다. 첫째 이유는 짧은 시장 형성 기간이다. 국내시장에 도시락이 소개된 건 겨우 4년 전이다. 본격 출시는 1~2년밖에 되지 않았다.

편의점에서 주로 팔리는 프레시푸드 매출 비중이 5~7%에 불과하다는 점도 성장 가능성을 보여준다. 일본의 이 지표는 25% 수준이어서 안 돼도 20%p 가량은 더 성장할 수 있다는 게 업계의 분석이다. 편의점 도시락 시장을 주목해야 하는 이유가 여기에 있다.

자료: The Scoop(www.thescoop.co.kr), 2015. 10. 7

미국 외식산업의 성장과 발전

1. 발전 배경

미국의 외식산업은 유럽에 비해 역사와 전통이 짧은 데 반하여 우수한 과학기술과 특유의 실용적이고 합리적인 경영방법을 기반으로 급속한 경제발전을 이룩하였고, 산업화를 지나면서 세계의 외식시장을 주도하고 있다. 또한 다양한 형태와 경영기법을 갖춘 외식기업이 등장하면서 전 세계의 외식산업에 큰 영향을 미치고 있다.

이러한 미국의 외식산업은 1920년대에 태동되어 1930년대에 요식업이 외식산업으로 전환되고 1940년대에는 제2차 세계대전으로 인하여 기내식과 군대식이 발전하면서 일반대중을 대상으로 하는 마케팅이 중요시되었다.

1950년대는 패스트푸드 업종이 테이크아웃과 퀵서비스(Quick Service) 기법 등의 새로운 서비스방식으로 출현하였고 1960년대에는 프랜차이즈 시스템을 활용한 체인기업 경영이 활성화되었다.

1970년대는 제1차, 제2차 오일쇼크로 인해 기업경영 측면에서 변화가 시도되어 경영체질의 강화와 해외진출 등 외식산업의 국제화가 이루어졌다. 1980년대에는 외식기업의 매수, 매각, 합병 등 경쟁이 치열해지면서 외식계열화가 이루어지기 시작했으며 1990년대는 국제적인 다각화를 전략적 차원에서 추구했고 신규고객 창출을 위한 고객만족과 감동경영 등 새롭고 창의적인 아이디어 중심의 레스토랑이 출현하게 되었다.

1) 다민족의 복합국가 형성

미국은 다양한 인종으로 구성된 복합국가라는 점에서 세계적인 음식을 접할 수 있었다. 다민족국가의 사회특성상 개인 간의 신뢰감이나 인정, 혈연, 지연으로 국가를 관리·운영하는 것이 불가능하였다. 이에 미국은 성문화된 규범으로 통제해야 국가를 운영할 수 있었다. 패스트푸드 산업도 성문화된 통제와 규범에 음식점 경영기법을 적용하여 발전하게 되었다.

즉, 음식을 만드는 방법이나 기타 사항 등에 대하여 모든 것을 성문화하였기에 외식산업이 빠르게 발전할 수 있었다.

2) 관용성 중시의 식생활 습관

관용성이란 습관적으로 하는 것을 의미하는데 미국은 식생활 습관상 라틴계의 즐기는 식사를 하면서 영양공급 및 실용성을 중시한 식사를 많이 한다. 또한 식사금액의 범위도 소액 지불 위주의 저가원칙주의를 택하고 있어 패스트푸드가 추구하는 신속성과 저렴한 가격이라는 핵심이 결합되어 패스트푸드 산업이 발전하였다.

3) 프런티어(Frontier) 정신

미국은 개척정신에 따라 대륙을 동부에서 서부로 개척해 나갔는데 이 과정에서 가정에서의 식사를 가정 밖에서 하는 계기를 마련하였고 자연스럽게 음식점에도 접목하였다. 특히, 서부 개척시대에는 햄버거가 발달하게 된 주요인이 되기도 하였다.

4) 스피드와 편의성 추구

미국은 사회 변화로 독신자의 발생 및 이혼율의 증가, 핵가족화 등이 나타났으며 이러한 현상들은 스피드를 요구하였다. 스피드화는 식사형태와 음식점에 있어서도 외식화 경향과 신속한 편의성 음식을 등장시키게 되었다.

5) 식생활형태의 적합화

미국의 식생활과 식습관은 한식에 비하여 물기가 거의 없는 식문화로 이루어졌으며 이러한 국물이 없는 육류와 빵은 패스트푸드화하기에 적합하여 패스트푸드의 생성과 발전을 촉진시키게 되었다.

6) 과학문명의 선도

미국은 과학문명의 선두주자로 세계경제를 주도하고 지식 및 과학기반을 창출하면서 세계적인 기업군을 탄생시켰다. 맥도날드와 같은 유명한 기업은 외식산업의 세계화를 선도한 원동력이 되었다.

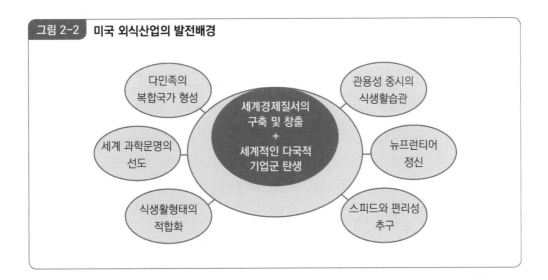

그림 2-2 **미국 외식산업의 발전배경**

2. 발전 과정

1) 1920년대

미국에서 현대적인 레스토랑은 1827년에 창업한 델모니코(Delmonico's)라고 볼 수 있다. 델모니코는 메뉴를 영문과 프랑스어로 표기하여 국제적으로 명성을 얻었으며 1923

년에 뉴욕을 중심으로 9개의 레스토랑을 개업하였다.

1876년 영국에서 이민 온 프레드 하베이(Fred Harvey)가 캔자스의 토페카(Topeka)역에 레스토랑을 개점한 이후 애치슨(Atchison)역과 산타페(Santa Fe)역 등과 제휴하여 개점하였다. 또 최초로 열차 내 식당과 구내 음식점을 운영하였고 나아가 65개의 레스토랑과 60개의 다이닝카를 운영하였다. 이것이 대규모 체인레스토랑의 개시라고 할 수 있으며 실질적으로 외식산업이라는 것이 도입된 시기라고 할 수 있다.

1926년 J.R 톰슨(Thompson)사는 당시의 음식점과는 전혀 다른 풀 서비스 방식에서 셀프서비스 방식의 시스템을 도입하여 간단한 아침식사의 구성 및 테이블의 규격화 등을 실시하였고, 센트럴키친(Central Kitchen) 시스템을 도입하여 원가절감효과 및 표준화된 대량생산체제를 실현할 수 있었다

2) 1930~1940년대

1930년대에는 교통수단이 새롭게 등장함에 따라 새로운 형태의 외식업체가 등장하기 시작하였다. 즉, 자동차의 보급과 더불어 개인소득의 증가로 외식이 전국적으로 성행하기 시작하였으며 1937년 항공기 시대에 맞추어 기내식이 시작되었고, 시스템화로 인하여 요식업에서 외식산업으로 변화하는 시기라고 할 수 있다.

이 시기에 하워드 존슨(Howard Johnson) 회사가 대도시 교외의 로드 사이드에 레스토랑을 개업하였으며, 1937년 메리어트(Marriott)사가 최초로 기내식을 도입하였으며, 1941년 던킨도너츠(Dunkin's Donut)사의 도넛을 출점하면서 외식산업으로서의 기반을 마련하였다.

1942년 스카이 셔프가 학교급식을 시작하였으며, 1946년에는 연방정부에서 국립학교 점심식사에 관한 법령을 제정하면서 국가적인 차원에서의 단체급식 프로그램을 확대해 나갔다. 그러나 제2차 세계대전으로 미국의 경제·사회구조의 전반을 변화시켰으며, 특히 핵가족화, 소득증대, 여성의 사회진출 등 전쟁 이전과는 다른 사회구조를 나타내면서 외식산업 발전에 확고한 기틀을 마련하는 계기가 되었다.

3) 1950년대

1950년대는 제2차 세계대전 이후 미국의 최대 경제부흥기로 외식산업과 호텔도 프랜차이즈 시스템과 혁신적인 경영관리체제가 동시에 이루어진 전환과 약진의 시기였다. 이 시기에 미국은 관광산업이 급속도로 발전하여 일반 소매업체의 연간성장률이 6%인데 반하여 외식산업의 성장률은 10~11%로 놀라운 성장을 하였다.

이러한 큰 성장의 요인은 단체급식의 증가와 패스트푸드의 등장으로 공장과 회사에서 직원을 위해 식사를 제공했기 때문이다.

이 시기에는 1952년에 KFC, 1953년 피자헛(Pizza Hut), 1954년 버거킹(Burger King's) 등이 개점하여 본격적인 패스트푸드 시대의 도입기라고 할 수 있다.

특히, 1948년 맥도날드 형제가 캘리포니아에 개점한 햄버거 레스토랑은 1955년 레이 크락(Ray Kroc)이 인수하면서 본격적인 프랜차이즈 사업을 시작하였다.

맥도날드는 품질(Quality)과 서비스(Service), 청결(Cleanliness)을 내세우며 메뉴품목의 단순화, 조리공정의 개선, 셀프서비스 도입을 바탕으로 대량생산체계를 갖춤으로써 표준화 및 원가절감을 시도하였다.

1950년대는 외식산업에 패스트푸드점을 중심으로 대량판매지향, 테이크아웃과 퀵서비스의 도입 등으로 외식산업이 한 단계 도약할 수 있는 계기가 되었다.

4) 1960년대

미국의 공업화로 인하여 비약적인 성장을 하기 시작한 외식산업은 명실상부한 외식산업이라는 용어가 사용되기 시작하였으며 유망산업으로 인식되면서 신규참여가 가속화되었다. 전기가 산업 전반에 걸쳐 사용되면서 얼음을 이용한 아이스박스 대신 냉장고나 믹서기계, 자동식기세척기 등 외식산업이 발전할 수 있는 주변산업의 성장으로 다양한 형태의 레스토랑이 등장하기 시작하였다.

1960년대 냉동식품(Frozen Food)이 대중적으로 확산되어 웬디스(Wend's), 타코벨(Taco Bell),

레드 랍스터(Red Lobster) 등의 외식기업들이 출현하였다.

또한 맥도날드와 KFC를 중심으로 패스트푸드점 프랜차이즈의 급성장과 외식산업의 전 부문에 걸친 시스템화 도입, 상장기업의 속출, 대기업의 매수, 매각, 합병 등을 통해 외식산업이 역동적으로 발전하였다.

5) 1970년대

1960년대 후반부터 1970년대 전반까지는 외식산업의 매수나 합병이 가속화되어 다양한 업태의 출현과 기존업체 간의 경쟁이 치열하게 전개되어 미국 외식산업은 전성기를 맞이하게 되었다. 이 시기에는 새로운 마케팅기업이 도입되기 시작하였으며 입지에 대한 출혈경쟁, 메뉴의 다양화, 교외형 드라이브 스루(Drive Through) 점포의 탄생, 건강과 관련된 메뉴의 개발, 저칼로리 음식, 점포 인테리어의 차별화 등 다양한 경영 및 운영방법이 전개되었다.

6) 1980년대

1980년대는 전반적으로 미국경제가 침체기에 빠져들면서 외식산업의 정체현상이 나타났다. 이 시기는 성장보다는 내실을 다지는 시기로 경영합리화를 모색하는 한편 경영형태에도 많은 변화가 나타났다. 그중에서도 체인형태의 경영이 급속도로 증가하기 시작하였으며 특히 펩시콜라와 같은 자본력을 바탕으로 한 거대한 외식기업이 매수, 합병을 통하여 계열화를 추구한 그룹형태로 등장하였다.

이 시기의 미국 외식업체들의 전략을 보면, 업태의 다각화전략 측면에서는 호텔이나 리조트, 농장공원과 같은 새로운 업태개발에 참여하였고 배달판매를 활성화시켰다. 점포전략 측면에서는 입지확보의 어려움으로 인하여 타 산업이나 타 업종과의 공동 출점 등 복합점포 방식을 선택하면서 은행과의 토지신탁을 이용하였으며 정보화전략 측면에서는 본사, 점포, 물류센터, 센트럴키친, 거래업소 등과 종합정보시스템을 도입하였다.

그러나 1980년대에 단행된 규제완화와 세제개혁은 고급레스토랑을 쇠퇴하게 만들었으며 저렴한 가격의 캐주얼 레스토랑을 탄생시켰다. 또한 패스트푸드 업계는 '소비자가 원하는 것은 무엇이든지 제공한다'는 캐치프레이즈로 슈퍼마켓을 공략하고 슈퍼마켓은 이에 맞서 조리된 음식을 판매하면서 치열한 경쟁을 벌이기도 했다.

7) 1990년대

1990년대 초반에는 1980년대의 불황에 이어 버블경기의 붕괴로 고급 레스토랑이 계속하여 쇠퇴하고 비교적 저렴한 캐주얼 레스토랑이 성장하였으며 1990년대 후반부터 21세기에 이르러 비교적 안정적인 경제상황 속에서 외식산업은 미국 전체산업 중에서 4번째까지 성장하였다. 그러나 미국 외식시장의 30% 이상을 점유해 왔던 패스트푸드 업계는 서서히 퇴조하는 현상을 보였다.

또한 미국 출생률의 저하와 맞물려 신제품 개발의 실패는 패스트푸드 업계의 마이너스 성장을 나타내기도 하였다. 이로 인하여 미국 외식산업은 미국 내에서의 성장을 벗어나 세계 각국으로 진출하면서 시장을 넓혔다.

8) 2000년대 초

2005년 기준 시장 규모가 4,400억 달러에 달하는 미국의 외식산업에서 햄버거와 프렌치프라이를 주로 취급하던 패스트푸드 체인점들은 건강을 생각한 웰빙메뉴로 소비자들을 끌어들이는 데 총력을 기울였으며 레스토랑들도 고객들에게 다양한 서비스를 제공하려고 변신을 거듭하였다.

그동안 단일메뉴에 승부를 걸었던 일부 레스토랑들은 치열한 경쟁에서 생존하기 위해 여러 가지 브랜드의 음식을 내놓는 전략으로 변화하였으며, 외식업체들 간의 인수·합병으로 한 레스토랑 안에서 샌드위치, 피자, 디저트 등 여러 브랜드의 여러 가지 음식을 동시에 즐길 수 있는 형태도 출현했다.

패스트푸드 시장에서는 샌드위치 시장의 매출이 높아졌으며 신선한 재료를 제공하는 샌드위치 전문 레스토랑의 인기도 높아졌다. 또한 번잡한 식당보다 가족들과 집에서 간편하게 한 끼를 해결할 수 있는 장점을 가진 테이크아웃(Take Out)이 중요한 트렌드로 확산되는 추세를 보였다.

9) 2010년대 초

외식소비자들의 소비성향이 점차 다양해짐에 따라 외식업체들은 고객확보를 위하여 매년 새로운 트렌드를 반영한 메뉴개발에 노력하였다. 또한 로컬 푸드 및 건강한 음식에 대한 소비자들의 수요가 증가함에 따라 지역 식재료를 사용하는 레스토랑 및 영양가 높은 메뉴를 제공하는 레스토랑의 비율이 증가하고, 소비자들은 인터넷이나 스마트폰, 태블릿 PC 등의 기술을 활용해 레스토랑 관련 소비행동을 보였다. 실제로 NRA(National Restaurant Association)에 의하면 63%에 달하는 소비자들이 레스토랑 선택 시 기술을 사용한 적이 있으며, 가장 많이 사용하는 기능으로는 레스토랑 위치검색, 주문, 음식의 영양정보의 순으로 나타나고 있다. 이에 레스토랑 역시 스마트폰 애플리케이션, 태블릿 PC 등의 기술을 도입하여 서비스에 접목시키기 시작했으며 이러한 기술 서비스를 제공하는 레스토랑이 점차 증가하였다.

10) 2010년대 말

2015년도 외식소비는 가정에서의 조리보다 외식을 선호하는 경향이 두드러졌으며 레스토랑 산업에서 패키지 또는 신선식품 형태의 식품 제조 판매산업으로 진출하는 기업들이 늘어났다. 또한 푸드트럭의 인기가 높아졌으며 친환경 음식에 대한 관심이 점차 증가하였다.

기술적인 발달로 레스토랑 내 IT기술을 접목하려는 기업들이 증가하기 시작했고 스마트폰 앱을 통한 온라인주문, 배달 등이 점차 보편화되었다.

2016년도에는 미국의 경기회복이 지속되고 소비심리의 안정화로 외식소비가 꾸준히 증가하였고, 온라인 배달시장의 규모가 급격히 확대되어 체인 외식업체인 Domino's, Papa Johns 등은 자체 온라인 플랫폼을 구축하여 운영하며, 규모가 작은 외식업체의 경우 Grub Hub나 DoorDash와 같은 주문·배달 전문 플랫폼을 이용하였다.

IT기술의 발달로 외식기업들은 소비자 만족 및 운영 효율성 개선에 주력한 결과 Panera Bread는 매장에 'Fast-Lane Kiosks'를 비치하여 샌드위치에 들어가는 재료를 고객이 터치스크린을 통해 선택하도록 하고 재료 추가에 따라 열량(kcal) 정보가 자동으로 변경되도록 하는 등 고객의 취향을 맞추는 서비스로 큰 호응을 얻기도 했다.

스타벅스(Starbucks)의 경우 모바일 주문·결제 시스템을 연동한 Starbucks Rewards 프로그램을 런칭하여 앱을 통한 주문 금액, 방문 빈도 등에 따라 자동으로 별을 적립해 이를 전국 매장에서 사용할 수 있도록 해 소비자에게 큰 호응을 얻었다.

풀서비스 레스토랑 Olive Garden은 매장 내 테이블마다 태블릿 PC를 비치하고, 종사원을 기다릴 필요 없이 바로 추가 주문이나 계산이 가능하도록 해 주문량과 매출이 증가하기도 했다.

2017년도에는 IT기술의 지속적인 발달로 자동화된 기술을 도입하여 서비스 효율 및 인건비를 절감하려는 시도가 이루어졌으며, 채소 위주의 메뉴 등장하였고 글로벌 푸드와 전통적인 조리법에 대한 관심이 증가하였다. 또한, 새로운 메뉴에 대한 관심이 높아져 새로운 정통 외국음식 레스토랑이 증가하였다.

일부 레스토랑에서는 옥상에 허브 정원을 꾸미기도 하고, 별도의 비닐하우스를 마련해 조리에 사용할 허브와 채소를 직접 재배하기도 했다.

2018년도에는 외식업의 규모가 2010년 대비 38% 증가했으며 지속되는 웰빙 열풍으로 신선하고 건강한 음식을 선호하는 소비자가 늘어났다.

온라인 배달서비스의 가속화 및 경쟁심화로 인해 기존 레스토랑에서 직접 배달하는 서비스 외에 배달서비스를 위한 플랫폼 시장이 더욱 다양화되었다.

이 시기 미국의 온라인 배달 서비스는 레스토랑이 직접 소비자에게 배달하는 형식과 우리나라 배달의 민족과 같은 GrubHub, UberEats, DoorDash 등의 기업들이 배달 인력과 교통수단 등을 갖추고 음식 주문 및 픽업, 배달을 담당하여 소비자에게 전달하는 형태의 두 가지 분야로 나누어졌다. 이 외에도 건강에 대한 관심의 증가로 식품 구입 시 영양성분 표시 확인 및 자연친화적인 식습관을 갖기 위한 노력이 확산되었다.

2019년도에는 건강한 식생활을 추구하는 소비자를 위해 식물성 대체재로 건강식 메뉴를 개발하는 기업들이 늘어났다. 세계적인 추세에 맞춰 일회용품을 자제하는 기업들이 증가하고 환경 오염을 방지하기 위해 Pepsi, Unilever, Nestlé 등 대기업들은 재사용이 가능한 용기의 사용을 권장하고 포장 용기의 재활용률을 높여 친환경 정책을 시도하기도 했다. 동물 복지 문제에 대한 인식으로 우유 소비량이 감소하는 추세를 보이기도 했다. 또한 'Ugly Food'(모양이 예쁘지 않은 채소와 과일 등)를 사용하여 음식물 쓰레기 감소와 식재료 재활용에 노력하였다. Google은 경우 LeanPath와 파트너를 맺어 Ugly food를 활용한 카페테리아를 운영하여 2014년부터 5년 동안 600만 파운드의 음식물 쓰레기를 줄였다. 버려지는 수박을 수박 주스로 재탄생시키고 멍든 사과를 사과 버터로 만든 Salt & Straw 등 외식업체에서도 Ugly Food를 활용하여 다양한 식품을 선보였다.

이 외에도 간편외식의 증가로 배달서비스가 높은 호응을 얻고 있으며 소비자들의 음식 주문 역시 디지털 오더(Digital Order)를 사용하는 비율이 크게 증가했다.

| 표 2-4 | 미국 외식산업의 발전 과정

연대	발전 내용
1920년대 이전	- 음식업의 태동기 - 현대적 의미의 레스토랑 등장 - 대규모 체인레스토랑의 개시 - 센트럴키친 시스템의 도입으로 원가절감 및 대량생산
1930~40년대	- 외식산업의 태동기 - 교통수단의 등장에 따른 새로운 형태의 외식업체 등장 - 생산자지향 및 외식산업 시스템 출현 - 전쟁 후 경제, 사회, 문화 등 전반적 변화로 외식산업의 기반 구축

1950년대	- 외식산업의 도약기 - 프랜차이즈 시스템의 도입으로 대량판매 지향 - 단체급식의 증가 및 패스트푸드의 등장(맥도날드, KFC, 버거킹 등) - 퀵서비스 및 테이크아웃(Take Out)의 등장
1960년대	- 외식산업의 도약성장기 - 냉동식품의 발달로 새로운 형태의 외식사업 등장
1970년대	- 외식산업의 성숙기 - 대기업의 인수, 합병 확대 - 마케팅방법 도입 - Drive Though Restaurant 등장
1980년대	- 외식산업의 고도성숙기 - 신감각형 외식가속화 - 국제화 및 다양화(민속음식 등장)
1990년대	- 외식산업의 안정성숙기 - 육류 소비의 지양 및 시푸드(Seafood)와 채소 위주의 건강음식 전문점 출현 - 패스트푸드의 퇴조
2000년대 초	- 외식산업의 안정성숙기 - 일상적인 외식활동의 증가와 새로운 음식에 대한 도전의식이 강함 - 외식업체들의 활발한 인수합병 - 퀵서비스 및 테이크아웃의 확산
2010년대 초	- 커피전문점 등 패스트푸드점 이외의 식품점에서 Drive Thru의 중요성 인식 - 디지털 기술의 도입에 따른 온라인 배달시장의 규모 확대 - 아침식사 시장의 치열한 경쟁 - 건강식의 수요 증가, 글루텐 프리(Gluten Free) 제품의 수요 증가 - 패스트푸드의 수요 감소 및 신선하고 이국적 풍미의 음식을 제공하는 Fast Casual Dining 성장 - 테크놀로지 활용의 중요성 증대(PC, 모바일을 이용한 주문·결제)
2010년대 말	- 새로운 음식에 대한 소비의향이 증가 - 건강에 대한 지속적인 관심 증가로 식물성 식품 및 식물성 단백질, 채식 등이 각광받고 이를 활용한 대체 식품 개발 증가 - 온라인 배달시장 규모의 급격한 확대 - IT기술의 도입으로 고객만족 및 운영 효율성 개선에 노력 - 식재료의 품질 및 안전성에 대한 관심 증가 - 환경에 대한 인식으로 일회용품 사용이 감소

- 채소 위주의 건강식 및 Ugly Food를 통한 음식물 쓰레기 감소 및 식재료 재활용 관심 증가
- 중동, 동남아 음식 등의 에스닉푸드 및 매운맛, 향신료 맛을 내는 음식의 소비 증가
- 스마트 시스템의 도입으로 간편하고 빠른 외식 추구
- 다양한 SNS를 통한 음식 및 식당사진 공유 문화가 확산되고, 이를 통한 레스토랑 검색 등 간접적 경험 추구

4 일본 외식산업의 성장과 발전

1. 발전 배경

일본의 외식산업은 미국과 다른 배경에서 발전하게 되는데 제2차 세계대전 후 민주자유사회 및 경제체제로 변화하면서 식생활습관 등에서 다양한 모습을 나타내기 시작했다. 또한 수요요인과 공급요인이 서로 밀접하여 시장규모의 확대를 촉진하였다.

수요요인으로는 빠른 경제성장으로 인한 개인소득의 증대, 신세대의 증가로 인한 소비시장의 증대, 핵가족화와 여성의 사회적 진출, 여가 확대로 인한 외식활동의 증가, 자가용 보급의 일반화, 개인의 외식에 대한 가치관 변화 등을 들 수 있고 공급요인으로는 외식경영자의 노력, 선진시스템의 도입, 자금조달의 용이 등이 있다.

이러한 여건 속에서 일본의 외식산업은 성장을 거듭하였고 미국과 같이 다양화되어 외식기업을 탄생시키고 있다.

1960년대 일본은 산업화의 도약발판을 마련하였고 크게 인정받지 못하였지만 다양한 외식사업이 출현하기 시작하였다. 1970년대에는 국민소득 1만 달러를 달성하는 선진국형 경제구조를 갖게 되면서 본격적으로 외식산업이 성장하는 계기를 마련하였다.

1) 경제성장과 소득증대

제2차 세계대전 이후 일본은 자본주의의 자유경제체제를 도입하여 경제성장과 더불어 개인의 소득증대와 표준화가 이루어지기 시작했다. 특히 개인의 노력과 능력, 성실은 일본국민의 근면성과 전쟁 후 복구사업을 성공으로 이끌게 되었고 국민소득은 크게 증가하였다. 이러한 경제성장과 함께 소비지출이 확대되었고 문화생활에 자연스러운 참여를 유도하게 되었다. 따라서 외식기회가 빈번하게 발생하게 되고 외식소비의 기회를 증가시켰다.

2) 노동의 균등화 현상과 여가시간의 확대

전쟁 이후 일본은 민주자본주의사회로 전환되었고 사회생활에 있어서 남녀 간의 평등이 부각되어 정착되기 시작하였다. 가사위주의 생활에서 탈피한 가정주부의 경우 평등한 인격대우를 요구하였으며 가정주부들의 사회참여는 주 5일 근무제를 정착시키고 휴가 등의 복리후생이 제도적으로 정착될 수 있는 기회를 마련하게 되었다.

3) 여성 및 주부의 사회진출 증가

제2차 세계대전 이전의 일본여성은 사회적 지위가 낮았을 뿐 아니라 가사에만 종사하여 활동영역이 가정 내로 극히 제한적이었다. 그러나 전쟁 이후 개방사회로 전환되면서 여성의 사회참여가 확대되고 여성노동력을 필요로 하게 되었다. 이러한 현상과 함께 여성의 자각심이 점차 높아지고 사회진출현상이 두드러져 결혼 이후에도 사회참여율이 증가되면서 여성의 사회활동은 외식기회를 더욱 활성화시켰다.

4) 핵가족화의 급속한 확대

전쟁 이후 일본의 경제활동과 사회구조는 대가족제도에서 소가족 형태로 변해갔다. 대가족제의 제약과 번거로움은 핵가족화의 태동을 보이게 되면서 외출이 쉬워지고 적은 비용의 외식기회와 이용빈도가 증가되었다.

5) 자동차의 증가

경제활동이 활발해지고 소득이 증대되면서 편리한 생활패턴을 요구하는 경향은 자동차산업의 발전을 가져오게 되었고 할부판매제도를 통해 고소득층은 물론 저소득층까지도 차를 보유할 수 있게 됨에 따라 자동차 생활이 일상화되었다. 이로 인하여 장거리여행이나 레저의 활성화를 불러오게 되었고 외식의 기회를 더욱 증대시키는 역할을 하였다.

6) 직장인의 증가와 도시락 습관의 폐지

일본경제의 산업화로 인해 대기업이 등장하고 이에 따른 고용창출효과로 직장인들이 증가하였다. 이와 더불어 도시락을 지참해 다니는 습관이 폐지됨에 따라 자연스럽게 외식의 기회가 많아졌다.

7) 타 문화의 모방과 적응

일본인의 특성은 창조성보다는 모방과 적응에 탁월한 능력이 있다는 것이다. 즉, 미국이나 유럽에서 생성된 제도나 이론을 수용함과 동시에 자신들의 문화에 맞는 방식으로 모방하거나 응용하는 경향이 타 민족에 비하여 큰 편이다. 이를 통해 서구식 외식산업에 쉽게 접근하였으며 일본화시키는 원동력이 되었다.

2. 발전 과정

1) 1950년대

일본 외식산업의 원점은 에도시대부터 시작되었다고 할 수 있으며 1950년대 이전까지는 우동이나 국수, 장어요리, 덴푸라, 김밥 중심의 요식업 또는 음식업으로 불렸다.

이 시기에는 세계적인 변화에 편승하여 일본경제가 크게 발전하면서 경제력의 증대를 수반하게 되고 식료품의 수입량도 증가하게 되면서 생산력의 증가와 더불어 식생활수준도 한층 높아졌으며 영양상태도 개선되었다.

특히, 제2차 세계대전 패전 이후 연합군의 일본점령으로 일본인들은 양식을 선호하게 되었고 학교급식으로 빵을 사용하는 등 젊은 세대에 빵이 식사대용으로 확산되었다.

2) 1960년대

1960년대는 서양식 레스토랑이 크게 증가하면서 외식활동의 서구화, 대중화 초기단계의 모습을 보인 시기였다. 일본은 한국전쟁으로 경제특수를 맞이하면서 TV, 냉장고, 세탁기 등의 보급으로 인해 소비혁명이라고 불릴 정도로 소비생활에서도 획기적인 변화를 불러일으켰고 이에 외식산업도 태동기를 맞이하게 된다.

세이부 백화점은 처음으로 서구형 카페테리아를 개점하였는데 백화점 전체의 이미지를 새롭게 하고 인건비 절감과 회전율 상승효과를 예견하면서 새로운 시스템을 도입한 사업이었다. 한편 자가용 운전자와 장거리 여행하는 트럭운전자를 대상으로 그들에게 휴식공간을 제공하는 드라이브 인 형태의 외식사업이 교외에 출현하기 시작했다.

1960년대 후반에는 오사카박람회와 동경올림픽의 영향으로 대규모 건물이 건립되면서 외식산업에도 변화와 발전의 기틀을 마련하였다. 이 시기에는 식생활이 다양화되고 외식이 대중화됨에 따라 센트럴키친 시스템과 프랜차이즈 같은 새로운 시스템이 도입되기도 하였다.

3) 1970년대

1970년대 일본의 외식산업은 식생활의 서구화와 가치관의 변화, 레저문화의 유입 등 국민소득의 증가로 인하여 소비생활양식의 변화와 대기업의 외식시장 참여, 해외브랜드의 진출 등으로 혁명적인 전환기가 되었다.

1970년 만국박람회가 개최되면서 약 150여 개의 외식기업들이 등장하였으며 일본의 기업들은 미국의 기업들과 경영위탁 및 제휴를 통해 레스토랑사업에 진출하기 시작했다. 1971년 동경에 맥도날드 1호점이 개점하여 엄청난 인기를 끌었다.

한편 1973년 제1차 오일쇼크로 식생활에도 파급효과를 가져오면서 내부적으로는 레저화를 지향하고 외부적으로는 세계화 경향을 보이게 되었다. 이 시기의 식생활은 양적인 면보다는 질적인 면에서 개선 정도가 컸다.

1970년대 후반에는 외식산업이 급격하게 성장하면서 다양한 외식기업이 탄생하였고 이로 인하여 경쟁이 심화되는 시기였다. 특히 패스트푸드 업체들은 체인화를 가속화하였고 스카이락, 로얄 호스트, 데니스 등 패밀리 레스토랑도 다점포 위주로 경영을 시작하였다.

전체적으로 1970년대의 일본 외식산업은 외국계 기업의 진출과 국내시장의 확대 등 국내·외적인 요인이 복합적으로 작용하여 외식산업의 발전에 크게 기여하였다.

4) 1980년대

1980년대 전반기는 일본의 경기가 침체기에 접어들면서 외식시장도 침체국면을 보이기 시작하였다. 따라서 경쟁력을 상실한 외식기업은 도태되거나 소멸되었으며 다른 한편으로는 다양한 신업종 및 신업태가 등장하는 시기였다.

소비자는 질적인 소비패턴을 보였고 여가생활을 중시하는 선진국형 라이프스타일이 보편화되었다. 이러한 변화로 외식활동 대중화에 따른 다양한 콘셉트(Concept)의 외식사업이 등장하였으며 외식기업은 대기업화·시스템화되는 모습을 갖추었다.

1982년 일본 맥도날드는 창업 12년 만에 매출액 700억 엔을 달성하면서 일본의 외식기업 중 최고의 매출을 기록하여 일본 외식산업을 대표하는 부동의 위치를 차지하기도 했다.

1985년에는 택배 서비스를 전문으로 하는 피자 체인점인 도미노피자가 미국으로부터 상륙하여 피자시장에 새로운 판도를 열었다. 또한 1989년에는 외식기업 그룹인 로얄이 다양한 종류의 샐러드 바를 주요 상품으로 하는 미국의 스테이크전문점 시즐러를 도입하여 새로운 외식사업에 진출하였다.

1980년대 후반기는 저성장 안정기로 1980년대 전반까지의 성장주도에서 안정 내실화를 추구하는 방향으로 변화하기 시작하였다. 이 시기의 소비패턴은 소비자 욕구의 양분화 혹은 양극화 추이를 나타냈는데, 일반대중화의 개념이 세분화로 탈바꿈되고 개성의 시대가 되면서 소비자 대응에 대한 마케팅 전략과 전술기능이 강화되었다.

기업들은 소비자의 새로운 소비행태에 따른 근대화와 표준화 그리고 활발한 외국자본 및 브랜드 도입을 시도했으며 고객만족과 가치창출, 질적인 경영을 근간으로 치열한 경쟁이 가속화되면서 기업생존의 시대에 들어서게 되었다.

전반적으로 볼 때 1980년대 후반기에는 전산화, 과학화, 자동화는 물론 경영의 효율화를 위해 고객 밀착형 전략을 활용하거나 다양한 연구가 활발하게 진행되면서 경영관리의 정보화 전략에 관심을 두게 되었다.

5) 1990년대

1990년대는 거품경제가 붕괴되면서 부동산, 오피스 불황이 한층 심해져 외식업계는 도심으로의 출점이 용이해지고 지금까지 교외에서 활동해 온 패밀리 레스토랑 체인도 도심으로의 출점이 증가하였다.

버블경제 붕괴 이후 외식산업은 불황을 타개하기 위해 다양한 가격대와 콘셉트(Concept)를 가진 점포를 개발하여 시련에 대처해 나갔으며 패밀리 레스토랑 스카이락은 품질은 그대로 유지하면서 가격은 대담하게 낮춘 저가격의 가스토(Gusto)와 가격은 유지하면서 상품의 가치를 높인 스카이락 가든(Skylark Garden)이라는 새로운 업태를 내세웠다. 또한 비교적 가격 부담이 없는 편의점 도시락이 인기를 끌었고, 부모에게 경제적으로 의지하는 '캥거루족'이 늘었다.

소매업계에서는 편의점이 대두해 식당업을 위협하는 존재로 등장하였고 쇼핑센터 시대가 도래되면서 식당업계도 입지 전략의 변화를 가져왔다.

이와 같이 1990년대 일본의 외식산업은 고객의 안전과 건강을 위해 노력하였으며 지속적인 업태와 콘셉트를 가진 외식업소 개발로 성장해 왔다.

6) 2000년대 초

2000년대 초반 일본의 외식시장은 고객의 분산과 과열경쟁 등으로 각 점포들의 운영이 갈수록 어려웠다. 외식시장 전체가 포화상태로 경쟁은 심화되고 장기 불황으로 고용불안과 소득감소로 인해 소비심리가 위축되어 외식보다는 가정에서 식사하거나 도시락으로 끼니를 해결하는 사람들이 늘어났다. 특히 거품경제의 붕괴와 함께 개인소비가 줄어들고 기업의 회식이나 연회 등이 검소함을 추구하는 문화로 바뀌어 가면서 일본의 외식시장은 그 어느 때보다 어려운 상황에 놓이게 되었다. 그러나 일부 프랜차이즈는 이러한 어려움 속에서도 매출액과 점포수에서 성장세를 보이기도 했다.

소비자들은 외식소비에 있어 저렴하면서도 푸짐한 메뉴를 선호하는 경향이 두드러졌는데 이는 단순히 저렴한 가격만을 원하는 것이 아니라 서비스나 품질대비 만족도를 중요시하는 가치소비 성향을 의미한다. 또한 소비양극화로 인해 고급 브랜드와 함께 100엔 숍(Shop)의 매출이 호조세를 보이기도 했다.

2004년과 2005년의 경우 광우병과 조류인플루엔자의 영향으로 야키니쿠, 규동과 같은 대표적인 쇠고기요리 전문 외식업체들의 매출이 급감하고 폐점하는 경우가 발생해 식재료의 안전성이 부각되기도 했다.

2005년에는 서서 먹고 마시는 점포가 여성고객들에게 큰 호응을 얻기도 했다. 이는 여성고객 및 샐러리맨들에게 저렴한 비용으로 부담 없이 한잔할 수 있다는 것과 술 마시는 데 많은 시간과 비용을 들이지 않겠다는 라이프스타일이 통한 결과이다.

7) 2010년대 초

일본은 2011년 3월 지진과 쓰나미로 인해 외식산업의 트렌드에 급격한 변화가 발생하였으며 지속적인 경제상황의 부진으로 인해 소비자들은 불필요한 지출 대신 합리적인 가격에 양질의 제품을 소비하는 경향을 보이기 시작하였다. 이로 인하여 저가 상품을 제공하는 업체에 대한 소비자의 선호도가 높아지기도 하였다.

2013년 아베노믹스로 인해 일본 전체 산업에 걸쳐 소비가 증진되는 현상이 나타났으며, 외식산업도 소비 심리 개선으로 활성화되었고 편의점, 패스트푸드 제품군이 지속적으로 성장을 보였다. 또한 산업전반에 있어서 성장률이 회복세로 접어들어 프리미엄을 지향하는 외식업체의 인기가 높아지는 경향을 보인 반면, 1990년대 인기를 끌었던 체인 형태의 패스트푸드 업체는 마이너스 성장률을 보였다. 실제 일본 시장 내 전반적인 지역에 걸쳐 외식업체의 가장 일반적인 형태는 독립형으로 2013년 기준 매출의 71%를 차지했다.

사회·문화적인 현상으로 볼 때 일본 역시 1인 가구 수의 증가에 따라 집에서 혼자 식사를 해결하고자 하는 사람들이 늘어났으며, 이에 따라 스마트폰 애플리케이션 플랫폼을 활용한 가정배달 서비스의 이용률이 증대되었다. 또한 편의점 업체의 패스트푸드 제품군이 2013년부터 꾸준한 성장을 보이고 있으며, 편의점 소비 형태에 있어서는 직장인들에게 인기가 있는 테이크아웃 형태의 도시락 및 원두 커피류가 빠른 성장을 보였다.

2014년 일본 외식시장의 주요 트렌드는 프리미엄화로 풀 서비스(Full-Service)를 제공하는 레스토랑의 매출이 증가했고 한 점포 내에서 두 가지 이상의 다른 아이템을 운영하는 하이브리드 형태의 외식업체가 등장해 인기를 끌었다. 이는 같은 가격이면 한 가지 음식보다는 다양한 음식을 동시에 즐길 수 있다는 매력에 소비자들의 호응을 얻었다.

8) 2010년대 말

2015년도 급격한 경제환경의 변화에도 불구하고 일본의 외식시장은 성장세를 보였지만 프리미엄 시장과 저가시장이 동시에 성장하는 외식시장의 양극화는 심해졌다.

일부 외식기업들은 소비자들의 매장 체류시간을 늘리기 위해 편의점, 슈퍼마켓, 서점 등의 소매업체가 식음료서비스를 제공하는 하이브리드형 매장으로 변화하였다.

일본의 슈퍼마켓 브랜드인 Yaoka는 소비자들이 매장에서 구입한 음식이나 음료를 먹을 수 있는 공간을 제공하였고 Life Corp라는 슈퍼마켓 체인브랜드는 매장 내 카페를 도입하여 파스타나 피자와 같은 메뉴를 판매하기도 했다. 또한 서점과 같은 형태의 소매업체들도 외식서비스를 도입했으며 스타벅스는 Tsutaya라는 서점 체인과 협업하여 복합문화공간형 매장으로 운영하기도 했다.

65세 이상 고령인구의 증가로 노년층을 위한 식사를 제공하는 업체들이 늘어났는데 일본의 대형 외식기업인 Skylark은 노년층을 타겟으로 한 레스토랑 Yume-an과 Shabu-ha 매장 수를 늘렸으며 Gusto는 노년층에게 익숙한 도자기 식기를 사용하기도 했다. 또한, 풀서비스 레스토랑 Joyfull은 적은 양을 선호하는 노년층의 특성을 고려하여 60세 이상의 고객을 위한 별도의 아침식사 메뉴를 운영하는 등 많은 외식업체들이 노년층을 위한 메뉴를 제공하였다.

2016년도는 부가가치세(VAT) 인상, 아베노믹스에 따른 엔화 약세 등 경제환경의 변화로 인해 일상적인 외식의 횟수는 줄고 HMR제품이나 가공식품으로 대체하는 소비자가 급증했다.

인구 고령화에 따른 노년층을 위한 메뉴는 지속적으로 개발되면서 일부 경제적 여유를 지닌 노년층(프리미엄 에이지: Premium Age)을 위한 프리미엄 상품이 커피 전문점 위주로 등장하였다.

프리미엄 커피 전문점 Blue Bottle 등은 다양한 추출 방법을 사용하여 어필하고, Komeda, Miyama, Hoshino와 같은 체인 커피 전문점은 길가의 독립 건물에서 운영해 여행을 즐기는 노년 소비자들을 대상으로 상품과 서비스를 제공했다.

이 외에도 2020년 도쿄 올림픽 개최 시 관광객의 편의를 증대하기 위해 IT기술을 도입하여 외식시장에서의 비현금결제를 상용화하려 노력하였으며, 이러한 노력으로 외식시장에서는 온라인 주문 및 배달서비스 등이 증가하였다. 일본의 Skylark 그룹은 모바일 앱을 통해 음식을 주문하고 30분 후 가까운 Skylark, 혹은 Gusto 매장에서 픽업하는 'Click and Collect' 서비스를 제공하였다.

2017년도에는 일본의 지속적인 인구 감소에 따라 외식시장의 규모도 감소하기 시작했으나 일부 음주업계나 카페, 대형 음식체인의 경우 매출이 상승하기도 했다.

외식시장의 전반적인 정체에도 불구하고 중식(中食: 나카쇼쿠)시장은 지속적으로 상승하고 있으며 배달시장의 규모 역시 2016년 대비 11%나 상승해 4,039억 엔에 달했다.

일본은 높은 인건비와 많은 편의점 수로 인해 배달시장의 규모가 작았으나 라이프스타일의 변화, 편의점과 슈퍼마켓의 확대에 대응하기 위해 소비자의 자택까지 메뉴를 배달하는 기업이 늘어났다.

2018년도 일본은 SNS가 음식 문화를 이끌면서 소셜 미디어를 통한 음식인증 사진에서 더 나아가 동영상을 올리는 문화가 확산되었다. 실제로 일본 내 소비자 의식 및 실태 조사에서 음식 동영상을 보는 일이 많아졌다고 응답한 소비자가 늘기도 했다.

일본사회의 고령화로 실버푸드가 지속 성장하고 있으며 편의점에서도 고령 친화음식을 구매할 수 있도록 다양한 실버 마케팅이 이루어졌다.

이 외에 주목할 만한 사항으로는 그로서란트 점포가 증가하고 있다는 것이다. 그로서란트(Grocerant)는 그로서리(Grocery: 식품)와 레스토랑(Restaurant: 식당)을 합쳐 만든 합성어로 다양한 식재료를 판매하고, 그 식재료를 구입한 후 먹을 수 있게 한 신개념의 식문화 공간을 의미한다. 이 그로서란트는 장보기와 식사를 한번에 해결할 수 있다는 것이 장점으로 스웨덴 스톡홀름의 어번 델리(Urban Deli), 영국 런던의 데일스 포드 오가닉(Dayle's Ford Organic), 미국 뉴욕의 일 부코 엘리멘터리 앤 비네리아(Il Buco Alimentari & Vineria) 등이 세계적으로 유명한 그로서란트 마켓으로 꼽힌다.

일본 대형 슈퍼체인인 이온리테일은 식료품 매장에 260석의 시식 공간을 마련했으며 식품 슈퍼마켓 한큐오아시스도 300여 개의 좌석을 마련해 쇼핑객들이 쉽게 외식을 즐길 수 있도록 하였다.

2019년 1인 가구의 증가와 고령화사회의 가속화 등 세대구조의 변화와 식문화의 변화로 간편 식품의 인기가 높아졌다. 이로 인해 슈퍼마켓이나 편의점과 같은 곳에서 빠르게 먹을 수 있는 식품 개발은 물론 그로서란트와 같은 점포들이 지속 증가하고 있으며 팬케이크 가루, 튀김 반죽, 오코노미야키 반죽 등을 바로 포장에서 꺼내 간편하게 조리해 먹을 수 있는 '프리믹스(Premix)' 식품도 인기가 높아졌다.

이 외에도 건강에 대한 관심이 증가하여 유기농 식품 시장이 확대되고 일본 현지의 재료를 활용한 음식들을 선보이기도 했다.

| 표 2-5 | 일본 외식산업의 발전 과정

연대	발전 내용
1950년대	- 음식업의 태동기(요식업 → 음식업) - 일본경제의 발달로 식료품 수입량 증가 및 생산력 증가 - 한국전쟁으로 인한 전쟁특수로 경제 호황기(미군이 일본에서 군수물자 생산) - 양식 선호 현상으로 빵이 식사대용으로 확산
1960년대	- 외식산업의 태동기 및 도약기(음식업 → 외식산업) - 서양식 레스토랑의 증가로 외식활동의 서구화 - 세이부 백화점 내 서구형 카페테리아 개점 - 자가용 운전자와 장거리 여행자를 위한 교외 지역 레스토랑 등장 - 오사카박람회 및 동경올림픽 등 국제적 규모의 행사로 인한 외식발전의 기틀 마련 - 외식의 대중화로 센트럴키친 및 프랜차이즈 시스템 도입 - 자본자율화를 통한 외식산업의 발전 도약의 기틀 마련
1970년대	- 식생활의 서구화, 가치관의 변화, 국민소득의 증가로 인한 소비생활양식의 변화 - 대기업의 외식시장 참여 및 해외브랜드의 진출 등으로 외식산업의 전환기 마련 - 맥도날드의 진출로 외식산업 발전의 견인차 역할 - 만국박람회 개최로 미국의 기업들과 경영위탁 등 레스토랑 사업에 진출 - 프랜차이즈 개념의 외식업체 가속화(스카이락, 로얄호스트, 데니스 등) - 편의점(세븐일레븐)의 등장
1990년대	- 거품경제의 붕괴로 임대료 하락에 따른 중소형 체인점의 도심 출점 증가 - 외식시장의 매출은 상승세 유지 - 소비위축으로 인한 외식업계의 가격인하 정책 - 편의점의 성장으로 외식업계의 위협요인으로 등장 - 디저트 문화의 성장(티라미수, 타피오카, 판나 코타 등 인기)
2000년대 초	- 경제적 침체 및 고용불안과 소득감소로 인한 외식 감소 - 외식기업의 경영효율성과 경쟁력을 위한 기업 간 M&A가 활발히 진행됨 - 도시락판매와 배달서비스를 실시하는 중식분야의 성장 - 절약형 외식점포의 성장(서서 먹는 점포 등) - 젊은층 노동인구의 감소로 외식업계의 인력난 심각 - 안전한 식재료 조달 및 원산지표시제 등의 중요성 부각 - 건강지향 음식에 대한 관심 증가

2010년대 초	- 지속적인 경기불황에 따른 합리적인 소비성향 - 저가상품을 제공하는 업체 선호도 증가 - 편의점 및 패스트푸드 상품의 지속적 성장 - 1인 가구 증가에 따른 1인 메뉴, 테이크아웃 메뉴 및 배달서비스 활성화 - 스마트폰 애플리케이션 플랫폼을 활용한 가정배달 서비스 이용률 증대 - 대지진 및 원전사고에 따른 안전한 식재료에 대한 관심 증가 - 신규업태에 따른 패밀리 레스토랑 매출 하락 - K- POP 인기에 따른 한식메뉴 확산 - 하이브리드 매장의 등장
2010년대 말	- 프리미엄시장과 저가시장이 동시에 성장하는 외식시장의 양극화 - 편의점, 슈퍼마켓, 서점 등 소매업체의 하이브리드 매장으로 변화 - 고령인구 증가에 따른 노년층을 위한 상품 및 레스토랑 증가 - IT기술 도입에 따른 온라인 주문 및 배달서비스 증가 - SNS를 통한 음식 사진 및 동영상을 통한 인증 문화 확산 - 그로서란트(Grocerant) 점포의 증가 - 세대구조의 변화와 식문화의 변화로 간편 식품의 인기 증가

외식산업의 경영환경

3 외식산업의 경영환경
Chapter

1 외식기업의 일반 환경

　기업은 본질적으로 끊임없이 변하는 동태적·경쟁적 환경에서 가치를 창조하여 고객에게 만족을 줌으로써 그 존속과 번영을 도모하는 인위적 존재이다. 어떤 기업이든 그 기업이 다루는 사업은 그 사업이 속해 있는 특정산업 내에 존재한다. 따라서 그 산업을 둘러싸고 있는 전반적 환경변화에 영향을 받으며 때로는 그 환경에 영향을 끼치며 공존해 간다고 할 수 있다.

　외식산업의 일반 환경은 크게 두 가지로 구분할 수 있다. 외식기업의 단기적 활동에 직접적으로는 영향을 미치지 않지만 장기적으로 영향을 미치게 되는 환경을 거시환경 (Macro Environment) 또는 사회적 환경(Societal Environment)이라 하고, 외식기업의 활동과

의사결정에 직접적인 영향을 미치는 환경을 미시환경(Micro Environment) 또는 과업환경(Task Environment)이라고 한다.

1. 거시환경(Macro Environment)

거시환경은 모든 기업에 공통적으로 영향을 미치는 외부환경을 의미하며 경제적, 사회적, 문화적, 정치적, 법률적, 기술적 환경 등으로 기업에 직접적인 영향을 미치지는 않지만 항상 주의를 기울이며 예측하고 고려해야 하는 환경이다.

1) 경제적 환경

외식산업의 성장과 발전은 곧 경제의 성장과정을 의미한다. 경제발전에 따른 소득증가로 외식의 기회가 증가하고 레저, 문화생활의 대중화가 외식산업을 성장, 발전시키는 계기가 되었기 때문이다. 또한 경제적 환경은 고객의 지출액, 구매상품 및 구매점포를 결정하는 데 영향을 미치므로 고객의 구매활동을 결정지어 주는 가장 중요한 요소이기도 하다. 이러한 경제적 요인으로는 국민소득, 소비성향, 산업구조 등이 있다.

소득의 증가는 개인이 처분할 수 있는 가처분소득의 증가로 이어지면서 외식을 포함한 문화생활 등 비생계적 부문의 소비활동을 촉진시켰다. 즉 경제적 발전에 따른 소득의 증가는 외식의 기회로 확대되고 레저, 문화생활의 대중화를 통해 외식산업을 성장 발전시킬 수 있다. 하지만 이와는 반대로 경제적 환경이 좋지 않을 때에는 소비자의 소비심리가 위축되고 가계절약 방법으로 외식비를 먼저 줄이게 되므로 외식기업에 있어서는 매우 중요한 부분이라 할 수 있다.

2) 정치·법률적 환경

정치적 환경요인은 정부와 기업의 관계에서 기업에 대한 금융정책, 세금부과, 노조활동 등에 대한 정부의 규제나 간섭을 의미하며, 법률적 환경요인은 구속력 있는 형태로 구체화된 법률·법규 등의 실천방안을 의미한다. 이러한 정치적·법률적 요인은 각 기업의 보호는 물론 부당한 사업행위로부터 소비자와 사회적 이익보호를 목적으로 한다.

기업에 영향을 미치는 법률과 규제는 세 가지 이유에서 제정되고 있다.

첫째, 불공정한 경쟁으로부터 기업을 지키기 위한 것이다. 부당한 경쟁을 방지하기 위하여 공정거래법이라든지 트러스트방지 등을 관리·감독한다.

예를 들면 경쟁사를 비방한다든지, 기밀을 유출하거나 지나치게 값비싼 사은품 등을 통하여 공정하지 못한 경쟁을 하게 되면 결국 자본력이 강한 기업에게 약한 기업이 잠식당하는 경우가 생길 수 있으므로 이러한 것을 관리·감독하기 위한 것이다.

둘째, 부당한 사업행위로부터 고객을 보호한다. 만일 규제를 하지 않는다면 기업들은 고객들을 생각하지 않고 저질 제품을 만들거나 신뢰할 수 없는 허위광고 및 과대포장, 가격담합 등을 통해 고객을 기만하게 될 수 있을 것이다.

셋째, 기업행위로부터 사회적 이익을 보호하기 위한 것이다. 기업의 이익을 위한 활동이 항상 삶의 질 향상을 가져오는 것은 아니다. 예를 들어 기업의 이익을 위하여 소비자의 삶을 파괴시킬 수 있는 행위(쓰레기 방치, 오폐수, 지역 내 시설의 과밀 등)를 할 수 있기 때문에 이러한 것을 규제함으로써 소비자의 사회적 이익을 보호하기 위한 것이다.

(1) 근로기준법

근로기준법 개정에 따른 주 5일근무제의 시행으로 여가활동의 다양화와 대중화는 물론 국민생활 전반에 걸쳐 많은 변화가 시작되었다. 이러한 국가의 정책적 변화는 외식기업에 있어서도 많은 영향을 미친다. 예를 들면 종사원의 근로시간 단축과 휴무일 증가에 따른 임금인상 등 기업에 직접적으로 영향을 미치는 부분에 대한 경영체질 개선을 위해 많은 노력이 필요하기 때문이다. 이외에도 비정규직법의 제정으로 2년 이상 근무한 비정규직 근로자의 정규직 전환 의무에 대한 부담도 외식기업에 있어서는 해결해야 할 문제가 될 수 있다.

(2) 식품위생법

외식산업은 국민건강을 책임지는 것은 물론, 레저와 문화생활에 직결되는 사회복지적 성격을 지니고 있으며 법적 규제가 소비자보호 차원에서 점차 강화되고 있다. 즉, 이러한 식품위생법을 통해 외식기업은 국민건강예방과 위해방지를 위한 책임을 지고 있다.

(3) 원산지표시제

원산지표시제는 원산지 및 품종을 소비자들이 쉽게 알 수 있도록 표시하는 것을 의무화하는 제도를 말한다. 이러한 제도를 통해 외식기업은 소비자들에게 상품이 국내산인지 또는 수입산인지를 구분할 수 있도록 해야 하며 수입산의 경우에도 수입국가명을 표시해야 하는 등의 법적 규제를 받고 있다.

(4) 환경관련법

전 세계의 사회적 문제로 대두되고 있는 기후변화 및 친환경정책에 따른 정부의 환경 관련 규제로 인하여 외식기업들 역시 빠른 대처를 해야 한다. 정부에서는 모든 식품접객업소에서 사용하는 일회용 컵이나 접시, 젓가락 등의 사용을 규제하고 있다. 최근에는 유통업체에까지 1회용품에 대한 사용규제를 강화하고 있는 실정이다.

사례: 유통업체 1회용 봉투 사용 중단

롯데마트, 메가마트, 이마트, 홈플러스, 하나로클럽 등 5개 유통업체들이 오는 10월부터 매장에서 1회용 비닐 쇼핑백 판매를 중단키로 한 것에 대해 환경단체가 환영한다는 입장이다.

지난 8월 25일 이들 5개 대형 유통업체와 매장에서 1회용 비닐 쇼핑백 판매를 중단하는 협약식을 가졌다. 환경부는 협약을 체결한 유통업체 매장에서 일회용 쇼핑봉투를 사용하지 않음으로써 연간 6,390여 톤의 CO_2 저감효과와 약 75억 원의 사회적 비용이 절감할 것이라 평했다. - 중략 -

서울환경연합 여성위원회는 "이번 정책이 테이크아웃용 일회용 컵 보증금제 폐지, 일회용 합성수지 노시락 용기의 허용, 쇼핑 매장 내 종이봉투 유상판매 제도의 폐지 등 후퇴로 일관됐던 정부의 일회용품 사용 저감정책이 다시 자리매김하는 계기가 되길 기대한다"면서 "기후변화로 인한 우리 삶의 문제가 심각해진 지금, 작은 일회용품 정책 하나부터 우리 삶을 녹색으로 바꾸려는 노력이 시급한 시점"이라고 밝혔다.

자료: 에코저널, 2010. 9. 15.

3) 사회·문화적 환경

사회·문화적 환경은 기업을 둘러싸고 있는 사회·문화적 조건 전반을 의미한다. 이러한 사회·문화적 환경은 외식산업과 매우 밀접하게 관련되어 있으며 인구통계적 환경과 문화적 환경으로서의 개인의식, 라이프스타일, 가치관 같은 것이 있다.

인구통계적 특성을 나타내는 요인으로는 인구규모와 출생률, 사망률, 인구밀도, 인구의 분포, 인구의 증감, 이동, 결혼 및 이혼율 등이 있다. 예를 들면 이혼율이 높아지고 독신자가 증가하게 되면 상대적으로 외식 부문 중 중식(中食 : 간단하게 집에서 먹을 수 있는 반조리식품)이 활성화될 수 있을 것이다.

문화적 요인으로서의 환경은 외식기업이 활동하는 지역의 특성을 지칭하는데, 외식기업의 경쟁이 치열해지고 글로벌화되면서 그 중요성은 더욱 커지고 있다. 이러한 예로 브라질의 맥도날드에서는 현지인들이 탄산음료에 관심이 없다는 것을 알고 그 문화에 맞는 음료를 개발하여 좋은 효과를 거두고 있다.

4) 기술적 환경

외식기업의 환경은 새로운 방법과 새로운 기술을 사용하는 것으로 바뀌어 가고 있으며 항상 새로운 변화의 가능성으로 가득 차 있다.

외식산업은 인적 서비스에 의존하는 노동집약성과 다품목 소량생산 및 입지산업 등의 특성으로 타 산업에 비해 과학기술적 영역이 넓지 않다고 볼 수 있으나 외식산업은 다른 산업의 발전 없이는 성장하기 힘든 산업이다. 예를 들면 전자산업이나 기계산업이 발전하게 되면 냉동, 냉장고 및 각종 주방설비, 주방기기 등이 발달하게 되고 이는 곧 외식산업에 있어 대량생산과 표준화에 영향을 줄 수 있는 것이다.

이러한 결과 맥도날드는 조립라인식 생산기술력으로 제품과 서비스를 표준화하였으며 대부분의 패스트푸드 업체들도 생산기술의 확대를 반영하였다. 또한 유통 및 물류산업의 발전은 식재료를 구매, 공급, 저장할 수 있는 계기를 마련하여 각 레스토랑들이 점포를 확장하고 지역에 관계없이 동일한 품질을 유지할 수 있는 역할을 할 수 있었다.

정보산업의 발달은 인터넷과 마케팅 정보시스템 등의 기술발전으로 운영과 고객관리의 효율성을 통한 경영통제의 강화와 편시성에 많은 영향을 주었다. 또한 이를 통해 집중적 마케팅 관리를 가능하게 하였는데, 개별 고객의 신상정보와 구매경력 등을 데이터베이스화(Data Base)하여 마케팅 전략에 활용하게 되었다.

이러한 사례로 미국의 피자헛은 데이터베이스를 이용하여 고객의 피자식사습관을 프로파일링한 후 전산화하여 이렇게 구축된 데이터를 이용해 해당 스타일의 피자를 선호하는 고객에게 맞춤형 피자를 권할 수 있는 마케팅 방법으로 적극 사용하였다. 최근에는 무선전자 메뉴판을 사용하여 고객이 주문한 메뉴를 주방의 프린터에서 바로 확인하여 요리하는 레스토랑도 등장하였다. 이스라엘의 '프레임'이라는 스시(초밥)레스토랑은 터치스크린(Touch Screen)을 이용하여 바로 주문하는 방법을 사용한 결과 11%의 매출이 증가하였으며 이와 동시에 인건비 절감효과가 발생했다고 한다.

이렇듯 기술적 환경요인은 기업의 운영방식이나 사업방식까지도 변경하게 만드는 데 영향을 미치고 있다.

|표 3-1| 거시환경을 구성하는 주요 요인들

경제적 환경	정치 · 법률적 환경
- 실업률 - 소비지출 동향 - 가처분 소득수준 - 산업구조	- 고용관련 법규 및 규제 - 환경관련 법규 및 규제 - 식품관련 법규 및 규제 - 외국기업에 대한 규제
사회 · 문화적 환경	기술적 환경
- 가족구성원의 구조 - 라이프스타일의 변화 - 인구출생 및 성장률 - 평균수명 - 인구의 지역적 분포	- 주변산업의 기술변화 - 정보산업의 발달 - 신상품 개발 현황 - 특허보호제도

2. 미시환경(Micro Environment)

미시환경은 과업환경이라고도 하며 외식기업의 경영활동에 직접적으로 영향을 미치는 환경요인을 의미한다. 이러한 미시환경에는 경쟁자, 고객, 공급자, 종사원, 규제기관 등이 있다.

1) 경쟁자

외식기업은 전반적 시장구조와 함께 경쟁환경에 크게 영향을 받는다. 여기서 말하는 경쟁자는 동일 또는 유사한 제품을 가지고 경쟁관계에 있는 집단이나 조직을 의미하지만 실제 거시적으로 본다면 동종업계만 해당되는 것이 아니라 모든 업체가 경쟁상대라고 생각해야 한다. 예를 들어 버거킹의 경쟁사는 롯데리아, 맥도날드 등의 햄버거를 판매하는 업체라고 생각할 수 있지만 크게 본다면 고객은 햄버거를 선택하기 전까지는 다른 종류의 음식에 대해서도 고민을 했을 것이다. 따라서 음식과 관련된 모든 업체가 경쟁상대라고 할 수 있다.

시장에서의 경쟁형태는 완전경쟁시장, 독점시장, 독점적 경쟁시장, 과점시장 등 4가지로 구분할 수 있다.

완전경쟁시장은 다수의 경쟁기업이 존재하며 진입탈퇴의 장벽이 낮으며, 제품의 품질이 대부분 유사하여 시장의 수요와 공급에 의하여 가격이 결정된다. 하지만 이런 시장은 현실에서는 거의 존재하지 않는다고 볼 수 있다.

독점시장은 어떠한 상품이나 서비스의 공급이 단일기업에 의해서 이루어지는 시장을 말하는데 예를 들면 KT&G나 한국전력, 한국수력원자력 등을 들 수 있다.

즉, 경쟁자가 없는 단 한 개의 기업으로 진입탈퇴의 장벽이 높으며 경쟁제품이나 대체품이 없는 시장을 의미한다.

독점적 경쟁시장은 완전경쟁시장과 독점시장의 성격을 혼합한 형태로 진입장벽이 거의 없으며 다수의 경쟁기업이 존재하고 있다. 즉, 제품의 품질이 제공하는 기업에 따라 다르기 때문에 제품의 차별화가 실시되며 가격 역시 차별화가 실시된다.

과점시장은 소수의 대기업에 의해 지배되고 있는 시장으로 진입장벽이 높아 쉽게 접근하기 어렵다.

외식산업의 경우 범위가 매우 넓어 독점이 불가능하고 진입장벽이 낮기 때문에 매우 치열한 경쟁의 상태에 놓여 있다고 볼 수 있다.

2) 고객

고객은 기업이 생산하는 제품과 서비스를 이용하기 위해 비용을 지불하는 사람을 의미한다. 이러한 고객은 라이프스타일과 소비패턴, 소득수준 등에 따라 욕구가 다르게 나타나며 지속적으로 변화한다. 따라서 외식기업 역시 고객의 욕구변화에 맞춘 새로운 업종이나 업태가 생겨나게 되는 것이다.

외식기업의 경우 고객만족을 극대화할 수 있는 상품과 서비스를 제공해야만 많은 경쟁자들 사이에서 이길 수 있는 것이다. 이렇게 하기 위해서는 고객의 욕구를 파악하는 것이 무엇보다 중요하며, 새로운 고객을 창출하는 것도 중요하지만 현재 고객과의 관계를 지속적으로 유지하여 기존 고객을 통한 신규고객 창출방안도 모색해야 한다.

3) 공급자

공급자는 기업이 제품과 서비스를 창출하는 데 필요한 자원을 제공하는 기업이나 개인을 의미한다. 외식기업의 예를 든다면 식재료나 인력, 기술력, 설비 등을 제공해 주는 기업이나 개인을 말하는데 이러한 공급자가 소수이고 독점적 지위를 유지하고 있는 경우에는 공급자의 영향과 권한이 클 수밖에 없으며, 식재료의 부족이나 공급지연, 공급업체 직원들의 파업 등은 외식기업은 물론 고객들에게도 부정적인 영향을 미친다. 즉, 외식산업에 있어서 식자재 공급자의 환경변화는 경영활동에 많은 영향을 준다. 예를 들면 식자재 공급자가 가격을 올리면 외식기업은 판매가격을 함께 올려야 하는 상황이 된다. 그렇지 않을 경우 막대한 손실을 입을 수 있다.

4) 종사원

기업이 목표로 하는 고객만족을 통한 이익창출은 내부고객 만족에 있다. 특히 외식산업과 같이 생산과 판매가 동시에 이루어지는 서비스산업의 경우 상품과 서비스를 제공하는 종사원의 능력에 따라 매출 및 기업의 경영방식에 영향을 줄 수 있기 때문에 매우 중요하다. 따라서 고객에게 만족을 줄 수 있는 상품과 서비스를 제공하기 위해서는 종사원의 능력과 자발적 동기에 기초한 품질 향상의 노력이 필요하다. 이를 지원하기 위해서는 인력선발과정부터 평가, 보상에 이르는 과정까지 통합적으로 계획하고 관리하여야 한다. 또한 종사원들이 역량을 발휘할 수 있도록 교육훈련 및 개발프로그램을 강화하고 동기부여를 통한 지속적 근무가 가능하도록 노력해야 한다.

5) 규제기관

규제기관은 공중(Public)이라고도 하며 기업이 목적을 달성하는 데 필요한 능력에 실질적 또는 잠재적으로 이해관계를 가지거나 영향을 미치는 집단을 의미하며 크게 정부

규제기관과 이해자 규제기관으로 나눌 수 있다.

정부규제기관의 경우는 보건복지부나 교육인적자원부, 소비자보호원 등을 들 수 있는데 예를 들면 보건복지부의 경우 종사원의 위생 및 업소의 위생 점검 등을 통하여 기업의 잘못된 활동들을 규제하고 교육인적자원부의 경우 종사원의 성희롱 교육 등을 실시하도록 권고 및 이를 규제할 수 있다.

이해자 규제기관의 경우 공권력은 없으나 언론이나 매체를 통해 힘을 행사하기 때문에 무시할 수 없는 중요한 규제기관에 속한다. 특히 지역사회에서의 역할이 중요한 외식기업의 경우 일정한 상권 내의 지역 주민을 주 고객으로 경영활동을 하는 사업이기 때문에 해당 점포가 위치한 지역단체나 사회단체 등과의 관계에도 신경을 써야 한다. 실제 대형마트가 운영되고 있는 어느 지역에서는 해당 마트의 수익금이 모두 서울로 올라간다는 말에 지역 주민들이 불매운동을 벌여 일정 금액을 지역의 복지와 사회공헌 비용으로 지출하기로 한 경우가 생기기도 했다.

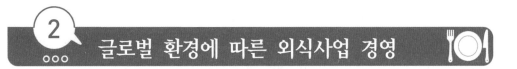

2 글로벌 환경에 따른 외식사업 경영

전 세계의 외식시장은 국가 간 무역장벽이 철폐되고 시장이 세계화(Globalization) 되면서 국경 없는 경영활동을 하게 되었다. 세계화된 산업은 한 시장에서 경쟁우위가 다른 나라의 시장에서도 중대한 영향을 미치는 경쟁형태를 띠게 되고 이런 산업에서 경쟁하는 기업들은 자국에서 얻어낸 경쟁우위를 다른 나라에서 활용함으로써 규모의 경제와 전 세계 고객에 대한 서비스 제공능력, 브랜드 명성 등을 통해 경쟁우위를 창출하게 된다.

1990년대 국내 외식기업의 해외진출을 시작으로 2000년대 이후 경쟁력 있는 외식기업들의 해외진출을 본격화했다.

2010년 정부의 해외진출 기업 지원 및 한식세계화사업 등 국가지원 확대 및 정부의 중소기업 적합업종 선정, 프랜차이즈 업계 관련 규제 등으로 국내시장의 한계를 느낀 외식기업들이 해외로 눈길을 돌리기 시작했다. 특히 동남아시아 시장의 문화개방으로 인해 다양한 문화를 받아들이고 있고 외식시장이 아직 발달하지 않아 사업 확대 가능성이 크다는 점도 매력으로 작용했다. 또한 글로벌 리더로 성장하기 위해 세계 진출에 더욱 힘쓰고 있는 외식기업들도 있다.

2016년 2월 미국, 중국, 일본 등 14개국 6,500명을 대상으로 실시한 해외 한류실태조사에 따르면 한식은 '인기 있는 한국 문화콘텐츠' 항목에서 1위를 차지해 한류 문화의 큰 축을 담당하는 것으로 나타났으며, 뉴욕시민을 대상으로 실시한 한식 인지도 조사결과에서도 2011년 28.5%에서 2016년 64.3%로 상승하는 등 국제적 위상도 강화된 것으로 나타났다.

2019년 기준 해외진출이 확인된 국내 외식기업은 160개, 매장수는 4,319개이며 해외진출 형태는 48.5%가 '마스터 프랜차이즈'로 나타났다.

외식기업들의 해외진출은 국가적인 측면에서도 매우 긍정적인 효과를 볼 수 있다. 우선 외화수입으로 국제 수지개선 효과가 나타나고, 진출국의 통제를 적게 받게 되므로 수출구조 변화에도 기여하게 된다. 또한 국가 이미지 제고에 도움이 되고, 서비스 산업의 발전뿐 아니라 연관 산업의 대한 파급 효과도 기대할 수 있다.

반면 리스크도 매우 높은 편이다. 특히, 현지 법·제도에 대한 정보 부족, 문화적 정서 차이로 인한 제품 현지화, 인력과 원재료 조달에 대한 문제 등으로 인해 시행착오를 겪는 외식기업들도 있기에 정부 차원에서 해외 시장에 대한 정보 제공 기반을 마련할 필요성도 대두된다.

1. 외식산업의 세계화 촉진 요인

1) 수요의 동질화

세계화의 가장 큰 요인 중 하나는 이질적이었던 각 나라의 고객 기호가 점차 동질화되어 간다는 것이다. 예를 들어 코카콜라와 같은 음료나 맥도날드의 햄버거는 우리나라를 비롯하여 중국, 러시아 등에서도 젊은 세대를 중심으로 수요가 이루어져 각광 받는 식품으로 자리 잡았고 리바이스(Levi's) 청바지가 한국에서 유행하고 있다는 것은 전 세계적으로 고객의 수요나 구매형태가 동질화되고 있다는 것을 의미한다.

2) IT(Information Technology)기술의 발달

고객수요의 동질화를 이룰 수 있었던 것은 바로 인터넷을 비롯한 커뮤니케이션의 발달이다. 즉, 지금까지는 해당 국가를 방문해야 알 수 있었던 정보를 인터넷이라는 매체를 통하여 전 세계 어디서라도 모든 상품에 대하여 보고, 듣고, 경험할 수 있는 현상이 발생하게 된 것이다. 예를 들어 한류열풍(K-POP)의 중심에 있는 탤런트나 가수들의 음악을 인터넷 또는 전 세계에 동시에 방송되는 커뮤니케이션 매체를 통해 접하게 되고 서로 다른 문화권에서 살지만 점차 동질화된 취향을 갖게 되는 것을 볼 수 있다. 또한 IT기술의 발달을 통해 구매자와 공급자 간의 효과적인 커뮤니케이션을 통해 탐색비용을 절감하는 효과를 볼 수 있다.

3) 규모의 경제성 실현

국내 외식시장은 경제발전과 더불어 외식업체들 간 고객유치 경쟁 또한 매우 치열하다. 이러한 환경 상황에서 외식산업은 음식이라는 상품뿐만 아니라 서비스, 분위기, 고객 가치 등을 동시에 제공하는 종합산업으로 확대되고 있어 같은 종류의 상품을 공급하는 외식 브랜드 및 기업들이 극심한 경쟁을 하고 있으며 여기에 더불어 외식업계를 위협하는 가정간편식, 대용식 시장도 무시할 수 없는 속도로 성장하고 있다. 특히, 외식기업들은 소비자의 변화되는 욕구를 충족하기 위해 새로운 메뉴나 상품을 개발하는 데 많은 비용을 투자하고 있다. 이렇게 막대한 투자자본이 소요되는 중요한 신제품 개발 및 장기투자의 경우 국내의 내수 수요만으로는 투입된 자본을 회수하기 힘들어질 수 있다. 이에 외식기업은 해외시장 진출을 통해 보다 많은 소비자를 대상으로 판매하여 규모의 경제성을 실현할 수 있다.

우리나라의 경우 SPC그룹의 파리바게뜨, 제너시스 BBQ 그룹, CJ푸드빌의 뚜레쥬르 등은 규모의 경제를 실현하는 대표적인 프랜차이즈로 꼽힌다. 이러한 외식기업들은 외부환경의 변화에 따른 위기를 스스로 극복하는 자생력을 갖추고 있으며 대형 외식 프랜차이즈 기업이 내수 부진으로 활력을 잃은 국내시장에서 벗어나 글로벌시장 진출에 역량을 집중하고 있다.

4) 무역장벽의 감소

전 세계적으로 무역장벽이 낮아지고 자본의 이동이 자유롭게 변화됨에 따라 외국자본이 들어오고 기술에 대한 특허권이나 이전이 자유롭게 된 것을 들 수 있다.

특히 세계무역기구(World Trade Organization) 체제의 출범에 따라 각 나라의 무역장벽이 제거되어 자본시장 역시 점차 활발한 자본이동이 이루어지는 것을 볼 수 있다. 특히 해외직접투자가 가능해짐에 따라 자본과 기술의 이전이 용이해지고 자국 내 고용창출 및 재정수입의 증대를 가져와 경제성장을 가능하게 한다. 또한 전 세계에 산재한 각종 자원을 총체적으로 활용하여 경쟁력을 높을 수 있다는 장점도 있다.

2. 외식기업의 해외진출 방법

1) 마스터 프랜차이즈(Master Franchise)

프랜차이즈 사업 유형 중 하나로 중간가맹사업자가 가맹희망자에게 가맹점 운영권을 판매할 수 있는 권리를 부여하는 것을 의미한다. 마스터프랜차이즈는 다국적 프랜차이즈 기업 확장의 주요 방법 가운데 하나로 가맹사업자와 중간가맹사업자 간에는 권한 부여 계약이 체결되고, 중간가맹사업자와 가맹자 간에는 라이선스 계약이 체결된다.

마스터 프랜차이즈 방식의 경우 현지 법률이나 시장 동향에 어두워 실패의 가능성이 비교적 큰 직접 진출의 위험성을 줄일 수 있으며, 초기 투자가 거의 없는 상태에서 지속적인 로열티 수입을 기대할 수 있다는 장점이 있으나 해외 매장의 고객 서비스와 상품 품질, 브랜드 이미지 관리는 현지 파트너사에 의존하다 보니 파트너사의 경영능력이 부족하거나 상품의 품질 저하 시 본사의 브랜드도 동일하게 피해를 입을 수 있는 단점이 있다.

패스트푸드 체인점인 맘스터치는 2019년 필리핀 현지 법인인 맘스터치 필리핀과 마스터프랜차이즈 계약을 체결하여 10년간 맘스터치 필리핀 법인에 마스터프랜차이즈 권한을 부여하고 브랜드 사용에 대한 수수료 100만 달러와 매출액의 일정 비율을 로열티로 받기도 했다. CU를 운영하는 BGF리테일은 2018년 8월 몽골에 진출해 '간편한 식사', '다양한 한국 상품이 있는 매장'이란 현지화 전략으로 1년 만에 50개 매장을 오픈하기도 했다.

2) 합작투자(Joint Venture)

합작투자는 직접투자의 한 형태로 현지 자본과 공동으로 투자하여 기업을 경영하는 것을 말한다. 즉 상호보완적인 노하우와 자원을 가진 기업들이 새로운 기회를 탐색하기 위해서 각자 일정 지분의 자본을 투자하여 기존 또는 새로운 기업을 운영하는 방법이다.

합작투자는 사업 시작 시 소요되는 비용이나 인적, 물적 자원을 타인과 분담하여 비용투자 위험을 분산할 수 있고, 단독으로 조달하기 어려운 자금이나 기술을 쉽게 조달할 수 있으며, 해당 사업에 직접 투자한 합작 파트너들로부터 적극적인 협력을 기대할 수 있다는 장점이 있으나 현지 파트너의 목표와 욕구가 상이할 시 갈등유발의 동기가 될 수 있고, 발생한 이익에 대해 파트너들과 분배해야 하므로 배당받는 이익이 제한된다.

외식 프랜차이즈 기업 놀부NBG는 2014년 5월 중국 외식전문업체 '맥 브랜즈(MAK BRANDS)'사와 합작투자(Joint Venture) 계약 체결하여 현지 합작법인 '맥 브랜즈 앤 놀부(MAK BRANDS&NOLBOO)'를 설립했다. 롯데리아는 2011년 말 자카르타 첫 개점을 통해 인도네시아 시장에 진입 시 이슬람 문화가 강한 인도네시아 시장에 효과적으로 진입하기 위해 단독투자 대신 파트너와의 협력이 가능한 합작투자(Joint Venture) 형태의 사업방식을 택하기도 했다.

3) 위탁경영계약(Management Contract)

위탁경영이란 기업체가 경영에 관한 노하우가 있는 제3자에게 회사의 경영을 위탁하는 것으로 소유회사와 경영회사가 위탁경영계약을 체결함으로써 경영을 전문으로 하는 회사가 경영에 대한 전권을 가지고 소유회사는 자산관리에만 전념하면 된다.

위탁경영을 하는 경영회사의 입장에서는 높은 수익발생과 재무위험에서 회피할 수 있고 경영에 관한 모든 권한을 가지고 있어 자신만의 경영방침을 그대로 적용함으로 일정 수준 경영권을 유지할 수 있다는 장점이 있는 반면, 문제발생 시 소유회사와의 법정 분쟁의 소지가 있고 소유회사로부터 운영자금을 지원받아야 하기에 소신있는 경영을 하기 어려울 수 있다.

소유회사의 입장에서는 경영회사가 지니고 있는 경영노하우를 쉽게 전수받을 수 있다는 장점이 있으나 모든 경영과 관련된 권한이 경영회사에 있기에 경영에 직접 참여할 수 없고 위탁경비에 대한 투자비용과 영업부진으로 인한 손해를 감수해야 하는 단점도 있다.

주로 병원이나 호텔, 급식업체에서 많이 도입하는 방식으로 세계적 호텔 체인 브랜드 '힐튼'의 모회사 힐튼월드와이드홀딩스(힐튼홀딩스)는 미국 뉴욕 맨해튼의 대표 호텔 월도프아스토리아를 100년간 운영하는 조건으로 19억 5000만 달러(2조 835억 원)에 매각했다. 호텔신라는 국제적 경쟁력을 갖춘 차별화된 호텔 운영 역량과 브랜드 파워를 바탕으로 해외 호텔 투자사들의 운영 요청을 수용해 위탁경영 방식으로 해외진출을 확대해 2019년

베트남 다낭에 진출하면서 '신라 모노그램(Shilla Monogram)'이라는 새로운 호텔 브랜드를 선보였다.

4) 직접투자(Direct Investment)

직접투자는 해외에 신규 법인·공장 설립 및 지분인수를 통해 현지 투자대상 기업의 직접경영 및 사업관리에 참여함을 목적으로 시장에 진입하는 방식이다.

해외직접투자는 소유권 정도에 따라 단독투자(Wholly-Owned Subsidiary), 합작투자(Joint Venture)로 구분되며, 단독투자는 진출형태에 따라 신설(Greenfield)과 인수합병(M&A)으로 분류된다.

| 표 3-2 | 해외직접투자의 유형

구분	내용
단독투자	모기업이 현지 투자대상 기업의 의결권주 95% 이상을 소유하는 형태로 해외에 진출하는 경우
합작투자	2개 이상의 기업, 개인 또는 정부기관이 영구적인 기반 아래 특정 기업체의 운영에 공동으로 참여하는 경우
신설	과거에 존재하지 않았던 기업을 새롭게 설립하여 해외시장에 진출하는 경우
인수합병	투자대상국에서 가동되고 있는 기업의 주식이나 자산 등을 매입하여 경영권을 확보하는 것으로 결합형태에 따라 신설합병 또는 흡수합병으로 분류됨

자료: Korea Trade-Investment Promotion Agency, 해외투자진출 종합가이드, 2018.

직접투자는 자회사에 대한 통제가 용이하고 다른 기업과의 불필요한 통합비용이 발생하지 않는다는 장점이 있다. 반면, 국내투자와는 달리 국경을 벗어나 타국에 투자하는 것으로 법제도나 문화, 여건, 경제여건, 산업발달 정도 등과 같은 투자환경이 우리나라와 다르고 현지 정보 입수도 제한적일 수밖에 없어 투자리스크가 높고, 단독진출에 따른 해외시장에서의 적응력 저하와 시행착오의 위험이 있다는 단점도 있다.

이 외에도 해외에 직접투자를 할 때 해당 외국환은행에 해외직접투자 신고를 한 후 투자를 해야 한다.

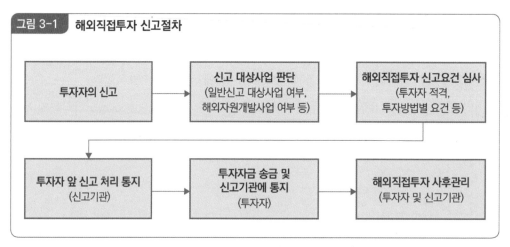

자료: Korea Trade-Investment Promotion Agency, 해외투자진출 종합가이드, 2018.

3. 외식기업의 해외진출 시 검토사항

국내 외식산업은 주 52시간 근무제 및 최저임금인상에 따른 인건비 상승 등 많은 어려움에 직면해 있으며, 특히 경제불황에 따른 경기침체, 1인 가구의 증가, 배달시장의 호황, 외식업 포화로 인한 경쟁 심화, 임대료 및 식재료 비용 상승 등은 국내 외식기업들의 어려움을 가중시키고 있는 실정이다. 또한, 국내 외식 프랜차이즈 산업이 포화상태로 접어들면서 국내에서 확장의 한계에 직면한 브랜드를 중심으로 새로운 시장을 개척하기 위한 움직임이 활발하다.

외식기업의 해외진출은 브랜드의 양적 성장뿐 아니라 이미지 개선이라는 질적 성장에도 도움이 되고 규모의 경제에 의한 매출증대 효과를 볼 수 있어 국내 프랜차이즈의 해외진출은 점차 가속화되고 있다.

커피 프랜차이즈 달콤커피는 국내 식음료 프랜차이즈 최초로 북아프리카 모로코에 진출해 모로코 카사블랑카에 현지 마스터 프랜차이즈 1호점을 '오션 스토어'를 개점했으며, 굽네치킨은 한국식 오븐구이 치킨이라는 차별화된 메뉴와 한국식 서비스 콘셉트를 조합해 싱가포르 1호점을 그레이트 월드 시티 쇼핑몰에 총 42석 규모로 오픈했다. 한식 웰빙 프랜차이즈 '죽이야기'는 2006년 중국에 첫 매장을 연 이후 미국, 일본, 베트남, 싱가포르 등 해외매장을 늘리면서 현재 42개 해외매장을 보유하고 있다. 이렇듯 많은 국내 프랜차이즈들이 해외진출을 통한 성공적 안착을 계기로 사업확장을 실시하고 있는 추세로 향후에도 많은 외식기업들이 해외진출을 도모할 것으로 보이고 있다. 이에 해외 진출 시 유념해야 할 사항을 살펴보면 다음과 같다.

1) 해외진출 목적(목표)의 명확화

해외에 진출한다는 것은 많은 투자를 해야 하는 것을 의미한다. 따라서 기업이 왜 해외에 진출해야 하는지, 진출한다면 지금이 시기적으로 맞는지 등 현상적인 파악은 물론 단순히 희망을 담은 기업의 목표가 아니라 특정 지역의 '한식 분야 NO. 1'이 되겠다는 질적 목표나 '영업이익 1천억 원을 달성'하겠다는 등의 양적인 목표를 명확하게 정할 필요가 있다. 또한 목표고객 역시 명확화해야 할 필요가 있다. 예를 들어 현지인이 우리기업의 목표 고객인 경우 현지인의 사회·문화적인 차이를 사전 조사하고 이를 통한 상품개발 및 시장세분화를 실시해야 한다.

2) 다양한 현지의 정보력 파악

해외사업의 경우 국내에서와는 다르게 많은 정보들이 제한되어 있는 경우가 많다. 이는 해외진출의 성공과 실패의 가장 중요한 요인으로 반드시 철저하게 준비할 필요가 있다. 따라서 해외시장에 대한 정보 부족과 정보 교류문제를 해결하기 위하여 해외에 진출을 계획하고 있는 기업 간 교류나 정부 부처의 협조를 통해 신뢰할 수 있는 정보를 수집하는 방안이 필요하다.

3) 세계화된 전문인력 확보

외식기업의 해외진출 시 가장 큰 애로사항으로는 국제경영활동에 필요한 적합한 능력을 지닌 인적자원 확보이다. 특히 현지인과 소통할 수 있는 언어능력을 지닌 종사원들을 선발하고 선발 후 해외에서의 임금이나 보상문제 등에 대한 충분한 협의가 이루어져야 한다. 또한 적절한 보상과 동기부여를 통해 인력의 지속적인 관리 및 본국에서 파견되는 인재의 육성, 유능한 현지 출신 관리자·종업원 채용 등도 중요한 과제이다. 특히 현지인을 종사원으로 채용하는 경우 문화적 차이로 인한 갈등 해소 역시 해결해야 한다.

4) 신뢰성 있는 현지 파트너 탐색

현지 파트너는 진출하고자 하는 지역의 문화와 시장 트렌드를 파악하는 데 소비되는 시간을 단축시켜줄 뿐 아니라 긴밀한 협력관계를 통해 진출 초기 시장에 안정적으로 정착할 수 있도록 연결해 주는 유일한 네트워크일 수 있다. 이에 파트너십 진행 시 반드시 현지 회사가 신뢰할 수 있는 곳인지를 중점적으로 살펴야 하고 현지 출점에 따른 인허가 문제 및 법률적 문제 등을 해결해줄 수 있는 능력 있는 파트너 선별이 필요하다. 피자전문점 미스터피자의 경우 해외에서의 빠른 정착을 위해 국가별 진출형태를 달리하고 그에 따른 해외파트너를 선정하는 전략을 구사했다.

또한, 해외 파트너의 기준을 자본과 네트워크가 우수한 현지 유력기업으로 선정하고 자본 조달 및 매장 입지 선정과 확보 등 다양한 인프라를 지닌 기업과 합자투자, 혹은 마스터 프랜차이즈 형태로 해외에 진출하고 있다.

외식산업의
인적자원관리

4 Chapter 외식산업의 인적자원관리

1 ○○○ 인적자원관리의 개념

1. 인적자원관리의 의의

외식사업을 경영하는 데 있어 가장 중요한 요소로는 자본과 기술, 시설, 사람 등 여러 요소들이 있겠지만 사람에 대한 의존력이 높은 외식산업에서는 우수한 인재를 확보하고 개발하여 유지하는 인적자원관리의 중요성은 두말할 필요가 없다.

인적자원관리는 종사원의 잠재능력을 최대한 발휘시키고, 스스로 최대한의 성과를 확보할 수 있게 처우하고 조직하는 방법에 대한 규범체제라고 하며, 또한 종사원이 자신의 직무에서 최대의 만족감을 얻을 수 있도록 지원해 주는 것이라고 할 수 있다.

인적자원관리(HMR : Human Resource Management)는 영업관리의 한 부문관리인 인사관리(Personnel Management)에서 비롯되었다. 1970년대 후반부터 자본, 기술 등의 물적 자원과 비교하여 인적자원의 중요성을 강조하고 인적자원의 개발에 역점을 두는 의미에서 인사관리 대신 인적자원관리로 부르게 되었다.

1980년대 중반 이후부터는 인적자원관리를 전략적 관점으로까지 중요시하여 전략적 인사관리(SHRM)라고 불렀다. 즉 인적자원관리는 조직목적을 보다 잘 달성하기 위해서 행해지는 것이므로 결국 생산에 필요한 노동력을 적은 비용으로 조달하여 효율적으로 이용하여 능률적인 생산을 하기 위한 것이다.

따라서 외식산업의 인적자원관리란 사업의 목적을 달성하기 위해서 해당 사업에 필요한 인재를 획득하고, 육성·유지하는 동시에 협동체계를 확립하여 개인의 능력을 최대한으로 발휘시키는 일련의 과정이라고 할 수 있다.

2. 인적자원관리의 중요성

경영의 자원은 물적 자원과 재무적 자원, 그리고 인적자원으로 구분된다. 이 중에서 모든 자원이 중요하지만 특히 인적자원의 중요성이 강조되는 이유는 물적 자원의 개발과 창출, 그리고 재무적 요소의 조달과 축적은 인간중심적 차원에서 이루어지기 때문이다.

흔히 '인재는 기업의 경쟁력'이라고 말하는 것을 볼 수 있다. 즉 기업의 모든 것은 사람에 의해 이루어지고 기업의 성패도 사람에게 달려 있기 때문이다.

옛 문헌인 『명심보감』의 말을 빌리면 "사람을 의심하거든 쓰지 말고, 사람을 썼거든 의심하지 말라"라는 말이 있다. 또한 삼성그룹의 설립자인 고(故) 이병철 회장의 인재관 등용 철학을 보더라도 "나는 내 일생을 통해서 한 80%는 인재를 모으고, 기르고, 육성시키는 데 보냈다"라고 하며 "돈이 돈을 번다고도 하지만 돈을 버는 것은 돈이나 권력이 아니라 사람이다"라고 할 정도로 인적자원관리의 중요성을 강조하고 있다.

외식산업은 종사원이 고객에게 창조적인 판매를 유도하고 고객에게 여러 가지 정보를 알리는 역할을 하며, 서비스를 제공한 후에는 고객 반응을 피드백(Feedback)하는 등 매우 중요한 역할을 하고 있다. 특히 인적서비스 부분에서 고객과 가장 많은 시간을 대면하는 접점 구성원은 바로 현장의 실무 종사원들이다. 실무 종사원들과 고객의 상호작용이 이루어지는 시점에서 고객들이 인지하는 대고객서비스와 상황 판단력, 문제해결 능력은 고객이 지각하는 만족도에 직접적인 영향을 미친다. 이처럼 외식산업은 인적자원에 의존하는 부분이 다른 산업에 비하여 매우 높기 때문에 인재를 확보하고 체계적으로 관리하는 일은 핵심업무가 된다. 이 외에도 해외로 진출하는 외식기업의 경우 글로벌 경영환경에서 경쟁력을 갖추기 위해서는 현지 언어 및 문화에 빠르게 적응할 수 있는 인재 확보가 필수적이며 이러한 우수한 인재를 육성하고 관리하는 노력이 절실히 요구되는 만큼 외식산업에 있어서 인적자원관리의 중요성은 매우 높다고 볼 수 있다.

3. 인적자원관리의 목적

외식산업의 인적자원관리는 본질적으로 해당 기업이 지닌 목적과 동일한 목적을 지닌다. 성공적인 기업경영을 위해 분화된 경영의 하위시스템이 인적자원관리이므로 인적자원관리가 기업경영의 목적을 달성하는 방향으로 작동해야 함은 당연한 일이다. 인적자원관리의 목적은 기업의 목적과 마찬가지로 경제적 목적과 사회적 목적으로 구분할 수 있다. 하지만 이렇게 구분한다고 해도 인적자원관리의 경제적 목적과 사회적 목적의 관계는 상호보완적이거나 대립적일 수 있다. 예를 들면 기업의 입장에서는 경제적 효율성(이익실현)이 달성되어야 종사원들의 복지나 급여를 높여줄 수 있다고 생각하는 반면, 종사원들의 입장에서는 임금이나 복리후생 등이 잘 이루어져야 열심히 일할 수 있고 회사에 이익을 창출해줄 수 있다고 생각할 수 있는 것이다. 이런 면에서는 서로가 잘 협조해야 한다는 의미에서 상호보완적이라고 할 수 있다.

또 상호대립적일 수 있다는 의미는 환경의 변화에 따라서 어느 한 가지의 목적을 중요시할 수 있기 때문이다. 예를 들면 회사(기업)가 어려운 시기에는 기업 회생이 주된 목적이기 때문에 명예퇴직 등의 사회적 목적을 포기하면서 경제적 목적을 선택한 경우가 있으며 1980년대 민주화 열풍이 일었던 시기에는 기업들이 경제적 목적을 포기하면서 종사원들의 임금인상이나 복리후생 등을 강화하는 사회적 목적을 선택한 경우가 있기 때문에 상호대립적일 수 있다는 것이다.

따라서 기업은 두 가지의 목적을 전략적 차원의 선택적 문제로 보는 것이 타당할 수 있다.

1) 경제적 목적

경제·기술적 생산시스템이라는 기업의 본질에서 유래된 인적자원관리의 경제적 목적은 기업의 경영활동에 필요한 직무의 요구에 맞추어 최소의 노동을 투입하고 노동력을 효율적·효과적으로 활용하여 최대의 산출, 즉 성과를 얻고자 하는 것이다.

2) 사회적 목적

사회·심리적 협동시스템으로서의 기업의 본질에 그 근거를 두고 건전한 사회구성원으로서 다른 사회구성원과의 바람직한 관계 유지·발전을 추구한다.

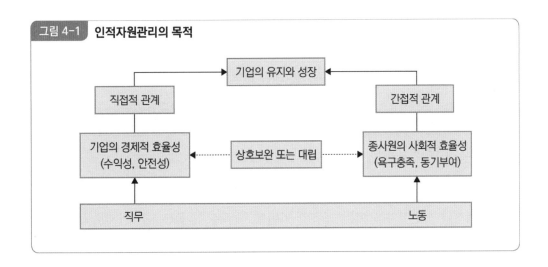

그림 4-1 **인적자원관리의 목적**

즉, 종사원을 기계와 같은 생산의 수단으로 인식하는 대신 스스로 충족하거나 회피하고 싶은 욕구를 지닌 존재로 인식하고 이들의 욕구를 충족시킴으로써 종사원 만족(Employee Satisfaction)을 궁극적인 목적으로 한다.

4. 인적자원관리의 목표

인적자원관리는 상기에서 언급한 바와 같이 기업의 경제적 목적과 사회적 목적을 달성하기 위한 활동이다. 따라서 모든 기업은 목적을 달성하기 위해 자금이나 물자, 인력 등의 자원을 유효하게 배분하기 위한 경영관리를 하는 것이다.

이 중 인적자원관리는 종사원의 활동을 조직목적의 실현을 위해 공헌시키는 작용을 하는 것이다. 이렇게 하기 위해 다음과 같은 목표를 가지고 노력해야 한다.

1) 인재의 확보

기업 내 모든 구성원들의 능력을 최대한 발전시키고 이를 이용하기 위해서는 무엇보다 먼저 훌륭한 자질을 갖춘 인재를 확보하는 것부터 시작한다. 기업의 목적을 달성하는 데에는 수많은 직무가 존재하며 이들 직무를 수행하기 위해서는 각각의 직무가 요구되는 요건을 갖춘 유능한 종업원이 필요한데 이를 위해 모집 이전 인적자원 전문가는 전략적 계획을 수립하고 기간목표를 정하며, 직무분석에 따라 직무별 지원자의 기술과 지식 및 능력을 정의하여 최적임자를 선발해야 한다. 이것이 인적자원관리 최초의 분야이다. 그러므로 우수한 인재를 위해 다른 기업과 경쟁할 필요가 있다.

2) 인재의 훈련과 개발

인재의 훈련과 개발이란 기업에서 선발한 종사원을 유능한 인재로 육성 · 개발하는 것으로 엄격한 선발절차를 거쳐 채용된 인원이 직무에 있어 유용한 인재로 성장할 수 있도록 관리하는 것을 의미한다. 이러한 개발에는 조직이 미래 인적자원관리의 요구와 일치하는 인재를 양성할 수 있도록 설계하는 직원개발, 직원이 경력목표를 인식하도록 필수적인 정보를 제공하고 평가하는 경력개발, 조직의 새로운 전략적 방향에 따라서 직원의 태도와 가치를 변화시키는 조직개발이 있다.

3) 근무환경 조성 및 동기부여

인재로서 잘 육성된 종사원이 기업 내에서 오랫동안 정착하여 적극적인 의욕을 가지고 직무에 충실할 수 있도록 근무조건과 근무환경을 정비해야 한다. 이 중에서 임금(Wage)은 종사원의 헌신을 유인하는 데 가장 중요한 요소 중 하나로 볼 수 있다. 또 다른 요인들로는 노동시간이나 작업환경, 승진, 승급, 복리후생시설, 제도 등으로 이러한 요건들은 종사원을 해당 기업에 오랫동안 근무할 수 있는 동기부여 요인이 될 수 있다.

동기부여 기능은 목표와 성과, 성과기준과 평가제도, 개발과 수정을 위한 피드백 등을 전제로 수행되는 것이 바람직하다. 무엇보다도 동기부여 기능은 직원의 보상과 과업수행능력 간에 연결성을 갖고 보상과 복지활동에 적용할 수 있는 자율계획 등에 초점을 맞추어야 한다.

4) 맞춤형 개별 관리

인간은 기계와는 달리 각각 개별적이고 개성적인 존재이나 인적자원관리제도는 동일한 원리와 척도로 적용하고 있다. 즉, 적용하려는 원리가 합리적이고 객관적이라고 해도 모든 종사원이 가지는 감성과 개성은 다를 수 있으므로 동일한 제도를 적용하는 데는 한계가 있다. 따라서 인적자원관리는 종사원의 능률이 감소 또는 저하되는 요인을 분석하여 경영방어적 차원에서 대응책을 마련하고 안정된 작업환경을 조성하며 스트레스 요인을 최소화할 수 있는 지원프로그램을 보완하여 직원의 처우가 개선될 수 있도록 초점을 맞추어야 할 것이다.

2 인적자원의 직무관리

1. 직무관리의 개념

외식기업의 경영활동은 종사원이 수행하는 '일'들의 집합체이며 종사원이 각각의 일을 얼마나 성공적으로 수행하느냐에 따라 외식기업의 경영성과(Business Performance)가 달라진다. 따라서 외식기업의 인적자원관리는 자연인으로서의 사람이 아니라 '일을 수행하는 사람'을 관리의 대상으로 삼고 일과 사람에 대한 과학적이고 체계적인 연구를 통해 일과 사람을 유기적으로 결합하여 조화를 이루도록 하는 외식기업의 경영활동이라고 할 수 있다. 이때 여기서 말하는 '일'을 직무(Job)라 하고 이러한 직무를 어떻게 규정하고 설계할 것인가 등의 문제를 다루는 것을 직무관리(Job Study)라고 한다.

직무관리는 인사기능의 기초이자 종사원의 직무만족 및 모티베이션에 영향을 미치기 때문에 전략적 차원에서 신중하게 다루어져야 한다.

이러한 직무관리는 구체적으로 직무분석, 직무평가, 직무설계로 구성된다.

| 표 4-1 | 직무관련 용어

연대	발전 내용
요소(Element)	과업을 구성하는 세부적인 업무 내용
과업(Task)	직위 또는 직무를 구성하는 업무(개인당 5~10개 정도)
책무(Duty)	직무에서 주어진 역할과 책임
직위(Positions)	개인이 수행하는 모든 과업의 집합으로 종사원의 수와 일치
직무(Job)	작업의 종류와 수준이 유사한 직위들의 집단으로 한 직위만으로도 직무 구성 가능
직종(Occupation)	직무의 특수성이나 전문성에 따른 특정한 직무의 집합
직군(Occupational Group)	사무직, 기술직, 관리직 등 여러 직종으로 구성된 가장 넓은 직무개념

1) 직무분석(Job Analysis)의 개념

직무분석의 개념은 기록에 따르면 고대 이집트(Egypt)의 피라미드(Pyramid)와 기원전 10세기경 예루살렘의 성전을 건축할 때 '어떠한 일들이 수행되어야 한다'는 원시적인 형태의 직무분석(Job Analysis)이 존재하기는 하였으나 오늘날과 같은 의미의 직무분석은 테일러(F. W. Taylor)의 '과학적 관리법'에서 시작되었다고 볼 수 있다. 테일러는 시간 및 동작연구(Time & Motion Study)를 통해 직무별로 '적정한 하루의 생산량'을 계산하고 이를 달성하기 위해 필요한 작업환경은 무엇인지 등을 밝혀내는 등 오늘날의 직무분석에 해당하는 활동을 전개하였다.

결과적으로 오늘날의 직무분석은 인력관리의 기초적 정보의 하나로 각 직무의 내용 및 특징, 자격 요건을 설정하고 직무를 수행하는 데 요구되는 기술, 지식, 책임 등을 분명히 밝혀주는 절차를 말하며, 직무분석은 실질적으로 채용기준의 설정, 교육훈련과 배치 및 전환의 자료 제공, 효율적인 노동력 이용, 적정임금수준의 결정, 직무의 상대적 가치를 결정하는 자료를 제공한다.

직무분석을 실시하기 위해서는 직무의 내용과 직무수행자의 자격요건에 관한 정보, 즉 직무정보를 수집하여야 한다. 대표적인 자료수집방법으로는 관찰법, 면접법, 질문지법, 작업자 기록법, 중요사건기록법 등이 있다.

사례: 테일러의 과학적 관리법

테일러의 과학적 관리법은 작업과정의 능률을 최고로 높이기 위하여 시간연구와 동작연구를 기초로 노동의 표준량을 정하고 임금을 작업량에 따라 지급하는 등 여러가지 합리적인 방법을 연구한 것이다. 테일러의 과학적 관리법이 등장한 19세기는 생산 현장에 기계적 생산방식이나 철도 등이 본격적으로 도입되기 시작하는 시기였다. 그 당시의 생산방식은 노동자 개인이 대대로 물려받은 기술과 노동자의 노력에 의존 하는 시스템이었다. 즉 경영이라고 할 수 있을 정도의 관리는 이루어지지 않았고 생산기술과 생산량이 노동자에게 맡겨진 형태로 노동 강도를 줄이거나 일자리를 유지하기 위한 태업이 만연한 상황이었다.

테일러는 이러한 상황에서 노동자, 고용주, 소비자가 모두 최대번영을 누리기 위한 방법으로 과학적 관리법을 제시한다. 과학적 관리법은 일을 과업단위로 분류하고 시간분석, 동작연구, 인간공학 등을 적용하여 불필요한 동작의 제거, 효율적인 작업도구 등을 개발하여 최대로 효율적인 생산방법 및 적정생산량을 찾아내는 것이다. 이러한 내용을 기반으로 사전 작업지시서를 작성하고 노동자는 이것에 따라서 일하게 되며, 경영층은 과업에 적합한 노동자를 선별하여 채용하고 지속적인 교육을 통해 노동자가 여기에 숙달될 수 있도록 지시하고 배려한다. 이를 통하여 태업은 없어지고 생산량은 몇 배 이상 증가하게 된다.

과학적 관리법으로 인해 과거와는 달리 경영층의 역할은 노동자 선발, 교육 등으로 확대되었으며, 노동자들은 이러한 경영층의 관리하에 태업이 방지되며, 노사 간 밀접한 연계를 통하여 노사관계가 개선되고, 무엇보다도 생산량 증가에 따라 과거보다 많은 임금을 받게 된다. 실제 포드 자동차의 컨베이어 대량생산 방식도 테일러의 과학적 관리법에 그 바탕을 두고 있다.

그러나 과학적 관리법은 여러 측면에서 비판도 제기되었다. 그중 하나는 과업의 분석 부분이었다.

테일러는 현장 노동자들은 과학적 관리법을 통해 최선의 생산방식을 도출할 능력이 없다고 보고 이 부분은 전적으로 현장과 분리된 기획부문에 고학력 인재들이 전담하여 수행되어야 하고, 노동자들은 철저히 만들어진 작업지시에 따라야 한다고 보고 있다. 즉, 계획과 집행의 분리를 주장하였는데 바로 이 부분에서 비판이 제기된 것이다.

이는 노동자의 능력과 자유의지를 무시하고 지시에만 따르고 최대생산만 추구하여 착취당하는 부속의 형태로 취급했다는 것이다.

하지만 테일러의 입장에서는 노동자의 최대생산을 착취개념이 아니라 노동자가 건강하게 지속생산을 할 수 있는 적정 노동의 개념으로 봐야 한다고 하면서 과다 노동에 명확히 반대하였다. 노동자의 능력 또한 노동자들의 작업지식에 숙달되고 나면 현장의 지식을 바탕으로 더 나은 생산방식을 제시할 수 있다고 보았는데 이러한 제시는 과학적 관리법을 통한 검증 후 효과가 입증되면 받아들여야 한다고 하였다. 그럼에도 불구하고 테일러의 과학적 관리법은 경영학의 발전과 더불어 노동자의 인간적, 심리적, 사회적 요인들을 중시하는 조직이론들과 인간적, 심리적 요인을 고려해야만 생산성이 올라갈 수 있다는 연구들을 통해 많은 비판의 대상이 되었다

자료: 과학적 관리법. 프레드릭 테일러. 21세기 북스. 2010. 3. 25 & 네이버 두산백과

(1) 관찰법(Observation Method)

관찰법은 직무를 분석하는 담당자가 직무를 수행하는 종사원을 관찰하고 관찰된 내용을 기록함으로써 특정한 직무의 내용과 직무를 수행하는 종사원의 자격요건에 관한 정보를 수집하는 방법이다. 즉, 자료의 근거가 되는 조사대상의 특성, 언어적, 비언어적 행위 등을 감각기관을 통해서 자료를 수집하는 방법으로 행정 및 정책현상의 계량적 연구에서는 관찰방법으로 자료를 수집하는 경우가 많지 않으며, 주로 다른 자료수집 방법의 보조기능으로 사용된다. 이 방법은 시작과 종료의 시간적 간격이 짧고 명확하여 반복적인 직무에 관한 정보수집에 많이 활용된다. 따라서 비교적 반복적이고 육체적인 활동을 중심으로 이루어지는 조리사의 직무를 분석하는 데 유용하게 활용될 수 있다.

| 표 4-2 | 관찰법의 장·단점

장점	단점
- 직무정보의 수집이 비교적 쉽고 간편하다. - 육체적인 직무, 반복적인 직무, 직무수행의 단위시간이 짧은 경우 유용하다. - 다른 직무정보 수집방법이 적절하지 않은 경우 일반적으로 활용할 수 있다.	- 정신적인 직무 등 관찰이 불가능한 직무에는 활용이 제한적이다. - 직무의 시작과 종료의 간격이 큰 경우, 즉 직무수행의 단위시간이 긴 경우에는 활용이 제한적이다. - 종사원의 직무수행에 방해가 될 수 있다. - 관찰자의 능력에 전적으로 의존하여 신뢰성과 타당성에 한계를 지닌다. - 관찰대상자, 즉, 종사원의 의도적 왜곡이 있을 수 있다.

(2) 면접법(Interview Method)

면접법은 직무를 수행하는 종사원 혹은 직무를 잘 아는 다른 종사원과 직무분석 담당자의 면접을 통해 직무에 관한 정보를 수집하는 방법이다. 면접법은 면접대상자를 기준으로 직접면접(Direct Interview)과 간접면접(Indirect Interview)으로 구분되기도 하고, 면접내용의 사전적 구조화 여부에 따라 구조화된 면접(Structured Interview)과 비구조화된 면접(Unstructured Interview)으로 구분되기도 한다. 또한 면접법은 동시에 면접이 이루어지는 면접대상자의 수에 따라 개인면접과 집단면접으로 구분되기도 한다. 해당직무를 직접 수행하는 직무수행자에게 직무정보를 수집하기 위한 면접을 직접면접이라 하고 직무를 잘 아는 다른 종사원과의 면접으로 직무정보를 수집하는 방법을 간접면접이라 한다.

직접면접은 해당직무에 대해 가장 정확하고 많은 정보를 지닌 종사원을 대상으로 이루어진다는 측면에서 직무에 관한 정확한 정보를 수집할 개연성이 증대하는 반면, 본인의 직무에 대한 평가가 이루어지고 그 결과가 본인의 보상, 지위 등에 영향을 미칠 것을 알고 있는 면접대상자인 직무수행자가 왜곡된 정보를 제공할 가능성 역시 동시에 증가한다.

한편 간접면접은 왜곡된 정보의 제공이라는 직접면접의 문제점을 극복할 수 있으나 직무에 대한 충분하고 정확한 정보가 제공될 수 있는지에 대해서는 의문의 여지가 있는 직무정보 수집방법이다.

일반적으로 많이 활용되고 있는 구조화된 면접은 직무에 관한 기존의 지식과 정보를 토대로 면접 전에 질문의 내용과 방법을 계획하는 면접법이며 비구조화된 면접은 사전적인 계획 없이 면접에 임하는 방법이다.

|표 4-3| 면접법의 장·단점

장점	단점
- 종사원으로부터 직무정보가 직접 수집되므로 특히, 직접면접의 경우 직무정보의 실질성이 높다. - 육체적인 직무는 물론, 정신적인 직무의 정보 수집에도 활용될 수 있다. - 직무수행의 단위시간이 긴 경우 활용이 가능하다. - 면접관이 직접 자료를 작성하기에 질문지법에 비해 응답률이 높다.	- 직무수행자의 이해에 영향을 미치므로 특히, 직접 면접의 경우 직무정보가 왜곡될 개연성이 있다. - 비구조화된 면접의 경우 면접자의 능력에 따라 정보수집의 양과 질이 달라진다. - 정보수집에 비교적 많은 시간이 요구된다.

(3) 설문지법(Questionnaire Method)

설문지법은 직무를 수행하는 종사원에게 설문지를 나누어주고 설문지상의 질문에 응답하게 함으로써 직무에 관한 정보를 수집하는 방법이다. 설문의 내용에는 직무내용, 직무수행방법, 직무수행목적, 직무수행과정, 직무수행자가 갖추어야 할 자격요건 등이 포함되는데 설문지는 가능한 표준화가 되도록 작성해야 한다.

일반적인 설문의 구성은 오류를 방지하고 필요한 정보를 획득하기 위해 응답자에 대한 협조 요청, 식별자료, 지시사항, 설문 문항과 응답자 분류가 가능하도록 구성해야 한다.

응답자에 대한 협조요청은 조사자나 조사기관에 대한 소개, 취지 및 설명과 비밀보장 등으로 이 내용이 포함되어야 응답률을 높일 수 있다. 식별자료는 각 설문지를 구분하기 위한 일련번호 및 추후 확인조사를 위한 응답자의 성명이나 면접자의 성명, 일시 등을 기록하는 부분이다. 지시사항은 설문 시 주의해야 할 사항이나 응답요령을 기록한 내용 등을 기록하는 부분이다.

| 표 4-4 | 설문지법의 장·단점

장점	단점
- 비교적 짧은 시간에 직무정보의 수집이 이루어질 수 있다. - 다수의 직무에 관한 정보를 수집하는 경우 유용하다. - 자료수집자의 주관이나 편견이 개입될 가능성이 낮다. - 설문에 대한 응답을 익명으로 할 수 있어 비밀이 보장된다.	- 설문의 내용과 방법을 설계하는데 비교적 많은 시간과 노력, 비용이 요구된다. - 설문 해석상의 오류로 부정확한 정보가 제공될 수 있다. - 종사원의 의도적 왜곡이 있을 수 있고 제3자의 의견이 반영될 가능성이 있다.

(4) 작업자 기록법(Employee Recording Method)

작업자 기록법은 직무담당자에게 매일 자신의 직무에 대해 작업일지나 메모사항을 작성하도록 하여 직무정보를 확보하는 방법이다.

외식기업에서 교대근무를 실시하는 경우 상호 의사소통을 원활히 하기 위해 매일 발생한 일 중 중요한 일을 정리하는 작업일지(Log Book)를 작성하는 것이 일반적이다. 즉, 종사원들이 직무관련 내용을 상세히 기록함으로써 직무에 관한 정보를 수집하는 방법이다.

| 표 4-5 | 작업자 기록법의 장·단점

장점	단점
- 다른 직무정보 수집방법으로는 수집하기 어려운 직무정보의 수집이 가능하다. - 수집된 기록의 정보 신뢰성이 높다.	- 직무에 대한 포괄적이고 충분한 정보를 얻는 데 한계가 있으므로 유일한 정보수집 방법으로는 적절하지 않다. - 작업자 기록이 존재하지 않는 직무의 직무정보 수집방법으로 활용될 수 없다.

(5) 중요사실 기록법(Critical Incident Method)

중요사실 기록법은 직무의 내용 및 직무를 수행하는 종사원의 자격요건에 관한 모든 정보를 수집하는 대신 외식기업의 목적달성과 관련된 직무수행을 위한 종사원의 행동을 효과적인 행동과 비효과적인 행동으로 구분하여 사례를 수집하고, 이 사례로부터 성과에 효과적인 행동패턴(Behavior Pattern)을 추출하여 분류하여 이를 토대로 직무에 관한 정보를 수집하는 방법이다.

|표 4-6| 중요사실 기록법의 장·단점

장점	단점
- 다른 직무정보 수집방법과 달리 직무자체에 관한 정보 이외에 직무와 성과 간의 관계를 파악할 수 있다.	- 직무행동을 효과적인 행동과 비효과적인 행동으로 구분하는 데 많은 비용이 든다. - 효과적인 행동과 비효과적인 행동에 대한 종사원의 반발이 있을 수 있다.

자료: 이수광, 이재섭, 서비스산업의 인적자원관리, 2003. pp.118~123.

2. 직무분석의 목적

개인은 직무를 통해서 조직에 공헌하고 조직의 목적달성은 조직구성원의 직무활동을 통해서만 이루어질 수 있다. 이런 의미에서 직무분석은 조직에 필요한 인력확보, 유지, 평가 등 인적자원관리의 전 과정을 합리적으로 수행하기 위해 실시된다. 즉 직무분석은 직무를 파악하고 이를 인적자원관리에 활용하기 위해 실시하는 것이다.

직무분석은 크게 거시적인 관점의 조직관리와 미시적인 관점의 인적자원관리 및 개발로 살펴볼 수 있다. 거시적 관점의 조직관리는 환경변화에 능동적으로 대처하고 단위조직별 효율적인 직무를 구성하기 위해 활용할 수 있고, 미시적 관점의 인적자원관리 및 개발은 임용 및 배치와 관련된 인력계획과 평가 및 보상체계 수립의 활용, 인재육성 체계와 교육훈련에 활용될 수 있다. 직무분석은 합리적인 인적자원관리 활동에 필요한 정보를 획득하는 것 외에도 직무기술서나 직무명세서를 작성하여 직무를 평가하는 기초로 활용하는 등 다음과 같은 다양한 목적을 지니고 있다.

첫째, 직무평가의 자료로 활용된다.

직무분석은 직무평가의 자료를 얻고, 또 분석자료에 의해 직무기술서와 직무명세서를 마련하여 직무평가를 하기 위함이다. 즉, 이러한 직무기술서와 직무명세서는 합리적인 임금관리를 하기 위해서 필요하다. 임금은 노동의 대가이므로 노동의 질과 양에 상응하여야 하기에 직무의 상대적 가치에 따라 지급되어야 한다. 예를 들면 우동만 만드는 주방장과 초밥, 우동, 회 등 여러 가지 요리를 모두 만드는 주방장의 임금은 직무분석을 통해서 평가한 후 다르게 적용될 수 있는 것이다.

둘째, 채용, 배치, 이동, 승진 등을 위한 자료로 활용된다.

모든 직무는 직무마다 각각 상이한 지식과 기술을 요구한다. 예를 들어 스테이크를 전문으로 요리하는 직무에는 스테이크에 대한 해박한 지식과 기술이 있는 주방 종사원이 필요할 것이고, 궁중요리를 전문으로 하는 직무에는 궁중요리에 대한 지식과 기술이 있는 주방 종사원이 필요할 것이다. 즉 이러한 직무에 어떠한 요건이 필요한가를 알기 위하여 직무분석을 실시하는 것이다.

셋째, 교육훈련의 자료로 활용된다.

직무분석을 통해 각 직무를 수행하는 데 요구되는 지식이나 기능, 숙련 등의 종류와 내용 및 그 정도를 파악하고 부족한 정도를 보충할 수 있는 교육훈련을 위한 자료와 정보를 제공해 줄 수 있다.

넷째, 정원산정을 위한 자료로 활용된다.

직무분석을 통해 도출된 업무의 양과 질은 그 업무를 수행하는 데 필요한 인원과 자격요건을 산정할 수 있게 되어 어떤 종사원이 몇 명이나 필요한지를 파악할 수 있기 때문이다.

다섯째, 책임 및 권한 확정의 자료로 활용된다.

외식기업이 효율적으로 경영을 수행하기 위해서는 각 종사원의 직무와 이를 수행함에 필요한 권한과 책임을 명확하게 해야 한다. 그러기 위해서 직무분석을 통해 각 직무와 직위에 대한 권한과 책임을 명확히 할 수 있는 자료를 제공해 준다.

상기와 같이 직무분석의 결과 밝혀진 직무내용에 관한 정보는 직무기술서(Job Description)로 정리되며, 직무수행자에 관한 정보는 직무명세서(Job Specification)로 정리된다. 이러한 직무기술서와 직무명세서는 직무평가 및 직무설계의 중요한 기초자료가 된다.

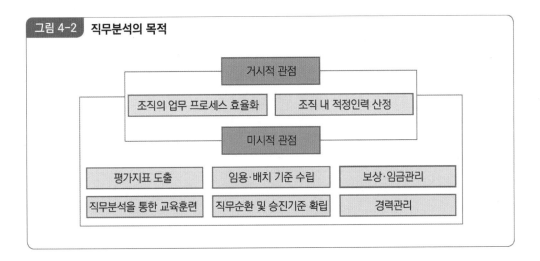

그림 4-2 **직무분석의 목적**

1) 직무기술서(Job Description)

직무기술서는 직무분석을 통하여 얻은 직무에 관한 자료와 정보를 직무의 특성에 중점을 두고 정리·기록한 문서로 직무의 목적, 업무 내용, 책임, 의무 등을 기술한 것을 말한다. 이러한 직무기술서는 종사원의 채용이나 급여 결정, 승진, 배치, 훈련 등의 인사관리를 실행하는 데 기초가 된다.

2) 직무명세서(Job Specification)

직무명세서는 일을 수행하는 사람이 갖추어야 할 요건으로 직무명세서에 기록할 수 있는 자신의 능력을 의미한다. 이러한 직무명세서는 직무의 특성에 중점을 두어 기술된 직무기술서를 기초로 하여 직무의 내용과 직무에 요구되는 자격요건 즉, 교육수준, 기능, 기술 수준, 지식, 정신적 특성, 육체적 능력 등의 인적 요건을 기술한 것을 말한다.

| 표 4-7 | 직무기술서와 직무명세서의 비교

직무기술서 (직무관련 사항: 과업, 업무, 책임 등)	직무명세서 (사람관련 사항: 지식, 기술, 능력 등)
• 직무내용의 요약 • 직무의 명칭 및 담당부서 • 직무수행 단계 • 직무수행의 방법 및 절차 • 타 직무와의 연관성	• 요구되는 교육수준 • 요구되는 정신적, 육체적 능력 • 요구되는 경험 및 경력 • 요구되는 직무의 지식, 기술, 능력 수준 • 태도 및 가치관

3. 직무평가(Job Evaluation)

현대적 의미의 직무평가는 산업화가 진행 중이던 20세기 초 임금(Wage)의 공정성 문제를 해결하기 위해 도입되었다. 직무평가는 직무분석을 통해 작성된 직무기술서나 직무명세서에 의해 조직 내의 각 직무가 가지는 책임의 정도, 직무수행의 난이도 등과 기업에 대한 기여도(중요도)를 대조 평가해서 각 직무 간의 상대적인 서열을 결정하는 과정이다.

직무평가는 직위분류를 수립함에 있어 각 직위의 직무에 대한 난이도나 책임도 등을 측정, 평가하여 등급을 결정하는 것이다. 직무분석에 의해 직무의 종류별 구분이 수직적으로 이루어지면 다음에는 종류가 같거나 비슷한 직무들을 각각 수평적으로 모아 등급 또는 직급을 정하는데, 이를 위한 작업이 직무평가이다. 이러한 직무평가는 직무분석 결과를 바탕으로 이루어지므로 해당 작업을 수행한 담당 및 내부 직무 전문가들이 평가작업을 담당하는 것이 바람직하다.

직무평가는 구체적으로 종합(정성)적 방법과 분석(정량)적 방법으로 구분된다. 종합적인 직무평가방법은 평가대상 직무를 포괄적으로 판단하여 직무의 가치를 결정하는 방법으로 서열법과 분류법으로 구분하고, 분석적 직무평가방법은 평가대상 직무를 직무의 요소 혹은 조건으로 세분화하고 이를 계량적으로 평가하는 방법으로 점수법과 요소비교법이 있다.

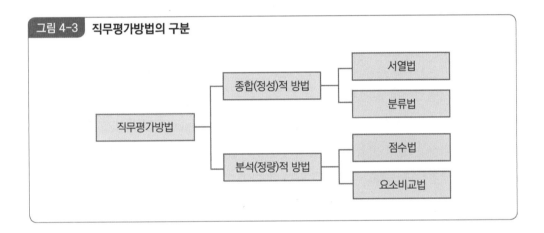

그림 4-3 **직무평가방법의 구분**

1) 서열법(Ranking Method)

서열법은 가장 오래되고 간단한 방법으로 전체적·포괄적 관점에서 각 직무를 상호비교하여 그 순위를 결정하는 방법이다. 평가자가 종사원의 직무수행에서 요구되는 지식, 숙련, 책임 등을 비교하여 상대적으로 가장 단순한 직무를 최하위에 배정하고 가장 중요하고 가치가 있는 직무를 최상위에 배정함으로써 순위를 결정하는 방법이다. 이 방법은 다른 직무평가방법에 비해 간단하므로 실시가 쉽고 비용과 노력이 상대적으로 적게 드는 반면, 평가자의 주관이 개입될 개연성이 높고 평가자가 모든 직무를 잘 알고 있는 경우에만 적용이 가능하다.

| 표 4-8 | 서열법 예시

직무	평가자 A	평가자 B	평가자 C	평가자 D	평균	서열
직무 A	2	1	1	1	1.25	1
직무 B	3	4	3	3	3.25	3
직무 C	1	2	2	2	1.75	2
직무 D	4	3	4	5	4	4
직무 E	5	5	5	4	4.75	5

2) 분류법(Classification Method)

분류법은 서열법에서 발전된 것으로 각 직무를 구성요소로 나누어 평가하는 것이 아니고 전체로서 고려하며, 각각의 직무를 사전에 만들어 놓은 여러 가지 등급에 적당히 판정하여 삽입하는 방식이다. 즉 분류법은 직무기술서를 사용하여 직무를 생산직, 사무직, 기술직, 영업직 등 중요 직종으로 분류한 다음 각 직종 내의 직무들에 대하여 직무평가 요소에 따라 등급을 부여하고 등급기술서를 명확히 규정한다. 이 방법은 비교적 손쉬운 평가방법으로 직무평가 자체에 많은 비용이나 노력을 요구하지 않으며, 평가대상 직무들이 지니고 있는 속성이 소수인 경우, 즉 등급화가 비교적 쉬운 경우에 효과적이다. 반면에 개별 등급의 수와 내용을 결정하고 기술하는 작업, 즉 등급기술서의 작성에 많은 비용과 시간이 소요되며, 평가대상 직무들이 상이한 가치를 지닌 경우 평가의 신뢰성을 확보하기 어렵다. 이러한 분류법은 보편적으로 정부기관에서 사용하고 있으며 대표적인 예로 공무원에게 적용되는 1~9급 체계라 할 수 있다.

3) 점수법(Point Rating Method)

1925년 롯트(M.R. Lott)에 의해 고안된 점수법은 평가요소를 선정하여 평가요소별 가중치를 설정한 다음, 다시 평가요소별로 적당한 단계, 즉 그 하위요소를 구분하여 점수를 배분한 후 직무가치를 평가하는 방법이다. 이는 직무의 가치를 점수로 나타내기 때문에

서열법이나 분류법처럼 직무를 포괄적으로 평가하는 것과는 달리 직무를 각 구성요소별로 분해하여 그 비중을 정하고 숫자를 이용하여 계량적으로 평가할 수 있어 과학적이고 합리적이라 할 수 있다.

점수법의 평가요소는 모든 직무에 존재해야하고 직무 사이에 정도의 차이가 있으며, 직무수행에 중요한 영향을 미치는 요소들로 서로 중복되지 않도록 선정해야 한다. 일반적인 평가요소로는 숙련도, 지식, 노력, 책임, 작업조건 등이 해당되며 이러한 평가요소들은 동일한 중요성과 가치를 지니고 있는 것이 아니기에 각각의 가중치를 두어야 한다. 점수법은 서열법에 의한 직무평가와 달리 개별 직무의 가치가 점수화되므로 직무 간 차이가 명확히 드러나며 평가요소와 가중치가 결정되고 점수화의 기준이 확보되면 평가자의 주관이 개입될 소지를 줄일 수 있다. 또한 평가과정 자체에 소요되는 비용과 시간 및 노력을 최소화할 수 있고 비교적 객관화된 평가로 공평한 결과를 얻을 수 있다는 장점이 있다. 반면, 평가요소와 가중치를 결정하고 점수화하는 기준을 설정하는 평가방법 개발에 많은 비용과 시간이 요구되고, 가중치 역시 주관이 개입될 개연성이 있는 단점이 있다.

| 표 4-9 | 점수법 예시

요소	척도단계	척도	가중치	요소별 점수 (척도×가중치)	직무평가 점수
지식	1.2.3.4.5	②	40	80	
노력	1.2.3.4.5	③	30	90	210
책임	1.2.3.4.5	①	20	20	
작업조건	1.2.3.4.5	②	10	20	

4) 요소비교법(Factor Comparison Method)

요소비교법은 벤지(Bange, E. J)에 의해 고안된 직무평가의 방법으로 먼저 조직 내의 가장 중심이 되는 직무(대표직무)를 선정하여 요소별로 직무평가를 실시하고, 그 다음 평가하고자 하는 직무를 대표직무의 요소에 결부시켜 이들을 상호 비교함으로써 조직 내에서 이들이 차지하는 상대적 가치를 분석적으로 판단하는 방법이다.

요소비교법은 서열법에서 발전된 기법으로 서열법이 여러 직무들의 가치를 포괄적으로 평가하여 서열을 매기는 반면, 요소비교법은 직무가 지니고 있는 요소별 직무들 간의 서열을 매기는 데 초점이 있다. 즉 요소비교법은 기준이 되는 대표직무를 10개 이내로 정리하여 직무가치에 따라 서열을 정한 후 일반직무의 가치를 대표직무의 가치와 비교하여 상대적 서열을 가리는 방법이다.

요소비교법은 직무의 상대적 가치를 임금액으로 평가하는 것이 특징이다. 직무의 여러 요소를 개별적으로 평가함으로써 평가 자체에 드는 노력을 줄일 수 있고 평가의 신뢰성을 증가시킬 수 있다. 다만 기준 직위표를 만드는 데 고도의 기술이 필요할 뿐 아니라 작업 또한 까다롭고 많은 시간이 소요되는 단점이 있다.

4. 직무설계(Job Design)

직무설계는 '어떻게 직무의 내용과 수행방법을 설계하는 것이 외식기업의 목적달성에 효과적이고 효율적인가' 하는 것을 조화롭게 결합시키는 활동이다. 이러한 직무설계는 직무내용과 이에 수반되는 직무별 보상, 그리고 개별직무수행에 요구되는 자질 등을 계획하는 것으로 직원과 조직의 효율성에 영향을 미친다.

직무설계는 모든 계층의 조직구성원으로 하여금 직무 그 자체에서 만족과 의미를 부여받도록 하기 위한 것으로 직원의 동기부여 향상, 작업의 생산성 향상, 원가절감과 시간절약, 이직과 훈련비용의 감소, 새로운 기술에 대한 신속한 대응, 인간관계 개선 등에 그 목적이 있다.

직무설계는 그 초점에 따라 효율성 달성을 위한 체계적인 분업의 원리를 적용한 기능별 직무설계, 기능보다는 목적별로 조직의 효과성 달성을 위한 목적별 직무설계, 조직의 상황에 따라 문제점을 중심으로 과업의 기능요소와 목적요소를 복합적으로 결합한 의사결정별 직무설계로 구분할 수 있다. 직무설계의 접근방법은 전통적인 접근법과 현대적인 접근법으로 구분할 수 있다.

1) 전통적 직무설계

전통적 직무설계는 애덤스미스(Adam Smith)가 『국부론』에서 핀 제조공장을 예를 들어 분업에 의한 전문화가 가져오는 생산성의 증대를 주장한 후 테일러(F. W. Taylor)의 과학적 관리법(Scientific Mansgement)에 의해 확립되었다. 테일러는 직무의 단순화·전문화·표준화에 따른 직무설계를 통하여 기업의 목적인 생산성을 향상하려 했는데 이처럼 노동의 분업을 근간으로 하는 전통적 직무설계방식을 '직무전문화'라고 한다. 이러한 전통적 직무설계는 직무설계의 기초를 마련하였다는 데 그 의의가 있으나, 인간을 지나치게 경제적인 인간으로 봄으로써 인간성 상실이라는 문제점을 노출시키게 되었다.

직무전문화는 작업자의 선발과 훈련이 용이해지고, 생산성이 높아지며, 숙련공이 필요없어 노무비가 저렴하다. 또한 작업의 관리가 용이하고, 단순, 반복작업으로 대량생산이 가능하다는 장점을 지니고 있다.

반면, 제품 전체에 대한 책임규명이 어려워 품질관리가 어렵고, 직무수행자의 소외감으로 인해 장기간으로 볼 때 생산성이 낮아질 수 있다. 또한 작업자의 불만으로 이직이나 지각, 결근, 생산공정의 고의적 지체 등으로 비용이 발생하며, 인간관계 형성 기회의 감소 및 작업의 반복으로 권태감이 생길 수 있는 단점이 있다.

2) 현대적 직무설계

현대적 직무설계는 전통적 직무설계에서 도외시되었던 인간적인 측면을 보완하여 기술적, 조직적인 부분뿐 아니라 종사원의 동기부여에 초점을 두어 이들이 자율성, 책임감, 도전 의욕, 보람 및 자아실현의 욕구까지도 중시한 직무설계를 의미한다.

현대적 직무설계는 크게 개인수준의 직무설계기법과 집단수준의 직무설계기업으로 구분할 수 있고 개인수준의 직무설계 방법은 직무확대, 직무충실로 집단수준의 직무설계 방법은 직무교차, 직무순환, 준자율적 작업집단으로 구분할 수 있다.

(1) 개인차원의 직무설계

① 직무확대(Job Enlargement)

직무확대는 한 작업자가 수행하는 과업의 수를 수평으로 확대하되 권한이나 책임은 증가시키지 않는 경우를 말한다.

직무확대의 장점으로는 단순 반복 업무에서 발생하는 단조로움이나 지루함, 싫증 등을 줄일 수 있고 이로 인해 직무만족의 향상 및 이직률 등을 감소시킬 수 있다. 또한 작업자의 과업 확대를 통해 다양한 기술 습득 및 능력개발이 가능해지고 종사원들의 다기능화로 기업 입장에서는 업무배치의 범위가 확대되어 인력배치의 유연성이 제고되며 근로자 입장에서는 노동시장에서의 상품가치가 제고될 수 있다. 직무확대의 단점으로는 종사원들의 작업량이 증대되어 종사원 감축 수단으로 활용될 가능성이 있고, 흥미 없고 단조로운 직무가 추가되면 작업자의 실망감이 발생할 수 있다.

② 직무충실(Job Enrichment)

직무충실은 단순히 과업의 수를 늘려 직무를 구조적으로 확대하는 것이 아니라 직무의 내용을 풍부하게 만들어 작업상의 책임을 늘리며 능력을 발휘할 수 있는 여지가 크도록 직무를 구성하는 것이다. 직무충실은 종사원에게 책임감, 성취감, 안정감 및 성장의 기회를 제공하여 양질의 직무를 완성하기 위한 것으로 허즈버그(Herzberg)의 2요인 이론(Two Factor Theory)에 그 바탕을 두고 있다.

허즈버그의 2요인 이론이란 자신의 직무에 만족하는 사람들과 그렇지 못한 사람들을 대상으로 그 이유에 대해 분석한 결과, 하나의 요소가 충분하면 자신의 직무에 만족하고 그 요소가 부족하면 자신의 직무에 불만족한 것이 아니라, 자신의 직무에 만족하는 이유와 만족하지 못하는 이유가 각각 다르다는 것이다. 즉 기존의 여러 동기부여 이론의 경우 개인차원에서 동기부여를 결정짓는 요인이 모두 같은 성격을 지니며, 이 요인이 충족될 경우 사람들은 만족하게 되고, 그렇지 않을 경우 불만족하게 된다는 명제를 지니고 있었는데 허즈버그의 경우 기존의 명제를 깨고 '만족하거나 만족하지 않고', '불만족하거나 불만족하지 않는다'는 관점에서 정의를 내렸다.

다시 말해서 개인의 만족을 결정짓는 요인이 충족되지 않는다고 하여 불만으로 이어지지는 않고, 반대로 불만을 만들어내는 요인들이 해소된다고 하여 만족을 이끌어 내는 것은 아니라는 의미이다. 여기에서 만족을 결정짓는 요인을 그는 동기요인(Motivation Factor)으로, 반대로 불만족을 야기하는 요인을 위생요인(Hygiene Factor)이라고 부르는데 이로 인해 허즈버그의 동기부여 이론을 '동기–위생이론'이라고 부르기도 하고 두 가지 요인으로 나누었다고 하여 2요인(Two-Factor) 이론이라고 부르기도 한다.

동기요인(Motivation Factor)은 보람 있는 과업의 부여, 업무 달성, 좋은 평가, 승진, 성과급 지급 등으로 충족될 경우 의욕이 상승하거나 직무만족으로 이어지지만 만일 충족되지 않더라고 그다지 불만으로 이어지지 않는 요인들이다. 예를 들면 업무를 하면서 개인적인 성취를 이루거나 외부에 의한 인정을 받게 되는 경우 동기부여가 이루어지고 과업에 대한 만족도가 높아지지만 특별한 성취를 이루어내지 못한다거나 누군가가 인정을 해주지 않는다고 하여 곧장 업무에 대한 불만족으로 이어지지는 않는다는 것이다.

위생요인(Hygiene Factor)은 실내공기 상태, 조명, 업무환경, 회사방침, 급여, 대인관계 등으로 일단 충족되더라도 적극적인 의욕이나 직무만족으로 이어지지는 않지만 만약 충족되지 않으면 큰 불만으로 나타날 수 있는 요인들이다. 예를 들면 급여가 기대를 충족시키지 못한다거나 작업환경이 만족스럽지 못하는 경우, 회사정책이 합리적이지 않은 경우에는 불만이 발생하여 업무의 동기부여를 저해시킬 수 있다. 하지만 급여를 많이 지급하고, 작업환경을 멋지게 꾸며준다고 해서 과업에 대한 만족도가 올라가지는 않는다. 다만 불만이 없어질 뿐이라는 것이다.

직무충실은 상기의 내용을 바탕으로 직무 내용을 재편성하는 것으로 장점으로는 자유재량권과 책임감을 부여해 직무의 의미를 부여하고 창의력을 촉진시킬 수 있고, 단조로움과 싫증, 피로감을 줄일 수 있으며 직무수행의 범위를 넓혀 직무의 완전성을 증대시킬 수 있다.

　단점으로는 양질의 의사결정을 할 수 있는 능력을 갖추기 위한 종사원의 추가적인 교육에 대한 비용 발생 및 개인적 차이를 고려하지 않은 적용으로 성장욕구가 낮은 종사원에게는 심리적 부담감과 좌절감을 줄 수 있으며, 직무 분담으로 인한 권한 위임으로 관리자의 반발 등이 예상될 수 있다.

(2) 집단차원의 직무설계

① 직무교차(Overlapped Workplace)

　직무교차는 집단 내 각 작업자의 직무의 일부분을 타 작업자의 직무와 중복되게 하여 직무의 중복된 부분을 타 작업자와 공동으로 수행하게 하는 직무설계방식이다.

　직무교차는 집단을 대상으로 도입할 수 있는 수평적 직무확대에 속하며 본질적으로 개인 수준의 직무확대와 크게 다르지 않지만 직무확대가 한 명의 작업자를 대상으로 개별적으로 설계할 수 있는 데 반해 직무교차는 반드시 직무의 일부분을 다른 작업자와 공동으로 수행해야 한다는 것에 차이가 있다.

　직무교차의 장점은 다른 작업자와 함께 중복되는 과업으로 인해 협동 부족에서 오는 소외를 감소시켜 인간관계 형성에 기여할 수 있는 반면 교차된 직무를 수행하는 작업자들이 서로 직무를 소홀히 하게 되면 생산성에 문제를 발생시킬 수 있는 단점이 있다.

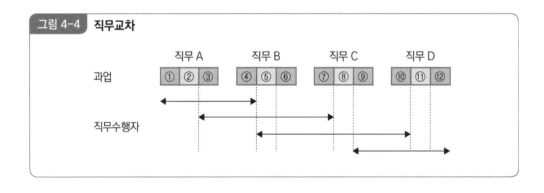

그림 4-4 **직무교차**

② 직무순환(Job Rotation)

직무순환은 집단을 대상으로 하는 직무확대 모델의 한 방법으로 수평적 및 수직적 측면을 동시에 가지고 있는 직무설계 방법이다. 이는 작업자에게 다양한 직무를 순환하도록 하여 기술의 다양성을 증가시킬 수 있으나 반드시 사전 계획에 의해 실시해야 한다.

직무순환의 장점으로는 작업자가 동일한 직무를 장기간 수행하는 과정에서 발생하는 매너리즘(Mannerism)을 해소할 수 있고, 다양한 직무를 수행할 수 있어 기술의 다양성 및 능력개발을 촉진시킬 수 있어 경력개발에 도움이 된다.

단점으로는 신입 작업자들의 업무 적응에 필요한 시간적, 금전적 비용이 발생될 수 있고, 일시적인 생산성 저하의 문제가 발생 될 수 있다.

③ 준자율적 작업집단(Semi-Autonomous Workgroup)

준자율적 작업집단은 집단을 대상으로 하는 수직적 직무확대 모형으로 몇 개의 직무들이 하나의 작업집단을 형성하게 하여 이를 수행하는 작업자들에게 어느 정도의 자율성을 부여해 주는 것이다.

준자율적 작업집단의 장점은 집단에 부여된 자율성으로 인해 생산성이 향상되고 개인의 성장욕구 충족이 가능해지며, 기업의 공식조직에 대한 통제 및 조정기능이 경감될 수 있을 뿐 아니라 팀 내 구성원들 간의 경험 공유를 통해 문제해결이 용이해질 수 있다. 단점은 기업과 준자율적 집단 간의 갈등이나 작업 팀 내 구성원 간의 갈등문제가 발생될 수 있다.

3 인적자원의 계획관리

인적자원계획(Human Resource Planning)은 인력계획(Man Power Planning) 또는 인사계획 (Personnel Planning)이라고도 한다. 즉, 기업이 필요로 하는 인적자원의 수와 질, 시기를 계획하고 이러한 필요에 충당할 수 있는 기업 내부 및 외부에서의 공급에 대한 예측을 통하여 인적자원의 수요와 공급을 조절하는 과정이다. 즉, 기업을 경영하다 보면 많은 종사원을 더 채용해야 할 경우가 있는가 하면 기존의 종사원도 불필요해지는 경우가 있는데 이러한 인적자원의 수요와 공급의 불균형에 대한 기업의 대처방법이 다르다. 어떤 기업은 미리 예측하여 어느 정도의 인적자원이 필요하게 될지를 계획하고 준비하는 반면, 어떤 기업은 당시의 상황변화에 대처하는 방법을 선택하기도 한다. 이러한 인적 자원의 수요와 공급의 변화에 대한 기업의 대응전략은 다음과 같이 계획전략과 적응전 략으로 구분할 수 있다.

1. 계획전략

계획전략은 특정한 미래시점의 환경변화와 외식기업의 경영전략의 변화 등을 토대로 인적자원의 수요와 공급을 예상하고 이에 대한 계획을 수립하여 사전에 대처하는 방식 이다. 계획전략은 우선적으로 교육 및 훈련과 전환배치(Transfer) 등 기업내부적인 대응 방법을 강구함으로써 어느 정도 외부노동시장으로부터 독립성을 유지할 수 있고 내부 충원에 따른 종사원의 애사심, 충성심을 제고할 수 있다. 또한 종사원의 능력을 최대한 개발함으로써 종사원의 성장욕구를 충족시키고 노동시장에서의 경쟁력을 제고할 수 있 으며, 기업이 필요로 하는 수준을 초과하는 인적자원 보유에 따른 인건비용을 최소화할 수 있다.

그러나 계획전략은 어디까지나 미래에 대한 예측을 근거로 하기 때문에 예측을 위해 소요되는 비용, 예측기법을 개발하는 데 소요되는 비용, 실제적인 예측을 위한 시간과 노력의 투자비용 등의 예측비용과 예측이 어긋났을 때 발생하는 예측실패비용을 야기할 수 있다.

2. 적응전략

적응전략은 인적자원의 초과공급 혹은 초과수요가 발생한 특정한 시점에서 단기적으로 신규채용, 교육훈련, 인사이동, 인력감축 등을 통해 수요와 공급의 불균형의 문제를 해결하고자 하는 전략이다. 따라서 급변하는 환경 등으로 예측의 정확도가 떨어지는 경우 적절한 대응전략이라고 할 수 있다. 그러나 신규채용, 교육훈련, 인사이동, 인력감축 등은 단기적인 적응이 어렵거나 많은 비용을 야기할 개연성이 있으며 적절한 경영활동을 수행하지 못해서 오는 기회비용이 발생될 수 있다.

예를 들어 미래의 특정한 시점에 인적자원의 초과공급이 발생한 경우 해고가 요구될 수 있는데 이는 법률적으로 많은 문제를 일으킬 뿐 아니라 기업의 이미지나 전반적인 인적자원 관리활동에 심각한 지장을 초래한다.

상기에서 언급하였듯이 계획전략과 적응전략 모두 나름대로의 장·단점을 지니고 있으나 본질적으로는 계획전략이 합리적인 접근방법이라 할 수 있다.

3. 인적자원 계획과정

외식기업의 경영활동을 위해 필요한 인적자원을 공급하는 과정으로 인적자원 확보의 첫 단계는 필요한 인적자원에 관한 계획활동이다. 이러한 계획활동은 성공적인 경영활동을 위해 요구되는 인적자원의 수요와 기업이 보유하고 있는 인적자원의 공급을 파악하고, 수요와 공급의 차이를 메우는 방법에 관한 계획이라고 할 수 있다.

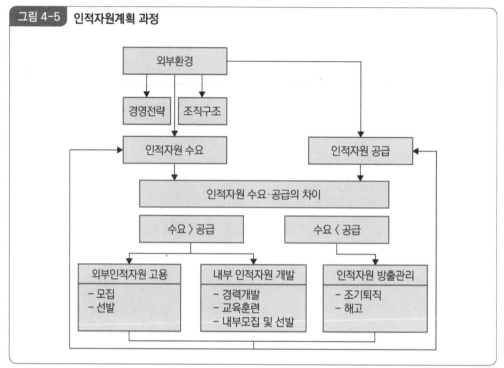

그림 4-5 인적자원계획 과정

자료: 이수광, 이재섭, 서비스산업의 인적자원관리, 대왕사, 2003. p.199.

1) 외부환경예측

　인적자원의 수요와 공급에 영향을 미치는 첫 번째 요소는 외부환경이다. 외부환경은 경제적 환경, 사회문화적 환경, 인구통계적 환경, 기술적 환경, 노동시장 환경 등으로 구성된다. 예를 들어 1990년대 말의 경제적 환경이 외식기업의 인적자원수요와 공급에 어떠한 영향을 미쳤는가를 살펴보면 우리나라는 당시 IMF 구제금융이라는 특수한 상황 하에 일반 소비자 및 기업고객들은 소비를 줄여야 했다. 이에 따라 외식기업에서는 구조조정을 통해 인력을 축소한 결과 및 비정규직 확대라는 결과를 초래하여 결과적으로 외식기업의 인적자원 수요에 큰 변화를 가져오게 되었다. 다른 한편으로는 경제적 어려움으로 직원들의 이직의사는 현저하게 감소하여 인력시장에서의 공급에 영향을 미치는 결과도 나타났다. 따라서 외식사업에서는 외부환경요소에 대한 지속적이고 체계적인 관심이 필요하다.

2) 경영전략과 조직구조

환경의 변화에 대한 외식기업의 경영전략, 그리고 경영전략을 효과적·효율적으로 달성하기 위한 기업의 구조가 일관성을 지님으로써 외식기업은 목표하는 경영성과를 달성하게 된다. 이러한 맥락에서 외부환경은 외식기업의 인적자원수요에 직접적으로 영향을 미치기도 하지만, 경영전략 또는 조직구조를 통해 간접적으로 영향을 미치기도 한다. 예를 들어 외식기업이 서비스우위의 차별화전략을 실시하기로 구상하였다면 전략의 수행을 위하여 인적자원의 수요를 감소시키는 것이 아니라 오히려 인력을 증가시켜 고객과 접촉을 강화하여 서비스우위를 확보하려 노력하거나, 또는 기존의 종사원에게 높은 수준의 고객응대능력을 키울 수 있는 질적 수요에 영향을 미칠 수 있을 것이다.

3) 수요예측

수요예측이란 미래의 특정한 시점에 얼마만큼의 종사원이 필요할 것인가에 관한 예측을 의미한다. 수요예측은 양적 수요예측과 질적 수요예측으로 구분할 수 있다.

(1) 양적 수요예측

양적 수요예측은 미래의 특정시점에서 요구되는 인적자원의 양(Quantity)에 관한 예측이다. 즉 몇 명의 종사원이 필요한가에 관한 예측을 말한다. 예를 들어 컴퓨터의 발달은 외식기업에서 매출일보(Daily Report)나 경쟁사 분석자료 등과 같은 영업 관련 자료들이 수작업에서 정보기술에 의존하여 대체되었다. 이러한 기술의 발달은 인적자원의 감축요인으로 발생하기에 상기의 외부환경요인에서 언급된 다양한 요인들을 종합적으로 고려해야 한다.

인적자원의 양적 수요를 예측하는 구체적인 기법은 다음과 같다.

① 추세분석

과거 인적자원의 수요에 관한 자료를 월별, 분기별, 연도별로 작성하고 이를 그래프로 나타낸 추세선을 수학적으로 확장하여 특정 시점에서의 총수요 인원을 결정하는 방식으로 단기적인 수요예측은 적합하지만 장기적으로 정확한 예측이 필요한 상황에서는 적합하지 않을 수 있다.

② 회귀분석

인력수요에 영향을 미치는 다양한 요인들의 영향력을 계산하여 기업에 필요한 미래의 인력수요를 예측하는 방식이다. 이는 기존의 자료를 통해 미래를 보다 과학적으로 예측할 수 있지만 이를 위한 충분한 과거 데이터가 있어야 하고 독립변수와 인력수요 사이에 유의미한 상관관계가 존재할 때 활용이 가능하다.

③ 시계열분석

과거의 인력수요 흐름을 기초로 하여 미래의 인력을 예측하는 방식으로 여기에는 추세변동, 계절적 변동, 순환 변동, 불규칙 변동 등이 있다.

④ 상관분석

상관분석은 인력수요와 관련이 높은 변수를 찾아 이들 간의 상관계수를 토대로 추정되는 수요인력을 산출하는 방법이다.

⑤ 생산성 비율분석

과거에 기업이 달성했던 생산성의 변화에 대한 정보를 토대로 미래에 필요한 인력의 수를 예측하는 방법이다.

⑥ 노동과학적기법

작업시간 연구를 기초로 기업의 하위 개별 작업장별 필요한 인력을 산출하는 방법으로 생산량이 중심이 된다. 이 방법은 주로 생산직종의 인력을 예측하는 데 활용되며 수요인력은 연간 총작업시간을 연간 1인당 작업시간으로 나누어 계산한다.

⑦ 델파이법(Delphi)

전문가들이 서로의 견해를 서면상으로 주고 받으며 최적의 대안이 도출될 때까지 반복하여 의견을 수렴하는 방식으로 다수의 전문가들이 합의한 내용이기에 신뢰도나 효과성이 입증되었으나 의견을 취합하는 데 오랜 시간이 소요되고 응답자의 통제가 어려워 장기적인 의사결정에는 적합하나 단기적인 의사결정에는 비효율적일 수 있다.

(2) 질적 수요예측

질적 수요예측이란 미래의 특정한 시점에서 요구되는 인적자원의 능력, 태도 등 인적자원의 자격요건에 관한 예측으로 다음과 같은 3단계를 걸쳐 실시된다. 첫 단계는 미래시점에서 요구되는 직무성과를 판별하는 일인데 이것은 기업이 설정한 경영목적을 달성하기 위해 경영활동을 구성하고 있는 개별 직무에서 완수해야 하는 성과를 의미한다. 두 번째 단계는 필요한 직무내용을 판별하는 일이다. 필요한 직무내용이란 기존의 직무내용을 포함하여 미래시점에서 요구되는 직무성과를 달성하기 위해 요구되는 직무를 의미한다. 마지막 단계는 직무수행자의 자격요건 판별이다. 직무수행자의 자격요건이란 필요한 직무내용을 성공적으로 수행하기 위해 직무수행자에게 요구되는 직무수행능력 및 태도를 의미한다. 질적 수요예측의 구체적인 기법은 다음과 같다.

① 자격요건 분석

해당 직무를 수행하는 데 필요한 KSA(Knowledge, Skill, Ability)가 무엇이고 어떤 사람이 수행하는 것이 적정한지를 찾아내는 분석방법으로 조직환경과 구조가 안정적일 경우에 적합하며 이를 위한 분석도구로는 직무기술서와 직무명세서가 활용된다.

② 시나리오기법

전문가집단의 브레인스토밍(Brainstorming)과 예측을 전담하는 프로젝트 조직이 환경변화 등을 분석하여 미래의 인력수요 변동을 예측하는 방법으로 주로 미래의 경영환경이 불안정하고 복잡한 변화가 예상되어 해당 기업의 직무구조, 조직구조 및 생산기술의 변화에 대한 예측이 어려울 경우 사용된다.

4) 공급예측

공급예측은 미래의 특정 시점에서 기업이 보유하게 될 인적자원의 양과 질에 관한 예측으로 정의할 수 있다. 인적자원의 양(Quantity)과 질(Quality), 즉 인적자원의 공급은 여러 영향 요인의 영향을 받아 변화한다. 내부적으로는 이직, 신규채용 등이 인적자원의 양적 공급에 영향을 미치고, 전환, 배치, 교육훈련 등 기업의 인적자원개발 및 유지활동이 인적자원의 질적 공급에 영향을 미친다.

(1) 내부 노동시장을 통한 인력공급 예측

내부 노동시장은 기업 내부의 인력풀(Pool)을 통해 인적자원을 공급하는 것으로 구체적인 기법으로는 기능 목록표, 관리자 목록표, 마르코프모형 등이 있다.

① 기능 목록표(Skill Inventory)

개별 종사원의 직무에 대한 현황 전체를 기록한 것으로 승진, 이직 여부, 훈련 참가 횟수와 종류 등을 기록해 두고 이를 집계하여 내부인력의 변화를 예측하는 방법이다.

② 관리자 목록표(대체도: Replacement Chart)

대체도는 기업이 현재 및 미래의 공석을 포함한 회사의 중요 업무를 나열하여 시각화한 것이다. 즉 주요 직무를 관리자들에 대한 모든 정보와 함께 정리하여 승진, 이동, 평가 등에 활용하는 인사기록을 말한다. 또한 해당 관리자의 직무경력, 업무수행의 강점과 약점, 잠재적 승진 가능성 등이 포함된다.

③ 마르코프 모형(Markov Chain)

특정 기간 동안의 승진, 부서이동, 이직 등을 수치로 기록한 후 그 일정비율을 분석하여 미래 각 기간에 걸쳐 현재 인원의 변동상황을 예측하는 기법이다.

(2) 외부 노동시장을 통한 인력공급 예측

미래시점의 외부 노동시장 여건이 해당 기업에 어느 정도 유리한지를 예측하는 방법으로 노동시장 현황은 통계청이나 노동부 홈페이지를 통해 분기별 고용 동향을 파악할 수 있다. 구체적인 방법으로는 통계청에서 발표한 전체 경제활동인구를 파악하고, 국가 전체의 경제가 호황인지 불황인지를 알기 위한 산업 내 고용동향도 파악해야 한다. 또한 산업별 임금총액의 추이, 연령, 교육수준별 경제활동인구 추이 및 산업 내 노동인구의 이동 추이 등을 통해 노동시장의 고용현황을 파악할 수 있다.

4. 모집(Recruiting)

모집은 인적자원계획 과정을 통해 기업에서 필요로 하는 사람을 채용하는 것으로 자격을 갖춘 직무후보자를 적시에 확보하기 위한 일련의 활동을 말한다.

모집은 인적자원을 확보하는 첫 단계로 선발(Selection)을 하기 위한 전제로 지원자를 모으는 과정이라고 할 수 있다. 이러한 모집활동은 인적자원을 어디서 모으느냐에 따라 내부모집과 외부모집으로 구분할 수 있다.

1) 내부모집

내부모집은 이미 고용된 회사 내부의 인적자원을 승진 또는 전환배치를 통하여 필요한 직원을 보충하는 방법이다. 이러한 대표적인 방법으로는 사내공모제도가 있는데 이는 사내 게시판을 통해 모집공고를 내고 기존 종업원 중에서 지원자를 구하는 방법이다.

내부모집의 장점은 기존 종사원에게 승진의 기회를 제공함으로써 동기부여 및 사기 진작이 될 수 있으며 지원자에 대해 상대적으로 정확한 평가가 가능하고, 모집비용이 저렴하다는 점이다. 반면 선발되지 못한 지원자의 사기저하나 종사원의 인간관계 등의 이유로 평가가 왜곡될 가능성이 존재한다는 단점도 있다.

2) 외부모집

외부모집은 기업 외부에서 인적자원을 모집하는 방법으로 국가고용기관, 광고, 추천, 취업정보센터, 교육기관의 추천, 자발적 지원자 등에 의한 모집이다. 대부분의 외식기업들은 공개채용을 실시하기도 하지만 인력풀(Pool) 제도를 운영하며 소규모 수시채용의 형태로 실시하는 경우가 많다.

이러한 외부모집은 인적자원에 대한 선택의 폭이 넓고, 조직의 동태성과 활력을 불러 일으킬 수 있으며, 새로운 정보 및 지식을 제공할 수 있다는 장점이 있는 반면, 짧은 선발과정으로 인해 적합한 지원자를 채용하지 못할 가능성이 있고, 채용 후에도 부여된 직무와 해당 기업의 문화 등에 적응하는 데 오랜 시간이 걸리며, 채용을 위한 비용이 많이 든다는 단점이 있다.

| 표 4-10 | 인적자원 내·외부 모집의 장·단점

구분	인적자원의 내부모집	인적자원의 외부모집
장점	- 내부 인력의 승진기회 확대 - 내부 인력의 경험 및 지식활용 - 내부인력의 동기부여 - 모집에 소요되는 시간 및 비용 절감	- 인재의 다양한 선택 가능성 - 새로운 충동과 자극 - 조직분위기 쇄신 가능 - 새로운 지식 및 경험 축적 가능
단점	- 모집범위의 제한 - 조직의 폐쇄성 강화 - 인사이동 인력의 교육수요 발생 - 조직에 대한 판단력 부족	- 부족한 정보로 부적격자 채용의 위험 - 안정을 위한 적응기간 소요 - 내부인력의 승진기회 축소 - 높은 인원조달비용 - 모집에 장시간 소요

5. 선발(Selection)

선발은 지원자 중에서 기업이 필요로 하는 직무에 가장 적합한 자질을 갖춘 인력채용을 결정하는 과정을 말한다. 선발과정은 일반적으로 서류전형, 채용시험, 면접, 신원조회, 신체검사 등의 과정으로 이루어져 있다.

1) 서류전형

서류전형은 지원자가 제출한 지원서를 검토함으로써 지원자의 학력, 경력, 가족 사항 등 기본적인 인적사항을 중심으로 지원자의 객관적인 자질을 평가하는 과정이다. 이러한 서류전형은 정보의 신뢰성과 타당성을 위해 검증할 수 있는 자료를 요구하게 되는데 예를 들면 졸업증명서나 성적증명서, 경력증명서, 자격증명서 등이 이에 해당된다.

2) 채용시험

채용시험은 서류전형으로 파악할 수 없는 지원자의 자질이나 직무수행능력을 평가하는 과정으로 지적능력검사나 성격검사, 성취도검사 등 다양한 채용시험을 지원자에게 제시할 수 있다.

3) 면접

면접은 성격이나 외모, 지원동기 등 지원서에 잘 드러나지 않는 지원자에 관한 정보를 제공하여 불명확한 지원자의 특성을 구체화하는 것은 물론 지원자에게 해당 기업의 정보를 제공하는 양방향 커뮤니케이션(Two-Way Communication)을 통해 우수한 지원자를 유인하는 방법이 되기도 한다.

4) 신원조회

신원조회(Reference Check)는 지원서, 면접 등을 통해 분류된 지원자의 자료를 중심으로 자료를 재확인하고 필요에 따라 추가적인 자료를 수집하는 과정을 말한다.

예를 들면 지원서상에 대인관계가 원만하다고 기록한 지원자의 전(前) 직장의 동료에게 지원자의 대인관계를 질문함으로써 지원자의 대인관계정보를 확인하거나, 필요시

공공기관에 전과기록 등을 조회함으로써 추가적인 정보를 수집하기도 한다.

5) 신체검사

대부분의 기업에서 마지막 과정으로 확인하는 신체검사는 직무를 수행할 직무수행자의 육체적 능력 및 건강상태를 확인하기 위해 주로 실시한다. 특히 외식산업의 경우 고객을 대상으로 하는 인적의존도가 높은 산업으로 전염성이 있는 질병을 보유한 경우 결격사유에 해당되므로 주의해야 한다.

4
000 인적자원의 개발관리

인적자원의 확보는 일반적으로 인적자원계획을 시작으로 지원자를 모집하고 선발하여 해당 직무에 맞는 부서로 배치된다. 이러한 과정을 통해 확보한 종사원들에게 기업은 지속적으로 직무수행 능력 및 태도에 대한 변화를 요구하게 된다. 만일 종사원들의 직무수행 능력이나 태도가 입사 당시의 수준으로 고정되어 있다면 경영환경의 변화나 담당직무의 변화 같은 요인들이 발생할 때 종사원들은 적절한 직무수행 능력을 발휘할 수 없기 때문이다.

이러한 관점에서 인적자원의 개발 및 유지관리는 경제적 효율성의 관점에서 보면 종사원들의 직무관련 지식, 기능 등의 능력을 축적하고 경쟁력을 제고하며, 직무수행자의 성과창출 의지를 증대시키고, 생산성을 향상시키고, 인적자원배치의 유연성(Flexibility)을 확보하고, 직무수행을 위한 정신적·육체적 능력을 유지하게 하는 데 목적이 있다.

1. 교육훈련

교육훈련은 종사원의 정신적·육체적 능력과 성과창출 의지 및 태도에 직접적인 자극을 가함으로써 종사원의 능력을 향상시키는 활동으로 조직을 강화하고 직원 각자 직무에 만족을 느끼게 하며, 직무수행능력을 향상시켜 보다 중요한 직무를 수행할 수 있도록 하여 기업을 유지·발전시키는 데 그 목적이 있다.

교육은 일반적·이론적·개념적인 주제를 위주로 지식을 습득하는 과정이며, 훈련은 특정한 직무 또는 한정된 주제에 대해 기술을 향상시키는 과정이라 볼 수 있다. 또 교육은 근로자의 일반적인 지식·기능·태도를 육성하는 것으로서 전체적·객관적·체계적인 입장에서의 능력개발을 목적으로 하며, 기업에서 이루어지는 것이 아니라 정규교육제도에 주로 국한되는 것으로 생각할 수 있다. 이에 비하여 훈련은 특정한 직무의 수행에 필요한 지식과 기술을 높이기 위하여 문제해결의 태도, 관행, 행동을 변경하는 것으로서 개별적·실제적·구체적인 입장에서 실제 직무수행에 있어서 부족한 점이나 개선할 점에서 출발하는 것으로 볼 수 있다. 이 두 개념은 구분할 것이 아니라 상호보완적 관계에 있다고 보고 실시하는 것이 좋다.

| 표 4-11 | 교육훈련의 목적

직접목적(1차적 목적)	직접목적(2차적 목적)	간접목적(궁극적 목적)
- 지식 향상 - 기능 향상 - 태도 개선	- 능률 향상 - 인재 육성 - 인성 함양 - 생활 향상	- 기업의 유지발전 - 기업의 목적과 개인의 목적 통합

자료: 이정실, 외식기업경영론, 기문사, 2007. p.277.

1) 교육훈련의 전개과정

교육훈련은 아무 때나 하는 것이 아니라 다음과 같은 전개과정을 거친 후 경영자가 필요하다고 생각하게 되면 실시해야 한다.

(1) 교육훈련의 필요성 분석

교육훈련 실시를 위한 필요성 분석은 외식기업의 목표를 달성하기 위해 요구되는 직무수행 능력과 태도, 그리고 이를 달성하기 위해 현재 외식기업의 종사원이 지닌 능력과 태도가 기업이 지향하는 목표를 달성할 수 없다고 판단될 때 필요한 것이다.

일반적으로 교육훈련이 요구되는 시점은 기업의 시장점유율 저하, 상품의 불량률 증가, 종사원의 이직률 증가, 중요한 환경의 변화, 새로운 직무의 출현, 종업원의 사기 저하, 나태한 조직문화 등과 같은 현상을 경험할 때 주로 실시한다. 예를 들어 현재 경영하고 있는 점포의 매출이 지속적으로 하락하는데 하락의 이유가 조리능력이라고 한다면 경영자는 조리능력을 키울 수 있는 교육훈련을 실시할 필요가 있을 것이다. 이렇듯 교육훈련은 필요성 분석이 신중히 이루어져야 교육훈련 프로그램 자체가 목표했던 것들을 달성할 수 있을 것이다.

(2) 교육훈련의 목표설정

교육훈련의 필요성에 대한 분석은 목적에 따라 달라질 수 있으나 본질적으로 종사원의 능력개발과 의욕개발을 중심으로 이루어져야 한다. 그 이유는 종사원이 직무수행을 통해 창출하는 성과는 바로 종사원의 능력과 의욕에 따라 좌우되기 때문이다. 다시 말해서 교육훈련의 궁극적인 목적이라고 할 수 있는 개인의 성과지향은 종사원의 의욕과 능력이 향상될 때 가능하다는 것이다. 하지만 이와 더불어 기업 전체의 목표달성이 병행되어야 한다.

일반적으로 교육훈련의 목표는 조직차원에서 측정한 결과로서 매출액 향상의 목표와 원가절감 및 생산성 향상 등의 영업목표, 교육훈련 후 훈련 대상자에게 기대되는 지식이나 기술, 태도변화의 정도와 관련된 학습목표, 개인의 자신감과 개인의 이미지 향상 및 자기실현을 의미하는 개인성장목표 등이 있다.

(3) 교육훈련 프로그램의 설계 및 방법

첫째, 교육훈련 프로그램의 설계는 궁극적으로 교육훈련의 실용성과 유효성 증대를 위해 실시되어야 한다. 이를 위해 경영자의 강력한 지원이 요청되어야 하며 교육훈련의 성과를 고려해야 한다.

둘째, 교육훈련이 해당 기업의 필요성에 의해 설정되어야 하며 교육훈련의 대상자 및 담당자, 장소, 내용에 따라 기업의 실정에 맞도록 유기적으로 편성되어야 한다.

이러한 교육훈련의 종류는 대상자에 따라 신입사원 교육, 직원교육, 관리자 교육으로 나눌 수 있으며 장소에 따라서 현장 교육훈련, 직장 외 교육훈련, 온라인 교육훈련 등으로 구분할 수 있다.

① 현장 교육훈련(On the Job Training)

흔히 OJT(On the Job Training)라 부르며 일하는 과정에서 직무에 관한 지식과 기술을 습득하는 교육훈련을 의미한다. 즉 해당 직무의 상사나 선배, 동료 등 작업집단 구성원으로부터 직무수행에 필요한 기능이나 지식에 대하여 교육훈련을 받는 방법으로 개인에게 가장 적절한 지도를 받을 수 있으며 단기간에 배울 수 있다는 장점이 있으나 직무를 교육훈련하는 선배나 상사 등의 능력에 따라 성과가 다를 수 있으며 다수의 종사원을 동시에 교육훈련하기에는 적절치 않다는 단점도 있다.

② 직장 외 교육훈련(Off the Job Training)

직장 외 교육훈련은 전문가에 의한 교육훈련으로 종사원을 직무로부터 분리시켜 일정기간 교육에만 전념할 수 있도록 교육훈련 전문가에게 교육을 받는 형태를 의미한다.

교육훈련 전문가에게 직접 교육을 받음과 동시에 직무에서 벗어나 교육훈련에만 몰두함으로써 교육효과를 높일 수 있으며 동시에 다수의 종사원 교육훈련이 가능하다. 하지만 현실적인 직무와 거리가 있는 교육훈련이 이루어질 가능성이 있으며 비용이 많이 들고 개별적인 교육훈련이 어렵다.

③ 온라인 교육훈련(On Line Training)

온라인 교육훈련은 인터넷을 통해서 강의가 이루어지는 것을 말한다. 이 교육방법은 시간적·공간적 제약이 없어 언제든지 교육이 가능한 교육훈련이라는 장점이 있으나 형식적으로 교육훈련할 수 있다는 단점도 지니고 있다.

④ 신입사원 교육훈련(Orientation Training)

신입사원에게 기업의 소속감을 높이고 기업의 본질, 문화, 특성을 이해시키며 이에 적응시킴으로써 기업의 구성원으로서 바람직한 행동과 태도 등을 습득시키기 위한 교육훈련이다. 즉 신입사원 개개인의 능력과 태도 등을 외식기업의 목적달성을 위한 방향으로 다듬어가는 과정이라고 할 수 있다.

⑷ 교육훈련 평가

교육훈련은 피교육자의 직위와 직종에 따라 다르며, 또한 직장교육과 직장 외 교육, 사내교육과 사외교육 등에 따라서도 그 방법이 다르다. 따라서 본 단계는 교육훈련이 끝나면 그 성과 여부를 알아보기 위해 시행하는 단계로 종합적인 인적자원관리 시스템과의 연계성은 물론 교육훈련의 모든 영역에서 이루어지도록 해야 한다. 예를 들어 장기적인 경영계획과의 관련성이나 교육훈련방법의 적합성과 좋은 효과를 얻기 위한 개선책, 교육훈련의 결과로서 업적향상의 유무와 인사고과반영 문제 등이다.

2. 인사고과(Performance Appraisal)

인사고과는 일반적으로 직무수행평가, 성과평가, 업무평가, 근무평정(근무성적 평정) 등과 동일한 용어로 쓰이며 종사원이 기업의 목적 달성에 얼마나 기여하고 있는지 혹은 기여할 수 있는지에 대한 기업의 평가활동을 의미한다. 즉 종사원의 가치를 객관적으로 정확히 측정하여 합리적인 인사관리의 기초를 부여함과 동시에 직원의 노동능률을 형성하는 데 목적이 있으며, 승진이나 배치전환, 급여, 해직, 채용순위 및 복직순위 등에 사용된다.

인사고과는 종사원이 기업의 목적달성에 얼마나 기여하고 있는지에 대한 평가인 '성과고과'와 종사원이 기업의 목적달성에 얼마나 기여할 수 있는지에 대한 평가인 '능력고과'로 구분될 수 있다. 성과고과는 이미 발휘된 업적을 평가한다는 의미에서 업적고과 혹은 발휘업적고과라고도 불리며 능력고과는 종사원이 보유·발휘할 수 있는 잠재적 업적을 평가한다는 의미에서 보유업적고과라고 한다.

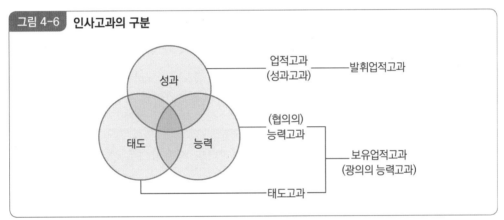

그림 4-6 **인사고과의 구분**

자료: 이수광, 이재섭, 서비스산업의 인적자원관리, 대왕사, 2003. p.319.

1) 인사고과의 목적

인사고과는 종사원의 가치를 객관적으로 정확히 측정하여 인적자원관리상의 문제해결에 필요한 기초자료를 마련함과 동시에 종사원의 자질향상과 동기유발을 하는 데 목적이 있다. 이를 체계적으로 요약해 보면 다음과 같다.

첫째, 인적자원을 확보할 수 있다.

충분한 기간에 축적·정리된 성과고과는 바람직한 종사원, 즉 성과를 창출하는 종사원에 대한 정보를 제공할 수 있다. 예를 들면 어떤 능력을 지닌 종사원은 높은 실적이나 성과를 나타내고 어떤 능력을 지닌 종사원은 근무태도가 좋다 등에 관한 정보를 알려줌으로써 바람직한 인적자원 확보가 가능해질 수 있다.

둘째, 인적자원을 개발·유지할 수 있다.

인사고과 중 능력고과는 외식기업의 목적달성을 위해 종사원에게 요구되는 능력 및 태도의 수준과 종사원이 현재 지니고 있는 능력 및 태도의 수준 차이를 알려줌으로써 적재적소에 배치, 직무이동, 교육훈련 등 인적자원의 개발·유지를 위한 중요한 기초자료가 될 수 있다.

셋째, 종사원에게 보상을 결정할 수 있다.

인사고과 중 성과고과의 본질적인 목적은 종사원이 기업의 목적달성에 기여한 정도를 평가하여 이에 대한 보상을 결정하는 기초로 삼는 것이다. 목적달성에 기여한 정도가 큰 종사원에게는 높은 임금과 승진 등의 보상을 제공하고 그렇지 못한 종사원에 대해서는 낮은 임금이나 징계 등을 결정하는 데 사용될 수 있다.

넷째, 인적자원을 방출할 수 있는 근거가 된다.

해당 기업에 종사하는 직원이 충분한 기간이 지나도 지속적으로 성과를 내지 못한다든지 성과창출을 위한 잠재적인 능력이나 태도를 갖추지 못했다면 기업으로서는 해당 종사원을 지속적으로 근무시켜야 할 이유가 없는 것이다. 따라서 성과창출을 내지 못할 종사원에 대해 미리 알려줌으로써 효율적인 인적자원방출의 기초자료가 될 수 있다.

2) 인사고과의 방법

인사고과의 구체적인 방법은 고과자와 활용되는 인사고과기법 등을 기준으로 다양하게 구분할 수 있다.

(1) 고과자(Rater)

고과자란 정해진 인사고과의 방법과 절차에 따라 고과대상자를 평가함으로써 인사고과를 수행하는 사람을 의미한다. 고과자는 인사고과에서 매우 중요한 의미를 지닌다.

왜냐하면 누가 고과자가 되는가에 따라 인사고과의 신뢰성, 수용성 등이 달라질 수 있기 때문이다.

인사고과의 신뢰성을 확보하기 위한 고과자 선정에서 가장 중요한 기준은 '고과대상자에 대한 충분한 정보를 갖고 있는가?'이다. 고과내용에 대한 정보를 충분히 갖지 못한 사람이 인사고과에 임한다면 인사고과의 신뢰성은 낮아질 수밖에 없기 때문이다. 대부분의 외식기업에서는 해당 부서의 책임자가 고과를 부여한 후 이를 인사부서에서 취합하여 고과를 부여하는 방식을 사용하고 있다. 고과자는 크게 내부 고과자와 외부 고과자로 구분할 수 있다.

(2) 인사고과의 시기와 빈도

일반적으로 우리나라 외식기업의 경우 1년에 한 번 실시하며 주로 연말에 실시하여 3월 이전에 종사원 본인이 알 수 있게 된다. 하지만 1년에 한 번 실시하는 인사고과의 방법이 바람직한 방법인가에 대해서는 의문의 여지가 있다. 즉 인사고과는 고과 목적에 따라 성과고과, 능력고과, 태도고과 등으로 구분되는데 이들 모두를 한 시점에서 동시에 평가하는 것이 적절하다고 할 수 없다는 것이다.

성과고과의 경우 1년 동안의 성과를 측정하기 때문에 1년 단위의 평가가 맞을 수 있으나 능력이나 태도는 종사원이 해당 직무를 수행하는 과정 중 언제든지 발휘될 수 있는 문제이기 때문에 기업의 환경에 맞도록 정기적인 평가와 병행하여 사용할 필요가 있을 것이다.

(3) 인사고과의 기법

인사고과기법은 기업의 규모, 업종, 업태, 관리수준, 사용목적, 고과자의 평가능력, 고과대상자의 직종 등을 고려하여 기업의 상황에 맞게 선정하는 것이 중요하며 대표적으로 활용되는 기법은 다음과 같이 서열법, 평정척도법, 체크리스트법, 강제선택법, 중요사건법, 목표관리법 등이 있다.

① 서열법(Ranking Method)

서열법은 고과대상자의 성과, 능력 및 태도 등 고과내용을 비교하여 상대적 순위를 부여하는 방법으로 다른 인사고과기법에 비해 간단하므로 실시하기 쉽고, 비용과 노력이 상대적으로 적게 소요되므로 양적 실용성의 측면에서 장점이 있다. 그러나 고과대상자에 대한 포괄적인 판단에 근거하므로 인사고과의 개별적인 목적에 맞는 구체적인 정보를 제공하는 데 한계가 있어 다른 집단과 비교할 수 있는 객관적 자료를 제시하기 어려우며, 집단의 인원수가 많을 경우 서열을 매기는 것이 매우 어려우므로 비교적 작은 규모의 집단에서만 사용이 가능하다. 또한 구체적인 서열의 기준이 제시되지 않아 종사원의 반발을 살 가능성이 있다.

이러한 단점을 보완하기 위해 발전된 형태의 방법으로는 단순서열법(Simple Ranking Method), 교대서열법(Alteration Ranking Method), 쌍대비교법(Paired Comparison Method) 등이 있다.

단순서열법은 평가자나 피평가자의 능력이나 업적을 전체적으로 비교하여 피평가자의 순서를 단순하게 결정하는 방법이다. 피평가자의 수가 적을 때는 직관적으로 서열을 정하기 쉽지만 많을 경우 서열을 정하는 것이 쉽지 않다.

교대서열법은 피평가자들 중에서 능력이나 성과가 가장 우수한 사람과 가장 저조한 사람을 정하고 나머지 다른 피평가자들 중에서 그 다음으로 우수한 사람과 그 다음으로 저조한 사람을 정하는 방식으로 순차적으로 서열을 정하는 방법이다.

쌍대비교법은 교대서열법보다 더 정교하게 피평가자를 2명씩 짝을 지어 비교한 결과를 토대로 전체 서열을 판정하는 방법이다.

예를 들어 〈표 4-12〉와 같이 A, B, C, D, E라는 5명의 직원을 평가할 경우 A-B, A-C, A-D, B-C, B-D 등 쌍으로 묶어 두 직원의 성과를 비교한 후 성과가 더 높은 사람에게 높은 점수를 부여하여 최종 점수를 각 개인별로 합산하는 방식을 말한다. 즉 아래 예시의 최종점수를 보면 A는 2점, B는 3점, C는 4점 등으로 나타나는데 여기서 높은 숫자를 가진 직무부터 서열을 결정하게 되어 1순위 직무는 C, 2순위 직무는 B의 순서로 결정된다.

| 표 4-12 | 쌍대비교법 예시

대상자	A	B	C	D	E	최종점수
A	-	B	C	A	A	2
B	B	-	C	B	B	3
C	C	C	-	C	C	4
D	A	B	C	-	D	1
E	A	B	C	D	-	0

② 평정척도법(Rating Scale Method)

서열법 중 대인비교법과 비슷한 방법이지만 대인비교법이 서열을 매기는 반면 평정척도법은 사전적 기준에 근거하여 등급을 매긴다. 즉 고과대상자의 성과, 능력, 태도 등 구체적인 고과내용에 따라 고과요소를 선정하고 사전적으로 고과요소별로 등급화된 기준에 따라 피고과자를 평가하는 방법이다.

평정척도법은 고과목적에 따른 고과요소의 개발로 인사고과의 타당성을 확보할 수 있으며 고과결과의 계량화와 보상의 결정 등 의미 있는 활용이 가능하고 사전적 기준에 따른 등급화로 실시가 간편한 장점이 있으나 고과요소와 등급의 개발 등 고과기준을 개발하는 데 많은 비용과 시간이 소요되며 고과자의 의도적인 왜곡을 막을 수 있는 방법이 없다는 단점이 있다.

| 표 4-13 | 평정척도법 예시

요소 \ 등급	1등급	2등급	3등급	4등급	5등급
조리능력	매우 뛰어남	뛰어남	보통	떨어짐	매우 떨어짐
대인관계 친화력	모두 환영함	모두 만족함	보통	모두 불만	모두 기피
---	---	---	---	---	---
메뉴 개발능력	매우 뛰어남	뛰어남	요구수준 충족	떨어짐	매우 떨어짐

③ 체크리스트법(Checklist Method)

체크리스트법은 성과, 능력, 태도 등 구체적인 고과내용과 관련된 표준행동(Standard Behavior)을 제시하고 표준행동을 이행했는지의 여부 및 어느 수준으로 이행했는지를 평가하는 방법이다. 이 방법은 기업의 목적에 부합하는 바람직한 표준행동의 개발로 종사원의 전략적 통합과 피드백을 통한 성과 · 능력 등의 개선효과를 기대할 수 있고, 고과목적에 따른 표준행동의 개발과 가중치의 부여로 고과의 타당성을 확보할 수 있으며 신뢰성이 확보될 수 있다. 그러나 표준행동 및 가중치와 체크리스트 개발에 많은 비용과 시간, 노력이 소요되어 낮은 실용성을 지니는 한계가 있다.

| 표 4-14 | 체크리스트법 예시

평가	표준행동	가중치
1 2 3 4 5	메뉴에 있는 품목을 모두 조리할 수 있다	+5
1 2 3 4 5	재료 품절 시 대처능력이 뛰어나다	+8
1 2 3 4 5	---	---
1 2 3 4 5	동료와의 관계에서 감정 기복이 심하다	-5

④ 강제선택법(Forced Choice Description)

고과자로 하여금 동일한 고과내용에 대한 상반된 서술문 중 고과대상자에 해당하는 문항 중 반드시 하나를 선택하게 하거나 고과내용에 대한 복수의 서술문 중 하나를 강제로 선택하게 하는 방법을 통해 고과대상자를 평가하는 방법으로 평가지에 있는 점수와 가중치는 고과자가 알 수 없도록 제시한다. 이 방법은 목적에 맞는 서술문의 개발과 가중치의 부여를 통해 높은 수준의 타당성을 확보할 수 있고 적절한 서술문은 종사원의 바람직한 행동 및 능력, 태도를 개발하게 하여 전략적 통합에 기여할 수 있으나 서술문 및 가중치 개발 등 강제선택법의 실행을 위한 준비에 많은 비용과 시간이 든다는 단점이 있다.

| 표 4-15 | 강제선택법 예시

문장	고객 대상자 선택	점수	가중치
메뉴를 조리하는 데 전혀 문제가 없다	V	+5	3
메뉴를 조리하는 데 어느 정도 문제가 있다		-2	5
재료를 절감하려는 노력을 보인다	V	+3	2
출퇴근 시간을 정확히 잘 지킨다		+2	2
---		---	
---		---	
동료들과의 관계에 매우 노력을 한다	V	+2	1
새로운 메뉴개발을 위한 노력을 하지 않는다		-3	2

⑤ 중요사건법(Critical Incident Method)

일상적인 직무수행과정에서 기업의 목적달성에 중요한 영향을 미치는 종사원의 행동, 능력 및 태도를 기록하였다가 고과 시점에서 이를 평가하는 방법으로 비교적 적은 비용이나 노력이 요구되고 기록된 사건의 신뢰성이 높으며 사건 자체에 대한 종사원의 수용성이 높다는 장점이 있다. 그러나 개별적인 고과목적에 적합한 사건 혹은 사건에 관한 기록이 없거나 충분치 않아 타당성에 제약이 있을 수 있으며 개별적·독립적인 사건에 치중하므로 전략적 통합에는 한계가 있을 수 있다.

⑥ 목표관리법(Management By Objective)

목표관리법(MBO)은 피터 드러커(P. Drucker)에 의해 개발되었으며 스스로 목표를 세우고 이를 달성하려고 노력할 때보다 높은 수준의 성과를 창출할 수 있다는 전제에서 부하직원으로 하여금 스스로 목표를 세우게 하는 경영관리기법의 하나이다. 실시방법은 종사원(고과대상자)에게 스스로 다음 직무수행기간 동안 직무수행을 통해 달성할 수 있는 성과목표를 계획하게 하고 상사와의 협의를 통해 목표를 확정한다. 이후 종사원은 스스로 세운 목표를 달성하기 위해 노력하고, 그 달성 정도를 1차적으로 평가하며, 이를 고과자에게 보고하여 최종적인 평가가 이루어지게 하는 것이다.

이 방법은 성과고과를 측정할 때 유용하고 분명한 목표의 설정과 이익 평가로 신뢰성이 제고되며 고과자와 고과대상자의 협의를 기반으로 한 목표설정과 평가로 수용성이 증대될 수 있으나, 고과자와 고과대상자의 담합(Collusion)이 있을 수 있으며 성과에 한정된 고과의 한계가 있을 수 있다.

3) 인사고과의 신뢰성을 저해할 수 있는 요인

인사고과 과정에서 고과자의 지각상 오류가 발생될 수 있으며 이는 고과대상자의 신뢰성과 수용성에 영향을 미칠 수 있다. 이러한 오류의 유형에는 연공 오류, 시간적 오류, 고정관념 오류, 후광효과 오류, 대비효과 오류, 상동적 오류, 관대화 오류, 중심화 오류 등이 있다.

(1) 연공 오류(Seniority Error)

종사원의 직무수행과는 관계없이 연공, 즉 근속연수나 나이 등으로 평가하는 오류로 예를 들면 나이가 많고 근속연수가 많으면 해당 직무를 잘 수행했을 것이라 판단하여 고과를 부여하는 경우를 말한다.

(2) 시간적 오류(Recent Error)

시간적 오류는 평가기간 동안의 모든 정보를 바탕으로 평가하기보다는 평가 시점에 가까운 최근 정보만을 대상으로 평가함에 따라 발생되는 오류를 말하는데 예를 들면 동일한 판매실적을 지닌 종사원은 업적고과의 점수가 동일해야 함에도 불구하고 고과 평가 시점에 판매실적이 좋은 종사원을 상대적으로 높게 평가하는 경우를 말한다.

(3) 고정관념 오류(Stereotype Error)

고과자의 특정한 가치관 등에 기인한 선입견으로 고과대상자의 평가가 왜곡되는 오류를 말하는데 예를 들면 평소 술과 담배를 좋아하는 사람들에 대한 인식이 좋지 않은 고과자는 술과 담배를 좋아하는 고과대상자를 부정적으로 평가할 수 있다.

(4) 후광효과 오류(Halo Effect)

후광효과 오류는 개인이 가진 능력이나 지능, 용모 또는 사회관계 능력 같은 특성들 중 하나에 기초하여 그 사람 전체에 대한 일반적 인상을 형성하는 것을 말한다. 즉 고과자의 심리적 현상에서 오는 오류로 고과자가 고과대상자의 하나의 특성에 근거해서 나머지 다른 모든 특성을 평가하는 오류이다. 예를 들면 특정 대상자의 인상이 좋다는 이유로 대인관계 부분에서도 좋은 평가를 할 수 있다.

(5) 대비효과 오류(Contrast Error)

대비효과 오류란 평가를 함에 있어 고과대상자 자체만을 평가해야 함에도 불구하고 비교가 되는 다른 사람과 대조하여 평가함으로써 발생하는 오류를 말한다.

예를 들면 요리를 매우 잘하는 주방장을 평가하는데 해당 주방장의 동료와 비교하여 평가하는 경우, 만일 비교 대상인 동료 주방장이 더욱 잘하는 요리사일 경우 해당 고과자는 낮은 평가를 받을 수 있다.

(6) 상동적 오류(Similar to Me Error)

고과대상자의 특성에 기초하기보다는 고과대상자가 속해 있는 집단의 특성에 기초해 판단하는 오류를 말한다. 예를 들면 고과자와 동일한 지역의 사람이거나 동일한 학교를 나왔을 경우 높거나 낮은 평가를 할 수 있는 오류를 말한다.

(7) 관대화 오류(Leniency Error)

관대화 경향이란 타인을 다소 긍정적으로 평가하려는 경향을 말하는데 이러한 경향은 고과대상자로부터 비난을 피하려는 심리에서 비롯된다.

(8) 중심화 오류(Central Error)

중심화 오류란 고과대상자를 평가할 때 긍정과 부정의 양극단을 피하고 중간 점수를 주는 경향으로 이러한 경향은 정보가 부족할 때 또는 고과대상자로부터 비난을 줄이기 위해 나타나는 오류이다.

3. 인사이동

1) 인사이동의 목적

외식기업의 환경은 기술의 발달과 소비자 욕구의 변화 등으로 인하여 빠르게 변화되고 있다. 급격한 환경변화에서 외식기업이 존속, 유지, 발전하기 위해서는 환경변화에 능동적이고 창조적으로 적응해야 하며 이에 따라 직무도 변화되고 직무가 최적합 상태로 유지될 수 있도록 종사원들에 대한 계획적, 조직적 조정이 불가피하다. 이러한 조정을 인사이동이라고 할 수 있다. 인사이동의 목적을 보면 다음과 같다.

첫째, 적재적소의 배치이다.

종사원의 능력과 경험을 고려하지 않은 인사이동은 종사원의 근로의욕을 감소시킬 수 있으므로 종사원이 보유한 능력을 최대한 발휘할 수 있는 곳에 배치한다.

둘째, 환경변화에 적응하기 위한 것이다.

기업의 대내외적 변화에 창조적으로 적응하기 위해서 조직을 변화시키거나 보다 효율적으로 기업목적을 달성하기 위해서 합리적이고 일관성 있는 정책을 수립하기 위한 것이다.

셋째, 종사원의 사기향상을 위한 것이다.

인사이동은 내부 인적자원의 보충과 조달을 통하여 조직구성원의 근로의욕과 노력을 유발시키고 권태감에 빠지지 않도록 사기를 고양시키는 데 있다.

넷째, 인재의 육성을 위한 것이다.

종사원들의 경력개발을 위한 직무순환을 실시함으로써 종사원들의 다기능 다역화가 가능해지고 기업의 대내외부 환경변화에 대처하기 위한 신속하고 유연한 능력을 체험하게 함으로써 새로운 직무나 보다 책임성 있는 직위로 이동할 수 있는 경영자로서의 자질을 기를 수 있다.

다섯째, 경쟁의 유발과 동기유발을 위한 것이다.

동일직무의 정착화를 배제하여 능력정체 내지 퇴보현상이 일어나지 않도록 상호경쟁심을 진작시키고 종사원의 신상필벌을 위한 승진과 강등 등을 실현하는 데 있다.

2) 인사이동의 주요 유형

(1) 전환배치(Transfer)

전환배치는 기업 내의 한 직무로부터 동일수준 또는 다른 수준의 직무로 옮기는 것을 말한다. 이때 직무의 내용과 각 직무 간의 공통성·연관성을 고려하여 당사자에 대한 납득 및 이해 혹은 주위의 사람에 대한 영향을 충분히 고려하여 실시해야 한다. 전환배치를 실시할 경우 적재적소의 원칙을 준수하고 균형주의 원칙, 인재육성주의 원칙을 반드시 준수해야 한다.

전환배치의 유형에는 수요와 공급의 조절을 위한 전환배치가 있으며 종사원의 동기부여를 목적으로 계획된 순서에 따라 다양한 직무를 순환적으로 담당하게 하는 직무순환배치, 교대근무제를 실시하는 직무의 경우 종사원 간 근무시간을 전환하는 교대근무 전환배치가 있다.

(2) 승진(Promotion)

승진은 종사원이 보다 유리한 직무로 이동하는 것을 말하며 승진으로 인한 권한과 책임의 영역이 커지며 그에 따른 임금상승효과도 수반된다.

합리적인 승진은 종사원의 능률과 사기를 진작시키고 잠재적 종사원들에게 조직에 참여하고자 하는 동기부여를 제공하므로 적재적소, 업적, 인재의 육성, 동기부여의 기회 제공 등 기본원칙에 따라 실시해야 한다.

승진한 종사원은 성장욕구를 충족할 수 있으며 기업으로부터 인정받는다고 인식하여 인정감과 안정감이 증대된다. 기업의 입장에서는 종사원의 만족감을 기반으로 기업은 성과 향상이라는 경제적 효율성을 기대할 수 있으며, 인적자원의 효율적 확보와 운영이 가능하다.

(3) 강등(Down Grading)

강등은 승진과는 반대되는 개념으로 종사원의 권한 및 의무, 임금이 축소되며 현재의 직무보다 좋지 않은 조건의 직무로 옮기는 것을 말한다. 강등은 해당 종사원에게 지나친 사기저하를 일으킬 수 있으며 인격적인 모욕으로 받아들여질 수 있으나 다른 한편으로는 능력계발의 기회를 갖게 하고 다른 종사원에게 직무수행과 관련된 긴장감을 부여함으로써 성과를 자극할 수 있다는 장점도 있다.

5 인적자원의 유지관리

1. 임금관리

임금이란 종사원의 정상적인 노동력 제공에 대한 직접적인 대가로 기업이 지급하는 경제적 보상의 한 형태라고 정의할 수 있다. 효과적인 임금관리는 우수한 인재를 확보하고 육성하는 데 중요한 역할을 한다. 따라서 합리적인 임금수준을 결정하기 위해서는 여러 측면에서의 신중한 고려가 요구된다.

외식기업의 입장에서 임금수준은 기업의 경쟁력, 특히 가격경쟁력을 좌우하는 중요한 비용요인임과 동시에 종사원들에게 동기를 부여하여 기업의 목적달성에 공헌하게 하는 성과창출요인이 되기도 한다.

한편 종사원의 입장에서 임금수준은 생계의 원천이다. 사회적으로는 건전한 사회의 유지 및 발전을 위한 토대가 되기에 신중히 고려되어야 한다.

일반적으로 임금수준은 노동수요자인 외식기업의 지불능력과 노동력을 공급하는 종사원의 생계 및 노동시장에서의 사회적 균형을 고려하여 결정된다. 이때 외식기업의 지불능력은 임금수준의 상한선이 되고 종사원의 생계비는 하한선이 된다.

1) 임금체계

외식기업이 임금을 통하여 종사원들에게 적절한 보상을 제공하고 성과창출 및 동기부여를 시키기 위해서는 반드시 임금에 대한 지급이 공정하다는 것을 인지시켜야 한다. 또한 경쟁기업과의 비교에서는 물론 기업 내 다른 종사원들과의 비교에서도 공정해야 임금의 공정성이 확보될 수 있다. 하지만 이러한 공정성이 확보되지 않는다면 기업은 임금을 통하여 추구하는 목적을 달성하기 어렵다.

예를 들어 아무리 높은 임금을 지급한다고 해도 다른 종사원과 비교했을 때 자신이 불공정하게 임금을 지급받았다고 지각하면 해당 종사원은 근무의욕 및 사기 하락으로 근무에 대한 몰입도 및 직무만족도가 떨어져 결국 기업이 달성하고자 하는 목적을 이루기 어렵다는 것이다. 따라서 기업은 종사원들이 임금에 대하여 공정하다고 인식할 수 있도록 노력하고 합리적인 임금관리를 위해 여러 임금체계를 복합적으로 활용하거나 수당과 같은 부분을 활용할 필요가 있다.

2) 수당

수당이란 종사원이 정규노동 이외의 노동력을 제공한 경우 또는 종사원의 생활을 보장하기 위해 기업이 자발적으로 지급하는 직접보상의 한 형태이다. 특히 외식기업은 이직률이 높아 각 기업마다 이직을 막고 우수한 인재를 확보하기 위해 보상에 많은 노력을 기울이고 있다.

기업이 수당을 지급하는 주된 이유는 임금의 공정성을 보완하고 보상의 안정성을 향상시키며, 임금관리의 유연성을 향상시키기 위해서이다.

수당은 지급하는 회사마다 명칭도 다르고 급여 포함여부도 다르지만 일반적으로 기준 내 수당과 기준 외 수당으로 구분된다.

기준 내 수당은 법적 구속력을 갖지 않는 임의수당, 즉 비법정수당으로 임금의 공정성, 안정성, 유연성을 향상시켜 종사원 생활을 보호할 목적으로 실시되는데 이러한 예로는 직무수당, 장려수당(모범근속수당, 정근수당 등) 및 생활보조 수당이 등이 있다. 한편 정규노동 이외의 노동력을 제공한 대가로 지급되는 기준 외 수당은 법적 구속력을 지니는 강제수당, 즉 법정수당이 된다.

대표적인 법적수당으로는 해고예고수당, 휴업수당, 주휴수당, 시간외 근무수당(연장근무수당, 휴일근무수당, 야간근무수당 등) 등이 있다.

법정수당은 5인 이상의 모든 사업장에 적용되며 사업주가 법정수당 미지급 시 임금체불로 인해 형사처벌이 가능하니 주의해야 한다. 법정수당의 구체적인 내용은 다음과 같다.

(1) 해고예고수당

근로기준법에 의해 기업은 근로자를 해고(경영상 이유에 의한 해고 포함)하려면 최소 30일 전 예고를 해야 하는데 그렇지 못한 경우 30일분 이상의 통상임금(해고예고수당)을 지급해야 한다. 단, 일용근로자로 3개월을 계속 근무하지 아니한 사람, 2개월 이내의 기간을 정하여 사용된 사람, 계절적 업무에 6개월 이내의 기간을 정해 사용된 사람, 수습 중인 근로자 등은 예외이다.

(2) 휴업수당

휴업수당은 기업(사용자)의 귀책사유로 인해 임금을 받지 못하면 근로자의 생활이 위협받을 수 있기에 근로자의 최저생활을 보장하려는 취지에서 시행되며 이런 경우 사용자는 휴업기간 동안 해당 근로자에게 평균 임금의 100분의 70 이상의 수당을 지급해야 한다. 다만, 평균임금의 100분의 70에 해당하는 금액이 통상임금을 초과하는 경우에는 휴업수당으로 지급할 수 있으며 부득이한 사유로 인하여 사업계속이 불가능하여 노동위원회 승인을 얻은 경우에는 그 범위 이하의 휴업지불을 할 수 있다.

(3) 주휴수당

기업(사용자)은 근로계약서에 규정된 1주 동안의 근로일수를 모두 채운 근로자에게 유급주휴일을 부여한다. 즉 1일분의 임금을 지급받을 수 있는데 월급 근로자의 경우 월급에 포함하여 지급하고 일용 근로자의 경우 별도 계산하여 지급한다.

주휴수당은 '1일 근로시간×시급'으로 계산하는데 예를 들어 근로자가 계약에 따라 하루 6시간씩 주 5일을 모두 근무했다면 사용자는 근로자가 하루를 쉬더라도 하루분 급여 (6시간×시급)를 별도 산정하여 추가로 지급해야 한다. 단, 퇴직할 때의 마지막 주는 만근과 상관없이 주휴수당으로 인정하지 않는다.

(4) 시간외 근무수당

시간외 근무수당은 연장근무, 휴일근무, 야간근무 등에 대해 발생하는 수당을 말하며 지급기준은 다음과 같다.

항목	내용	비용
연장근무수당	일소정근무시간 이상 근무 시 지급	• 5인 이상 사업장 - 통상시급×1.5×연장근무 시간 • 5인 미만 사업장 - 통상시급×1×연장근무 시간
휴일근무수당	의무적인 근무시간이 아닌 휴일 근무 시 지급	• 5인 이상 사업장 - 통상시급×1.5×휴일근무 시간 • 5인 미만 사업장 - 통상시급×1×휴일근무 시간
야간근무수당	22시~익일 06시 사이에 발생한 근무에 지급	• 5인 이상 사업장 - 통상시급×1.5×야간근무 시간 단, 야간근무와 연장근무를 동시 실시 시 - 통상시급×2×야간근무 시간 • 5인 미만 사업장 - 통상시급×1×야근근무 시간

※ 일소정근무시간: 근로계약에 따라 정해진 1일 근로시간
※ 통상시급: 기본급(총 월급여에서 비과세금액이 제외된 금액)을 209시간으로 나눈 값

2. 복리후생

복리후생은 일반적으로 임금이나 근로조건과 무관하게 종사원에게 편익(Benefit)을 제공하기 위하여 기업이 추가로 제공하는 보상으로 정의한다.

복리후생은 임금이나 수당과는 달리 종사원의 노동력 제공과 직접적인 관계없이 모든 종사원의 경제적 안정과 생활의 질을 향상시키기 위해 지급되는 일종의 간접보상 형태이다. 기업들이 다양한 복리후생을 실시하는 목적은 첫째, 종사원의 사기를 높이고 정신적·육체적 성과창출능력을 제고하여 높은 수준의 성과를 달성하기 위함이고 둘째, 종사원들의 사회적·인간관계적 욕구 충족을 돕는 것이며 셋째, 좋은 복리후생을 제공하여 노동시장에서 보다 유리하게 신규인력을 확보하기 위함이다.

일반적으로 복리후생 프로그램은 법적인 강제성을 기준으로 하여 법정복리후생과 법정 외 복리후생(자율복리후생)으로 구분할 수 있다. 법정복리후생은 국가가 사회적약자인 종사원을 보호하고 국가기능의 일부분인 사회복지 일부를 기업에 분담시키기 위하여 법률로 강제하는 복리후생으로 우리나라는 1995년 7월 고용보험이 실시됨에 따라 국민연금, 건강보험, 산재보험과 함께 4대 사회보험체제가 구축되면서 퇴직금제도, 유급휴가제도와 함께 법정복리후생으로 정착되었다.

이와는 다르게 법정 외 복리후생은 기업이 자율적으로 제공하는 복리후생으로 급식 제공이나 통근버스 제공, 주택지원, 의료검사지원, 운동 및 여가생활을 위한 지원 등 다양한 종류의 복지를 종사원에게 제공하기도 한다.

일부 기업의 경우 카페테리아에서 자신이 원하는 음식을 선택하듯 기업이 제공하는 복리후생 항목 중 일정 금액 한도 내에서 종사원 자신이 필요로 하는 복리후생 항목을 선택하게 하는 선택적 복리후생제도(카페테리아식 복리후생제도: Cafeteria Benefit Plans)를 운영하기도 한다.

CHAPTER

5

외식산업의 메뉴관리

5

Chapter

외식산업의 메뉴관리

1

메뉴의 개념

1. 메뉴의 정의 및 유래

메뉴의 어원은 라틴어로 'Minutus'에서 유래하여 'Minute', 영어의 Small, 즉 Small List
에 해당하는 말로 '상세히 기록한다'라는 의미를 나타낸다. 그러므로 메뉴는 '작고 자세
한 목록'이라고 할 수 있으며 흔히 사용되는 메뉴라는 용어는 식단목록표라는 말로 고
객에게 식사로 제공되는 요리의 품목이나 명칭, 가격 등을 체계적으로 알기 쉽게 설명
해 놓은 상세한 목록을 말한다.

영국에서는 메뉴의 또 다른 표현으로 'Bill of Fare'라고도 하는데 'Bill'이란 상품목록을

의미하고 'Fare'는 음식을 의미하는 말로 음식의 상품목록이라고 부른다.

웹스터사전(Webster Dictionary)에 의하면 메뉴란 "Detailed list of the foods served at a meal" 즉, 식사로 제공되는 음식의 상세한 목록이라고 설명하고 있다.

메뉴의 유래는 정확하지는 않으나 1514년 프랑스의 브룬스윅 공작(Duke Henry of Brunswick)이 연회행사 시 여러 가지 음식을 제공할 때 순서가 틀리거나 하는 번거로움과 불편함을 해소하기 위해 음식에 관한 내용과 순서를 메모하여 식탁 위에 놓고 그 순서대로 요리를 제공하기 시작한 데서 비롯되었다고 전해진다. 그 이후부터 19세기에 이르러 파리 레스토랑의 집단발생지에서 사용되기 시작하면서부터 일반화되어 오늘날 일반대중에게 제공할 수 있는 요리의 명칭을 기록한 목록표가 되었다.

그러나 메뉴에 대한 개념은 관리자의 관점이나 시대에 따라 변화되어 왔으며 차림표라는 단순한 정의와는 달리 현재는 마케팅과 관리의 개념이 가미되어 강력한 마케팅과 내부통제의 도구로 정의되고 있다.

2. 메뉴의 중요성

메뉴는 외식기업의 경영자와 수요자인 고객을 연결해 주는 역할을 수행할 뿐 아니라 이윤의 창출 및 고객의 욕구를 충족시켜 줄 수 있는 마케팅 도구이다. 또한 메뉴의 내용에 따라 식자재의 구매나 저장, 재고관리, 음식의 조리, 서비스나 작업계획 등 여러 가지 형태의 메뉴관리 내용이 결정되고 결과적으로 식음료 원가에 큰 영향을 미치게 된다. 즉 메뉴는 구매, 식재료관리, 시설 및 장비의 배치, 공간의 배분, 원가관리, 최종수익에 이르기까지 모든 분야에 영향을 미친다고 할 수 있다. 따라서 메뉴는 다음과 같은 중요성을 지니고 있다.

1) 최초의 판매수단

메뉴는 고객과 커뮤니케이션하게 되는 최초의 판매도구로서 매우 중요한 판매수단이 된다. 즉 고객이 레스토랑을 방문하여 처음으로 접하게 되는 주요 상품이 바로 메뉴라는 것이다. 이러한 메뉴는 고객에게 무언(無言)의 메시지를 전달하게 되고 고객은 이에 따라 행동하게 된다. 따라서 메뉴는 고객이 상호 커뮤니케이션을 하게 되는 최초의 판매도구라고 할 수 있다.

2) 마케팅도구

마케팅이란 개인이나 조직의 목표를 충족할 수 있는 교환을 창조하기 위해 제품이나 서비스, 가격, 촉진, 유통 등을 계획하고 수행하는 과정을 의미하는데 이러한 관점에서 본다면 메뉴는 레스토랑 경영의 모든 활동을 메뉴와 함께 시작한다고 할 수 있다. 즉 외부적으로는 고객에게 음식이나 서비스, 가치, 가격 등을 전달하고 내부적으로는 레스토랑의 콘셉트(Concept)나 상품, 시설, 설비 등을 통제하고 관리하는 역할을 하게 된다. 이처럼 메뉴는 단순히 품목과 가격을 기록한 것이 아니라 고객과 레스토랑을 연결해 주는 마케팅 도구로서의 역할을 수행하고 있다.

3) 고객과의 약속

레스토랑의 상품은 고객이 직접 눈으로 모든 것을 확인하고 음식을 구매하기가 어렵다. 이러한 어려움을 해결해 줄 수 있는 도구가 바로 메뉴이다. 즉 고객은 메뉴를 통하여 자신이 구매하고자 하는 가치를 확인하고 주문하게 된다. 또한 메뉴는 레스토랑에서 판매하는 상품에 대하여 고객에게 그 가치를 보장한다는 고객과의 중요한 약속의 매개수단이기도 하다.

4) 내부통제수단

메뉴는 레스토랑의 식재료 구매 및 저장·재고 등의 식재료 관리는 물론 가격정책 및 원가관리와 관련이 있어 레스토랑의 내부통제 수단으로 활용되는 도구가 된다. 즉 고객에게는 레스토랑의 이미지를 전달하고 내부적으로는 주방부서와 서비스부문의 생산, 시설, 구매, 마케팅 시스템 등이 효율적으로 운영될 수 있는 내부통제수단이 된다.

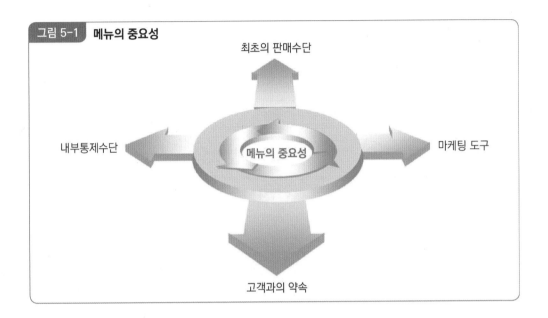

3. 메뉴의 역할

메뉴의 기본적인 역할은 외부적으로는 판매 가능한 음식이나 가치, 가격을 고객에게 전달하고 내부적으로는 생산, 판매하는 상품이 무엇인가를 직원들에게 공유하는 것이다.

메뉴의 주된 역할을 보면 레스토랑을 창업 또는 경영 시 처음 시장조사를 시작해서 콘셉트(Concept)나 테마를 결정한 후 메뉴를 결정하게 되는데, 이때 메뉴에 따라서 레스토랑의 경영방식이나 운영형태가 달라질 수 있다. 즉 메뉴에 의해서 다른 것들이 모두 영향을 받는다는 것이다. 따라서 메뉴는 레스토랑 경영의 상징적인 사명을 가지고 있을 뿐 아니라 무언의 판매자로서 가장 중요한 판매수단이 되며, 레스토랑의 개성과 분위기를 창출할 수 있고, 서비스의 형식인 주방규모, 식자재 재고량, 제공할 음식의 종류, 기술수준 및 직원수, 주방설비 등 레스토랑의 운영형태를 결정하는 매우 중요한 역할을 한다.

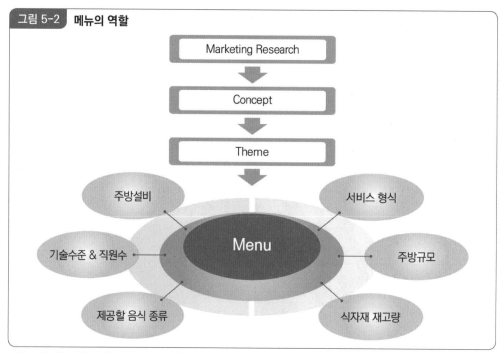

그림 5-2 메뉴의 역할

자료 : 신재영 외, 호텔, 레스토랑 식음료서비스 관리론, 대왕사, 2005, p. 287.

4. 메뉴의 종류

메뉴는 크게 변화되는 기간에 따른 분류와 식사가격 및 내용에 따른 분류로 구분할 수 있다.

1) 변화되는 기간에 의한 메뉴

(1) 고정메뉴(Fixed Menu)

고정메뉴란 몇 개월 또는 그 이상의 일정기간 동안 메뉴가 바뀌지 않고 반복적으로 판매되는 메뉴를 의미한다.

고정메뉴는 같은 아이템을 반복하여 제공하기 때문에 구매 및 저장, 주방의 관리가 용이하여 원가가 절감될 수 있으며, 동일한 메뉴를 생산하고 서비스하기 때문에 메뉴에 대해 숙달되어 빠른 생산 및 서비스가 가능하여 노동력 감소와 전문적인 상품지식을 보유할 수 있다. 또한 메뉴관리에 대한 통제나 관리가 용이하다는 장점이 있는 반면, 자주 방문하는 고객에게는 메뉴에 대한 싫증을 느끼게 할 수 있으며 대부분의 고정메뉴는 1년 정도를 유지하기 때문에 계절별로 메뉴조정이 어렵다.

(2) 순환메뉴(Cycle Menu)

순환메뉴는 일정한 주기, 즉 월 또는 계절에 맞추어 변화하는 메뉴로 주로 단체급식이나 병원, 회사의 구내식당, 군대 등에서 많이 사용되고 있는 메뉴이다.

순환메뉴는 계절별, 월별, 일별의 변화가 가능하여 메뉴의 권태로움을 제거할 수 있지만 재고가 증가될 가능성이 있으며 메뉴가 수시로 변경되어 이를 생산할 수 있는 고도의 숙련된 종사원이 필요하여 이에 따른 인건비 상승이라는 문제점이 발생할 수도 있다.

(3) 일시적 메뉴(Changing Menu)

일시적 메뉴는 특별한 행사기간 등에 판매되는 메뉴로 고정메뉴를 오래 사용하는 데서 오는 싫증을 해소할 수 있으며 식자재의 흐름이나 계절 등에 맞추어 판매할 수 있다는 장점이 있다. 하지만 일정 수량을 준비해서 해당 기간 동안 모두 판매하지 못하면 식재료가 모두 재고화될 수 있어 주의해야 한다.

이러한 메뉴의 형태로는 데일리 메뉴(Daily Special Menu), 페스티벌 메뉴(Festival Menu),

계절메뉴(Seasonal Menu) 등이 있다.

2) 식사가격 및 내용에 의한 메뉴

(1) 정식메뉴(Full Course Menu)

정식메뉴는 아침, 점심, 저녁 등을 막론하고 어느 때든지 사용할 수 있으며 미각, 영양, 분량의 균형을 참작하여 구성된 메뉴로 코스에 따라 가격이 일정하게 정해지거나 주 메뉴가 어떤 것이냐에 따라 가격이 달라지기도 한다.

이 메뉴의 장점으로는 풀코스로 주문 시 가격이 저렴하며 고객의 선택이 용이하다. 또한 조리과정이 일정하여 인력절감효과 및 효율적인 서비스 제공이 가능하다.

(2) 일품메뉴(A La Carte Menu)

일품메뉴는 주문에 따라 조리사의 독특한 기술로 만들어진 요리가 품목별로 가격이 정해져 제공되는 요리를 말하며 메뉴의 구성은 대부분 정식메뉴의 순으로 되어 있어 각 코스별로 여러 가지 종류를 나열해 놓고 고객으로 하여금 기호에 맞는 음식을 선택하여 먹을 수 있도록 만들어진 메뉴이다.

일품메뉴는 한 번 만들어지면 장기간 사용하게 되므로 요리준비나 재료구입 업무에 있어서 단순화되어 능률적이라 할 수 있으나 원가상승에 의해 이익이 줄어들 수 있고, 단골 고객에게는 신선한 매력을 주지 못하고 지루함을 주어 판매량이 감소할 수 있으므로 고객의 욕구를 감안하여 지속적인 메뉴개발을 실시해야 한다.

3) 식사시간에 따른 메뉴

식사시간에 따른 기본적 메뉴의 유형은 조식, 중식, 석식으로 구분되며 이외에도 고객의 욕구와 마케팅 전략에 따른 다양한 특별메뉴가 있을 수 있다. 중식과 석식메뉴는 흔히 볼 수 있는 대부분의 메뉴가 속할 수 있으며 영업의 형태 및 운영방식 등에 따라 다를 수 있으므로 여기서는 조식메뉴에 대해서만 언급하기로 한다.

(1) 조식메뉴(Breakfast Menu)

조식메뉴는 하루에 처음 제공되는 식사이며 메뉴품목이 간단하고 음식제공이 빠르며 가격이 저렴한 편이다. 조식메뉴는 대표적으로 미국식 조식메뉴(American Breakfast), 유럽식 조식메뉴(Continental Breakfast Menu)가 있으며 아침과 점심 식사의 중간 정도에 있는 브런치 메뉴(Brunch Menu)가 있다.

① 미국식 조식메뉴(American Breakfast Menu)

미국식 조식메뉴의 경우 대부분의 호텔이나 레스토랑에서 사용되고 있으며 주요 메뉴로는 계란요리와 과일, 주스, 시리얼(Cereals), 팬케이크(Pancake), 와플(Waffle), 베이컨(Bacon), 소시지(Sausage) 등으로 구성되어 있다.

| 그림 5-3 | 미국식 조식 메뉴 사례 |

American Breakfast

Choice of Freshly Squeezed Orange, Grapefruit, Tomato or Apple Juice
오렌지, 자몽, 토마토, 사과 주스 중 선택

Two Eggs, Any Style with Bacon, Ham or Sausage
베이컨, 햄 또는 소시지를 곁들인 달걀요리

Basket of Morning Pastries or Toast
페이스트리 또는 토스트

Freshly Brewed Coffee or Tea
커피 또는 홍차

₩ 30,000

② 유럽식 조식메뉴(Continental Breakfast Menu)

유럽식 조식메뉴는 계란요리와 시리얼이 포함되지 않으며 빵과 커피 또는 주스류 정도만 선택하는 간단한 아침식사이다. 유럽식 메뉴는 주로 호텔의 객실료 지불방법 중 콘티넨탈 플랜(Continental Plan)이라는 객실료에 아침식사 요금이 포함되어 있는 가격으로 제공되는 조식메뉴로 유럽에서 많이 사용하고 있다.

③ 건강식 조식메뉴(Healthy Breakfast Menu)

사람들의 건강에 대한 욕구가 높아짐에 따라 영양식 대신 건강식 아침식사로 특별히 만든 메뉴이다. 메뉴의 구성은 주로 비만증과 각종 성인병을 염려하는 고객을 위해 각종 미네랄과 비타민이 풍부하고 고단백, 저지방 식품들인 생과일주스나 오트밀(Oatmeal) 등과 같은 메뉴로 구성된다.

| 그림 5-4 | 유럽식 조식메뉴 사례 |

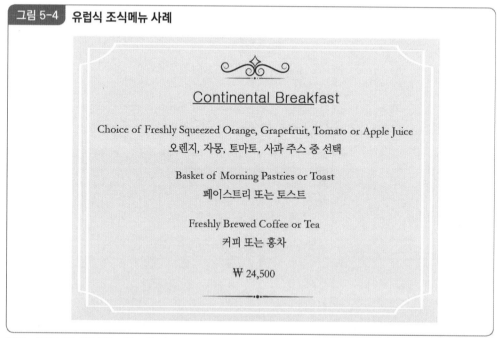

자료: 호텔신라 2010년 메뉴 참조

2 메뉴계획

메뉴계획은 메뉴작성이라고 부르기도 하며 고객에게 제공될 여러 가지 음식에 대한 메뉴를 미리 결정하는 것을 말한다. 이러한 메뉴계획은 레스토랑의 콘셉트를 반영하는 것으로 고객만족을 통한 이익의 극대화라는 목표에서 시작되는 마케팅의 출발점이 된다. 따라서 고객의 욕구 파악 및 원가와 수익성과의 관계, 구입 가능한 식재료, 조리시설의 수용력, 다양성과 매력도, 영양적 요인을 포함하여야 한다.

1. 메뉴계획 시 고려사항

1) 고객의 욕구 파악

메뉴계획에 있어서 가장 우선적으로 고려되어야 할 것은 그 메뉴가 누구를 대상으로 계획하고 있으며 그들이 좋아하는 것이 무엇인가를 분석하는 것이다. 즉, 현재 우리의 고객이 누구이며 그들의 욕구를 충족시켜 줄 메뉴의 종류가 무엇인지를 파악해야 한다.

2) 영양적 요구

가치관의 변화와 소득의 증가 등으로 소비자들은 건강에 대한 관심이 높아졌으며 이로 인해 친환경적인 유기농산물이나 DHA 등을 가미한 특수사료 등에 대한 메뉴를 선호하는 추세이다. 따라서 메뉴기획 시 건강식에 대한 깊은 배려가 있어야 한다.

3) 습관 및 선호

음식에 대한 습관이나 선호는 인종, 종교, 환경 등에 따라 영향을 받을 수 있다. 예를 들어 여성들은 남성에 비해 야채 및 비만에 대하여 더욱 신경을 쓰기 때문에 레스토랑을 찾는 주요 고객들의 습관 및 선호에 따라 메뉴를 계획해야 한다.

4) 원가와 수익성

아무리 좋은 메뉴라고 해도 원가가 높으면 이와 함께 메뉴 가격도 높아지므로 고객이 부담을 느낄 수밖에 없다. 따라서 원가의 목표율을 염두에 두고 계획하여 적절한 이윤과 매출을 올릴 수 있도록 해야 한다.

5) 식재료 구입여부

메뉴에 사용되는 식재료가 무엇인가를 알고 시장에서 원하는 만큼 경제적인 가격에 구입이 가능한지 또는 지속적으로 구입이 가능한지 파악하여야 한다. 따라서 시장에서의 재료의 가격변화추이나 구입 난이도 등을 지속적으로 파악해야 한다. 예를 들어 메뉴에는 구성되어 있으나 재료를 구할 수 없다면 고객에게 신뢰를 잃을 수 있으며 희귀한 재료 사용 시 원자재 폭등과 같은 상황 발생 시 수익성에 큰 타격을 입을 수 있기 때문이다.

6) 조리기구 및 시설의 수용능력

메뉴에 사용하는 조리기기와 장비, 인력 등을 효율적으로 운영하여 생산성을 높일 수 있도록 주변기기를 효율적으로 배치하고 또한 어떤 조리기기를 사용할 것인지, 어떤 작업공정을 통해 완성할 것인지 등도 구체적으로 검토한다.

7) 다양성과 매력성

모든 고객의 욕구를 충족시켜 줄 수 있는 메뉴는 없을 것이다. 또한 그런 레스토랑이 존재하지도 않을 것이다. 하지만 한정된 메뉴로 끊임없이 변화하는 고객의 욕구를 충족시키기 위해서는 다양한 메뉴가 필요하다. 다양성은 많은 품목을 만든다는 의미도 있겠지만 한정된 식재료를 사용하여 조리법을 달리하거나 외형에 변화를 주어 풍부한 느낌을 줄 수도 있다.

8) 가격

고객은 자신이 지불하는 가격에 대해 얻는 가치를 고려하기 때문에 가격은 메뉴결정
의 중요한 요소이다. 따라서 가격과 고객이 해당 메뉴에 대해 평가할 가치를 잘 고려하
여야 할 것이다.

2. 세트메뉴 계획 시 주의사항

메뉴에 대한 계획은 레스토랑을 경영하는 데 있어 매우 중요한 사항으로 단기간에
임의로 결정할 것이 아니라 체계적이고 계획적인 판단이 필요하다. 또한 메뉴를 계획하
기 전에 반드시 고려해야 할 주의사항은 다음과 같다.

첫째, 동일한 재료를 두 가지 이상의 요리에 사용하지 않는다. 예를 들면 양식의 경우
해산물 샐러드 이후의 코스에 해산물 수프를 넣는 것은 좋지 않다.

둘째, 요리의 곁들임이나 장식에 주의한다. 즉 요리의 재료에 알맞은 가니쉬(Garnish)
를 선택하여 색의 조화를 이룰 수 있도록 한다.

셋째, 비슷한 색의 요리를 반복하지 않는다.

넷째, 동일한 조리방법을 반복해서 사용하는 것은 피한다. 예를 들면 튀김요리 다음
에 또다시 튀김요리를 제공하는 것은 좋지 않다.

다섯째, 요리 코스의 균형을 맞추도록 한다. 즉 양식의 경우 전채요리를 시작으로 수
프, 생선요리, 육류요리, 후식 등 일련의 코스가 잘 어울리도록 배열한다.

여섯째, 계절의 감각에 맞는 메뉴를 작성한다. 예를 들면 계절에 맞는 과일이나 야채
를 이용한 요리를 만들거나 지방 특산물을 이용한 요리를 작성하는 것이 좋다.

일곱째, 영양배합의 메뉴를 구성해야 한다. 연령별, 성별, 직업별에 알맞은 식품의 양
과 질을 배합하여 열량공급을 충족시킬 수 있도록 한다.

여덟째, 식품위생을 충분히 고려한다. 신선한 식품을 사용하고 부패, 식중독 등의 위험성이 있는 식품은 특별히 주의하며 식품 저장방법 등에도 주의한다.

1. 메뉴디자인의 개념

우리가 흔히 부르는 메뉴 북(판)이란 고객이 선택할 수 있는 품목의 내용을 특별한 재질의 판을 이용하여 인쇄해 놓은 것으로 레스토랑의 스타일과 분위기 및 음식의 질에 대한 심리적 기대감과 함께 음식들이 어떻게 제공되는가에 대한 설명을 하는 도구이다.

메뉴는 광고와 마찬가지고 고객에게 무엇을 살 수 있는가를 직접적으로 알려주며 매출을 높이고 고객에게 만족을 줄 수 있는 유용한 광고 및 판매도구가 된다. 따라서 메뉴 북이 유용한 판매수단이 되기 위해서는 레스토랑이 추구하는 콘셉트가 표현되어야 하는데 언어, 정확성, 메뉴품목의 배열, 활자체 등의 요소들이 조화를 이루어야 한다.

이러한 메뉴 북은 글씨, 메뉴의 배열방법, 사용되는 색채와 재질의 종류에 따라 레스토랑의 성격을 나타낼 수 있으므로 아름답고 깨끗하게 만들어야 긍정적인 인상을 심어줄 수 있다.

2. 메뉴디자인의 구성요소 및 주의사항

1) 언어

메뉴 북에 표기되는 언어는 레스토랑의 형태와 특성을 반영하는 것이 좋다. 예를 들어 일본식 레스토랑이라고 한다면 일본어를 표기하고 중국식 레스토랑이라고 한다면 중국어를 표기하는 것이 좋다. 하지만 외국어를 사용하는 경우 정확한 번역을 밑에 첨부하도록 한다.

2) 정확성

고객은 메뉴로부터 음식의 가격과 특성에 대한 정보를 얻을 수 있으며 메뉴를 믿고 주문을 하게 된다. 하지만 메뉴에 있는 내용과 서비스된 상품의 내용이 다를 경우 고객은 불쾌감을 느낄 뿐 아니라 속았다는 느낌마저 받을 수 있다. 따라서 관리자는 항상 메뉴를 사전에 검사하고 실제와 차이가 있는지 확인하여야 한다. 그리고 간혹 인쇄된 메뉴를 손으로 쓰거나 스티커를 이용하여 수정하는 경우가 있는데 이런 경우는 좋지 못한 행동이며 레스토랑의 품위를 떨어뜨릴 수 있으므로 주의해야 한다.

3) 가격

가격은 고객이 자신이 먹는 음식에 대한 금액을 확인할 수 있도록 정확히 명시해야 한다. 또한 가격은 비용을 충당하고 적정 이익을 낼 수 있어야 하고 경쟁력을 갖추고 있어야 한다.

4) 메뉴품목의 배치

메뉴품목의 배치는 고객이 처음 메뉴를 보았을 때를 기준으로 해서 시선이 집중되는 곳에 인기메뉴 또는 주력메뉴를 배치하는 것이 좋다. 한 연구에 의하면 고객이 메뉴를 처음 보았을 때 〈그림 5-5〉와 같이 시선이 이동한다고 한다. 물론 모든 사람이 그런 것은 아니지만 보편적이라 할 수 있으므로 그림과 같이 화살표 위에 수익성이 높은 품목을 배치하는 것이 좋다. 예를 들면 이익 기여도가 높은 품목은 주로 오른쪽에 배치하고 이익 기여도가 낮은 품목은 주로 왼쪽 하단에 배치하는 것이 좋다.

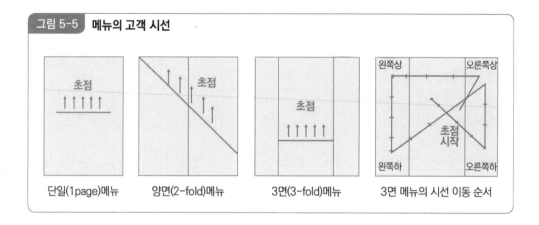

그림 5-5　메뉴의 고객 시선

단일(1page)메뉴　　양면(2-fold)메뉴　　3면(3-fold)메뉴　　3면 메뉴의 시선 이동 순서

5) 글자

메뉴의 글자는 고객이 읽을 수 있도록 적절한 활자와 크기를 사용해야 한다. 메뉴의 글자를 정할 때는 글자와 글자 사이의 간격이라든지 문장과 글자 사이의 간격, 메뉴 품목 간의 간격 등에 신경을 써야 하고 강조할 부분의 품목에 대한 글자의 크기나 밝기를 조정하는 것이 좋다. 단, 요란하거나 다양한 글자체를 사용하는 것은 자제하는 것이 좋다.

일반적으로 모던타입(Modern Type)과 로만타입(Roman Type), 스크립트 타입(Script Type)을 가장 기본으로 사용한다.

모던타입은 굵고 진한 타입으로 주로 메뉴의 표지에 쓰는 타이틀 같은 문구에 사용하고 로만타입은 얇고 진해서 읽기 쉽기 때문에 주로 메뉴의 제목이나 부제목을 적는 데 사용한다. 로만타입은 주로 잡지나 책에 있는 내용들의 글씨체에 많이 사용된다. 스크립트 타입은 흔히 '필기체'라고 하며 주로 메뉴를 설명하는 문구에 많이 사용된다.

글자의 크기는 보통 6포인트(Point)에서 192포인트(Point)까지 사용하나 메뉴에 사용되는 포인트는 최소 12포인트 이상 되어야 고객이 식별하기 쉽다.

> **그림 5-6 메뉴 글자의 3가지 형태**
>
> **A**
> Modern
>
> **B**
> Roman
>
> *London Script*
> Commercial Script

자료: Paul J. Mcvety, Bradley J. Ware & Claudette Levesque, Fundamentals of Menu Planning, John Wiley & Sons, 2001, p. 134.

6) 메뉴의 크기와 형태

　메뉴의 크기는 일정한 기준은 없지만 레스토랑이 추구하는 목표와 메뉴의 특징, 테이블의 크기, 레스토랑의 분위기나 수준 등을 표현할 수 있는 크기가 좋다.

　레스토랑의 특성에 따라 다르지만 평균 30~40cm의 크기가 적당하고 페이지 수는 보통 6~15페이지 정도이다.

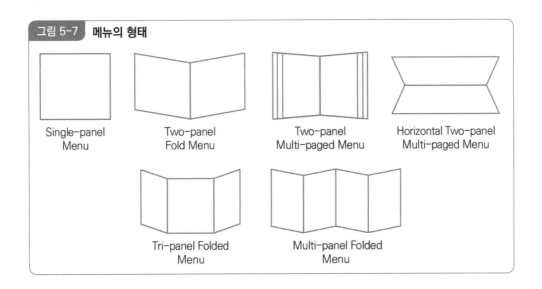

그림 5-7 메뉴의 형태

Single-panel Menu

Two-panel Fold Menu

Two-panel Multi-paged Menu

Horizontal Two-panel Multi-paged Menu

Tri-panel Folded Menu

Multi-panel Folded Menu

메뉴의 형태는 한 장에서부터 가운데 부분이 접히는 것 등 대부분 책의 형태로 되어 있는 깃이 많으며 이외에도 메뉴의 속을 갈아 끼울 수 있는 바인더 형식이나 행사 등에 주로 사용되는 1페이지로 된 메뉴 등도 있다.

주요 메뉴의 형태는 위 〈그림 5-7〉과 같다.

7) 메뉴의 외형

메뉴의 외형은 실내장식이나 분위기가 조화를 이루어야 한다. 예를 들면 휴양지의 경우 작고 가벼운 것이 좋으며 물이나 습기 등에 강한 래미네이트(Laminate)된 용지를 사용하고 시원한 느낌이 들 수 있는 메뉴가 좋을 것이다.

또한 고급화를 추구하는 레스토랑이 아니라면 메뉴가 깨끗하게 보존될 수 있도록 코팅(Coating)을 하거나 실용성을 추구한다면 링 바인더 형식을 사용하는 것도 좋다. 이 밖에도 메뉴 북의 색은 고객이 메뉴를 읽기 쉽도록 도와주는 역할을 한다. 예를 들면 하얀색의 종이 위에 검은색 글자로 인쇄되어 있다면 쉽게 메뉴를 읽을 수 있지만 검은색 종이 위에 하얀색 글자로 인쇄되어 있다면 42% 정도 읽는 속도가 느려진다는 연구결과도 있다. 따라서 독특한 이미지를 추구하는 것도 좋지만 너무 요란스럽고 거부감을 줄 수 있는 메뉴는 피하는 것이 좋다.

사례: '곰탕'이 'Bear Tang'? 한식 메뉴 외국어 표기 정비한다

외국인 관광객이 많이 찾는 한 식당의 메뉴판에는 '곰탕'이 'Bear Tang'으로 표기되어 있다. 곰탕의 '곰'은 '고기, 뼈 등을 고아내다' 라는 뜻에서 유래되었는데 동물 '곰'으로 번역한 결과다.

날로 먹는 고기를 뜻하는 '육회'를 '여섯 번'을 의미하는 'Six Times'로, '돼지 주물럭'은 'Massage Pork', '방어구이'는 'Fried Defence'로 표기한 곳도 있다.

이처럼 국내외 외식업체에서 사용하는 한식 메뉴의 외국어 표기가 제대로 이루어지고 있지 않아 외국인들이 혼란스러워 하는 경우가 많다는 지적이 제기되고 있다.

농림축산식품부와 한식재단은 한식 메뉴의 올바른 외국어 표기법을 홍보하기 위해 '한식 메뉴 외국어 표기법 50선'을 마련해 관련 업체들에 배포했다고 밝혔다.

이번에 마련된 표기법은 국립국어원이 지난해 발표한 '주요 한식명(200개) 로마자 표기법 및 번역 표준안(영·중·일)'을 바탕으로 한식재단이 재안한 세계인을 위한 한국 음식 75선 및 한국관광공사가 발간한 '방한 외국인관광객 음식관광 실태조사(2014)' 등을 참고했다.

농림축산식품부 관계자는 우리나라를 찾는 외국인들에게 우리 음식을 정확하게 알리고 제대로 맛볼 수 있도록 노력해야 한식이 세계음식문화를 선도해 나갈 수 있다면서 한식 메뉴를 외국어로 정확하게 표기하는 것은 우리 음식문화를 제대로 소개하는 것은 물론 잘못된 표기는 손님에게 주인의 수준까지도 평가받는 것임을 알아야 한다고 말했다.

자료: 이데일리(www.edaily.co.kr), 2015. 10. 5.

사례: 레스토랑 메뉴판에 숨겨진 비밀 8가지

미국 유명 온라인 잡지 멘탈 플로스(Mental Floss)에 보도된 레스토랑 메뉴판에 숨겨진 비밀들을 소개한다.

1. 선택사항 제안하기

소비자들에게 있어 메뉴 선정은 가장 선택이 어려운 동시에 즐거운 순간이다. 이는 심리학에서 '선택의 역설(Paradox of Choice)'로 이해할 수 있는데 메뉴에 음식 종류가 많을수록 소비자는 선택장애를 느끼게 된다. 예를 들어 7개 이상의 음식이 메뉴에 있을 때 소비자들은 어떤 것을 선택할지 고민하며 '내가 선택한 음식이 다른 음식보다 맛이 없으면 어쩌지?'라는 불안감을 느끼고 혼란해 한다.

2. 사진 추가하기

근사하게 나온 음식 사진을 메뉴 옆에 놓아두는 것만으로도 매출의 30%를 높일 수 있다. 아이오와 주립대의 한 연구결과에 따르면 디스플레이에 나타난 샐러드 이미지를 본 사람들은 그렇지 않은 사람들보다 70%나 더 많은 샐러드를 주문하는 것으로 나타났다. 이미지가 더 선명하거나 색상이 강렬한 사진이 그냥 출력된 사진보다 소비자들의 시선을 더 끌어당기기 때문이다.

3. 교묘한 가격 노출 방법

소비자들은 메뉴판에 적힌 가격을 보고 부담을 느낀다. 돈을 나타내는 표기들은 소비자들에게 돈을 써야 한다는 사실을 상기시키기 때문에 소비자들은 그 기호를 바라보는 것만으로도 불쾌해 한다. 코넬대학이 발표한 연구결과에 따르면 숫자를 사용하지 않고 글자로 가격을 써넣은 것이 훨씬 더 많은 돈을 쓰도록 유도하는 것으로 나타났다. 가격은 따로 부각하지 않는 선에서 메뉴 이름 아래에 음식 설명에 녹아들도록 배치해야 소비자들이 한눈에 훑어 읽고 지나가도 거부감을 느끼지 않는다.

4. 비싼 메뉴 미끼 만들기

메뉴판에 음식의 위치를 선정하는 것은 매우 중요한 일이다. 이에 따라 소비자들의 눈길이 자연스럽게 흘러갈 수 있도록 메뉴판 상단 가장 우측 구석부터 가장 비싼 음식을 놓아야 한다. 이어 바로 아래에 첫 번째보다 덜 비싼 메뉴를 놓아 그 음식의 가격이 적절해 보이도록 구성해야 한다. 이는 메뉴판 가장 상위에 다른 메뉴보다 약간씩 비싼 메뉴를 배치함으로써 '음식의 질이 전체적으로 높다'는 느낌을 심어주고 다른 모든 메뉴가 합리적인 가격으로 보이게 유도한다.

5. 고객의 눈 이해하기

메뉴판에도 '명당자리'가 있다. 대형마트에서 가장 수익성이 좋은 상품을 고객의 눈높이에 맞춰 진열하는 것처럼 메뉴판의 우측 상단에 가장 수익성이 좋은 메뉴를 배치한다. 예를 들어 애피타이저를 좌측 상단에, 그 아래에는 샐러드를 놓는다면 고객들은 모든 메뉴를 위에서 아래로 자연스럽게 흐르듯 읽을 수 있기 때문이다. 또 가장 수익성이 높은 메뉴에 이목을 끌기 위해서는 주변 여백을 비워두는 것도 유용하다 할 수 있다.

6. 색상의 활용

메뉴판에 다양한 색상을 조화롭게 활용하는 것도 매출 증가에 도움이 된다. 예를 들어 부드러운 브라운색이 마음을 위로해주는 색상으로 마음을 진정시키는 효과를 주는 것처럼 말이다. 색상이 우리 마음에 어떤 영향을 미치는지 결정적인 증거는 찾기 어렵지만 붉은색이나 노란색 계열의 색상은 보는 이들의 시선을 끌어 식욕을 돋우는 효과가 있다. 레스토랑 대부분이 빨간색과 노란색을 브랜드 색상으로 사용하는 데에는 이 같은 이유가 있는 것이다.

7. 매혹적인 어휘 사용

대부분 레스토랑에 갔을 때 메뉴판에 적힌 생소한 어휘들을 보고 당황하거나 감탄해 본 경험이 한 번쯤 있을 것이다. 요리에 대한 이름뿐 아니라 이에 대한 자세한 설명들이 보는 이로 하여금 마음에 감동을 준다. 코넬대학의 한 연구결과에 따르면 메뉴에 대한 설명을 많이 붙일 경우 손님이 지급한 가격에 대비해 더 많은 것을 제공하고 있다는 상황을 형성시킬 수 있다고 한다. 예를 들면 메뉴판에 단순히 '초콜릿 푸딩'이라고 적던 것을 '윤기가 매혹적인 초콜릿 푸딩'으로 적을 때 손님들은 실제로 그 음식을 더 맛있게 느낀다.

8. 향수 자극하기

누구나 어린 시절의 추억을 떠올리게 하는 특정한 음식들이 있다. 레스토랑은 고객들의 감성을 자극해 수익을 내는 방향으로 이용한다. 과거 시점을 언급하는 것은 향수를 자극하는데 도움이 된다. 여기에는 '외할머니가 만든' 같은 '전통', '가족' 등 민족주의적인 것들이 포함된다. 지역을 명시한 것도 전략 중 하나다. '제주도산 흑돼지', '파주 장단콩으로 만든 두부' 등과 같은 전통적인 단어를 언급하면 마치 이러한 음식을 먹으면 건강해질 것 같은 느낌을 심어준다.

자료: 인사이트, 곽한나, 레스토랑 '메뉴판'에 숨겨진 비밀 8가지, 2015. 8. 19.

1. 메뉴평가의 중요성

외식산업에 있어서 메뉴분석은 고객의 선호도에 따른 최고의 만족, 직원의 능력에 따른 최대 매출증대, 레스토랑 경영자에게 순이익을 증가시키기 위한 행위로 정의할 수 있다.

메뉴는 레스토랑의 경영목표를 결정하는 대표적인 상품임과 동시에 매출에 직접적인 영향을 미치는 요소이기 때문에 지속적인 관리가 요구된다. 따라서 상권의 변화 및 경쟁상황, 고객욕구의 변화, 식재료가격의 변동 등 외식산업의 내·외적 요소를 확인하여 기존 메뉴품목의 삭제 또는 신규메뉴의 개발 등이 필요하다.

레스토랑 초기 운영 시 메뉴를 성공적으로 설계한 후 출시하였다고 해서 메뉴관리가 끝난 것은 아니다. 어느 레스토랑이나 사업을 시작했을 때의 메뉴 완성도는 매우 낮기 때문에 실제 영업을 해 본 후 고객이 선호하는 메뉴를 파악할 수 있는 것이다. 따라서 일정기간 레스토랑을 운영한 후 가격정책이나 상품구성, 고객욕구와의 차이점을 발견하고 메뉴평가를 통해서 메뉴를 개선해야 한다.

메뉴평가는 고객의 수요, 전체 판매량에서 각 메뉴품목이 판매된 수량을 나타내는 메뉴 믹스분석, 수익성이 어떠한가에 그 초점이 맞춰진다. 이러한 메뉴평가를 통해 메뉴품목이 제대로 판매되고 있으며, 이익 여부에 대한 분석과 함께 그 결과에 따라 메뉴품목의 위치를 조절하고 전략을 수립해야 한다.

2. 메뉴 엔지니어링(Menu Engineering)

메뉴 엔지니어링이란 레스토랑 경영자가 현재 또는 미래의 메뉴를 평가하는 데 활용될 수 있도록 단계적으로 체계화시킨 평가방법으로 협의로는 메뉴가격결정을 위한 새로운 접근방법이라고 할 수 있다. 이것은 미국의 카사바나와 스미스(Michale Kasavana & Donald Smith)에 의해 개발된 방법으로 고객들이 선호하는 메뉴품목의 인기도를 나타내는 메뉴믹스(Menu Mix)와 수익성(Contribution Margin)을 평가하여 메뉴에 관한 의사결정을 하기 위한 방법이다.

메뉴 엔지니어링은 단순히 식재료비율이 어느 정도인가를 확인하는 것이 아니라 현재의 메뉴구성으로 레스토랑이 얼마나 이익을 내고 있는가를 분석하는 것이다.

예를 들면 식재료비율이 무조건 낮아야 좋은 것인지? 아니면 높아도 경영자에게 이익을 줄 수 있는지 등을 파악하여 메뉴에 대한 적합한 평가를 내리는 것이다.

아래의 〈표 5-1〉을 보면 식재료비율이 낮음에도 불구하고 높은 품목보다 수익성이 낮은 것을 볼 수 있다. 이때 경영자는 어떤 결정을 내릴 것인지 판단해야 한다.

| 표 5-1 | 식재료비율과 수익성 관계 예시

메뉴품목 (Menu Items)	메뉴품목 식재료비 (Item Food Cost)	판매가격 (Selling Price)	식재료비율 (Food Cost %)	수익성 (Contribution Margin)
Kalbi	14,000	30,000	46	16,000
Bulgogi	17,000	32,000	53	15,000
Veal Cutlet	13,000	28,000	46	15,000
Tenderloin	16,000	33,000	48	17,000

메뉴 엔지니어링 분석 시 주의할 사항은 레스토랑을 오픈하여 1개월이 지난 후 최소 3개월 정도의 매출을 기준으로 평가하는 것이 좋다. 오픈 당시는 오픈 프리미엄으로 인하여 매출의 폭이 상당히 차이를 보일 수 있기 때문이다. 또한 동일한 범주의 메뉴로 분석을 해야 한다. 예를 들면 주요리는 주요리와, 전채요리는 전채요리끼리 비교·분석해야 정확한 평가를 할 수 있다.

1) 메뉴 엔지니어링 계산방법

메뉴 엔지니어링은 고객 선호도와 공헌이익을 두 축으로 하여 Star, Plowhorse, Puzzle, Dog의 4가지 메뉴로 구분하는데 〈표 5-2〉의 메뉴 엔지니어링 분석표를 보면서 이해하기로 한다.

| 표 5-2 | 메뉴 엔지니어링 분석표 예시

NO	메뉴품목	판매수량	메뉴믹스(%)	판매원가	판매가격	이익	품목당 총원가	품목당 총매출	품목당 총이익	이익분석	인기도분석	메뉴성향
		(A)	(B)	(C)	(D)	(E)	(F)	(G)	(H)	(I)	(J)	(K)	(L)
1	햄버거	300	30	500	900	400	150,000	270,000	120,000	저	고	Plowhorse
2	샌드위치	100	10	250	500	250	25,000	50,000	25,000	저	저	Dog
3	스파게티	50	5	200	900	700	10,000	45,000	35,000	고	저	Puzzle
4	비빔밥	150	15	500	950	450	75,000	142,500	67,500	저	고	Plowhorse
5	스테이크	400	40	560	1,200	640	224,000	480,000	256,000	고	고	Star
합계			1,000 (N)	100				총원가 (M)	총매출 (O)	총이익 (P)			
								484,000	987,500	503,500			
								총평균 원가율 (Q)	평균이익 (R)	평균 인기도 비율(%) (S)	평균 인기도(S)는 1 / 품목수×70% (70%는 절대기준이 아님)		
								49%	503.5	14% (140개)			

〈표 5-2〉의 분석표 중 '햄버거' 아이템을 기준으로 설명해 보면 다음과 같다.

(1) 메뉴믹스 비율(C)(Item Menu Mix %)

공식 : 메뉴믹스(%)(C)=판매수량(B)÷판매수량 합계(N)×100=(300개÷1,000개)×100=30%

(2) 이익(F)(Item Contribution Margin)

공식 : 이익(F)=판매가격(E)-판매원가(D)=(900원-500원)=400원

(3) 품목당 총원가(G)(Item Cost)

공식 : 판매수량(B)×판매원가(D)=(300개×500원)=150,000원

(4) 품목당 총매출(H)(Item Total Revenue)

공식 : 판매수량(B)×판매가격(E)=(300개×900원)=270,000원

(5) 품목당 총이익(I)(Item Total Contribution Margin)

공식 : 판매수량(B)×이익(F)=(300개×400원)=120,000원

(6) 총원가(M)(Menu Total Cost)

공식 : 각 아이템 품목당원가의 합계

=(150,000원+25,000원+10,000원+75,000원+224,000원)=484,000원

(7) 총매출(O)(Menu Total Revenue)

공식 : 각 아이템 품목당 총매출의 합계

=(270,000원+50,000원+45,000원+142,500원+480,000원)=987,500원

(8) 총이익(P)(Menu Total Contribution Margin)

공식 : 품목당 총매출(H)-품목당 총원가(M)=(987,500원-484,000원)=503,500원

(9) 총 평균원가율(Q)(Menu Total Average Cost)

공식 : 총원가(M)÷총매출(O)×100=(484,000원÷987,500원×100)=49%

(10) 평균이익(R)(Menu Total Average Margin)

공식 : 총이익(P)÷판매수량(N)=(503,500원÷1,000개)=503.5원

(11) 평균인기도 비율(S)(Popularity Index)

공식 : (100%÷메뉴품목(A)의 수)×70%=((100%÷5)×70%)=14%, 또는 판매수량(N)÷
메뉴품목수(A)×70%=((1,000개÷5품목)×70%)=140개

이때 70%의 비율은 정해진 수치가 아니라 레스토랑에서 일반적으로 판매량의 70%가 넘었을 때 인기가 있다고 해석하는 것이다.

2) 메뉴 엔지니어링 분석

메뉴 엔지니어링 계산방법에 의해서 도출된 수치를 가지고 먼저 평균이익(R)과 평균 인기도(S)를 기준으로 매트릭스(Matrix)를 작성한 후 해당 아이템을 위치시킨다.

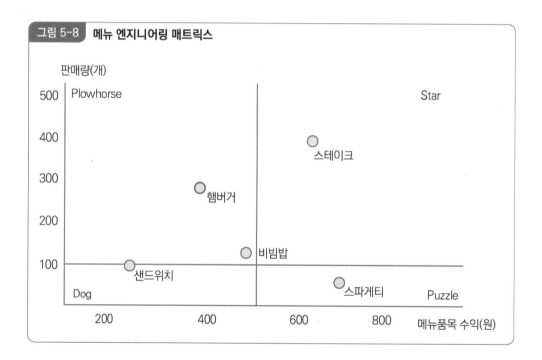

그림 5-8 메뉴 엔지니어링 매트릭스

(1) 대표상품(Star)

인기도와 수익성이 모두 높은 품목으로 레스토랑을 대표할 수 있는 품목이다. 메뉴에서 가장 눈에 잘 띄는 위치에 배열하고 가격에 대한 민감도가 높지 않은 품목으로 탄력성 있게 인상할 방안을 고려한다.

(2) 인기상품(Plowhorse)

고객에게 인기도가 높으나 평균수익에 미치지 못하는 상품이다. 인기도가 높아 고객을 유인할 수 있는 품목으로 수익성을 높이기 위하여 가격을 인상하거나 상품의 가치를 감소시키지 않는 범위 내에서 재료의 양을 조절하는 방법을 사용하는 것을 검토한다.

(3) 수익상품(Puzzle)

고객에게 인기는 없는 편이나 레스토랑에 주는 이익이 평균이상의 상품으로 가급적 메뉴에서 가장 잘 보이는 곳에 위치시키도록 한다. 가격이 높게 책정되었을 가능성이 있으므로 가격에 대한 책정을 고려해 보고, 특별한 품목이라는 인식을 줄 수 있도록 메뉴의 이름이나 장식에 변화를 주는 것도 좋다.

(4) 문제상품(Dog)

고객에게 인기도 없으며 레스토랑에 이익도 가져다주지 못하는 상품이다. 메뉴에서 삭제를 고려하거나 평균치에 가까운 품목은 가격조정이나 메뉴의 위치를 조정하여 수익 또는 인기를 얻을 수 있도록 고려한다. 단, 레스토랑의 상징성을 주는 상품이나 어쩔 수 없이 보유해야 하는 품목들은 제외한다. 예를 들면 커피숍에서 에스프레소의 메뉴분석이 'Dog'로 나왔다고 하더라도 이런 품목은 분석에서 제외해야 한다.

5 메뉴가격

가격이란 레스토랑에서 식사하는 소비자가 그 음식에 대한 대가로 지불하는 화폐의 양이라고 할 수 있다. 가격은 레스토랑의 수익과 직결되는 부분으로 가격을 결정하기 위해서는 레스토랑을 방문하는 소비자가 얻게 되는 효용가치와 이러한 효용가치를 제공하기 위해 투입되는 원가를 고려해야 할 것이다.

성공적인 레스토랑 메뉴를 위한 최적의 가격을 알아내는 과정은 고객이 지불할 의향이 있는 단 하나의 가격을 찾는 것이다. 즉, 가격결정은 고가도 저가도 아닌 고객이 지불할 의향이 있는 적정가를 찾는 과정이라고 할 수 있다. 그리고 그와 같은 가격은 레스토랑의 경영자가 원하는 이익을 제공할 수 있는 수준이 되어야 한다. 결과적으로 가격수준은 소비자가 기꺼이 지불할 의향과 경영자가 이익을 달성하면서 판매할 의향이 있는 수준을 동시에 만족시키는 수준이 되어야 한다.

하지만 이렇게 정확한 가격을 찾는 것이 불가능할 수 있다. 즉 고객들의 평가는 주관적이므로 같은 메뉴에도 다른 평가를 내릴 수 있다. 예를 들면 어떤 고객은 A라는 품목에 대해 비싸다고 생각하는 반면, 어떤 고객은 싸다고 생각할 수 있다는 것이다. 따라서 적정가격을 찾을 수 있도록 지속적인 노력을 해야 한다.

1. 메뉴가격 결정요인

메뉴가격을 결정하는 방법에는 약간의 과학적인 방법이 동원되어야 함에도 불구하고 많은 레스토랑에서는 대부분 경쟁사를 따라하거나, 감각적으로 책정, 추측성 원가로 가격을 산정하는 등 불안정한 방식으로 가격을 결정한다. 하지만 메뉴의 가격을 결정할 때에는 식재료 원가, 인건비, 경비, 감가상각비, 투자비 등 고려해야 할 사항들이 매우 다양하다. 특히 레스토랑의 목표가 어떤 것이고 메뉴와 서비스를 제공하는 데 소요되는 원가가 어느 수준인지, 경쟁사의 가격은 어떠한지, 레스토랑의 손익은 어떠한지 등 다양한 요소들에 대한 분석이 필요하다.

레스토랑의 메뉴가격을 결정할 시에는 먼저 소비자가 인식하는 효용가치를 상한선(Ceiling Price)으로 하고 평균원가를 하한선(Floor Price)으로 한 후 외부요인인 원료비와 인건비 등의 생산요소 가격, 제품의 수요와 공급 상황, 경제상황, 경쟁제품의 가격, 그리고 정부의 규제를 고려해야 하고 내부요인인 전략적 가격목표에 의해 가격수준과 최종적인 메뉴가격을 결정해야 한다.

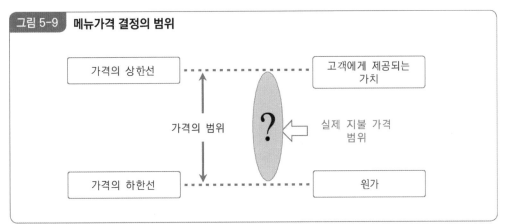

그림 5-9 **메뉴가격 결정의 범위**

가격의 상한선 ······· 고객에게 제공되는 가치

가격의 범위   ?   실제 지불 가격 범위

가격의 하한선 ······· 원가

자료: 김영갑 외, 외식마케팅, 교문사, 2009, p. 106.

1) 고객의 효용가치

고객이 느끼는 비용의 효용가치와 가격의 관계는 메뉴가격을 결정하는 중요한 요인 중의 하나이다. 즉 고객이 식사가격을 지불하면서 느끼는 효용가치는 단지 선택한 메뉴가 주는 만족 이외에 레스토랑의 분위기나 서비스 등도 포함이 된다. 또한 동일한 메뉴라고 할지라도 어떤 서비스를 추가적으로 제공하는가에 따라 소비자가 인식하는 효용가치는 달라진다. 이를 엄밀히 말하면 소비자가 주관적으로 인식한 상품 구매 시 얻는 효용이라고 할 수 있다.

2) 원가

상품을 생산하고 판매하는 데 소요되는 원가는 크게 고정비와 변동비로 구분된다. 고정비는 생산·판매량에 관계없이 항상 일정하게 투입되는 비용으로 인건비나 임대료 등을 들 수 있고, 변동비는 생산·판매량에 비례하여 증가하는 비용으로 재료비 등을 들 수 있다. 이를 합하여 총원가라고 한다.

만약 가격이 평균 원가 이하가 되면 해당 품목을 판매할 때마다 손실이 발생하기 때문에 장기적으로 레스토랑을 경영할 수 없게 된다. 따라서 반드시 원가를 고려해야 할 것이다.

3) 상품수요의 가격탄력성

모든 상품의 가격은 수요의 함수이다. 즉 가격이 변화하면 그에 따라 수요도 변화하게 된다. 일반 제품의 경우 가격이 올라가면 수요가 감소하고 가격이 내려가면 수요가 증가하는 현상을 나타낸다. 이러한 현상을 수요의 가격탄력성이라고 한다. 수요가 가격에 의해서 민감하게 반응하는 상품을 탄력적인 상품이라고 하며, 민감하지 않은 상품을 비탄력적인 상품이라고 한다. 예를 들어 가격을 올렸을 때 수요가 줄어든다면 이 상품은 탄력적인 상품이라고 할 수 있어 가격을 올리는 것에 대한 신중한 고려를 해야 할 것이다. 따라서 가격의 변화에 대해 수요가 변화하는 정도는 제품과 소비자 특성에 따라 다르다는 점을 고려하여 결정을 해야 할 것이다.

4) 경쟁사

외식산업은 진입장벽이 낮은 산업으로 많은 경쟁사들이 존재한다. 따라서 상품에 대한 차별성이 없다고 한다면 경쟁사와의 가격에서 크게 벗어나지 못할 것이다. 특히 유사한 상품의 경우 고객들은 다른 경쟁사와 비교한 후 메뉴를 선택할 수 있기에 가격 결정을 고려해야 한다.

5) 제품의 수요와 공급 상황

일반적으로 수요와 공급의 상황에서 공급보다 수요가 많으면 가격이 상승하고 공급이 많으면 가격은 하락하는 경우가 많다. 따라서 메뉴품목이 희귀품목이거나 공급이 쉽지 않은 품목이라면 가격을 높일 수 있으나 그렇지 않다면 공급상황에 따라 가격을 낮춰야 할 것이다.

6) 정부의 규제

상기에서 언급한 수요와 공급의 상황에 따르게 된다면 소비자는 공급량이 부족한 상품을 항상 비싸게 구매해야 한다는 결과가 나타날 것이다. 하지만 이러한 상황에서도 서민생활과 직접적인 관련이 되는 쌀이나 생필품 등의 상품 등은 공급량이 부족하다고 해서 무조건 높은 가격을 책정할 수 있는 것은 아니다. 즉 정부의 물가관리정책에 의해서 통제를 받기 때문에 적정수준 이상으로 가격을 책정하기 어려울 수 있다.

7) 경제상황

메뉴의 가격 결정 시 경제적인 상황도 고려해야 한다. 경제적 상황이 어려워지면 경제적 비용을 줄이는 부분 중 하나가 바로 외식비용일 것이다. 이러한 상황에서 가격을 높게 책정하게 되면 소비는 더욱 줄어들 확률이 높기 때문에 경제적 상황을 고려한 가격결정도 매우 중요하다.

8) 전략적 가격목표

기업의 전략에는 상기에서 언급한 외부적인 요인도 있으나 내부적으로 시장점유율을 목표로 할 것인지, 아니면 수익성을 목표로 할 것인지 등 많은 전략이 있을 것이다. 따라서 이러한 전략과 외부적인 전략을 함께 고려하여 가격을 결정해야 한다. 예를 들어 시장점유율이 목적이라면(상품의 품질이 동일하다고 가정 시) 다른 기업의 상품보다 가격을 낮게 책정해야 할 것이고, 기업의 수익성이 목표라고 한다면 단기적인 목표를 위하여 가격을 높게 책정해야 할 것이다.

2. 메뉴가격 결정방법

메뉴의 가격은 가격의 하한선인 평균원가와 가격의 상한선이 되는 소비자 효용가치, 기업의 목표, 경쟁 및 가격결정 기준에 따라 다양한 가격결정방법이 적용될 수 있다. 예를 들어 기업의 목표가 생존이나 성장을 추구하는 경우라면 가능한 낮은 수준의 가격으로 결정할 것이며, 단기적 이익을 추구하는 경우에는 높은 가격을 책정하는 것이 일반적이다.

가격결정을 위한 방법으로는 원가를 중심으로 가격을 결정하는 원가기준법(원가가산법, 손익분기분석법)과 경쟁을 고려하여 가격을 결정하는 경쟁기준법(시장가격법, 입찰가격법), 소비자의 반응을 고려하여 가격을 결정하는 소비자기준법(심리가격법, 인식가치가격법)이 있다.

1) 원가기준법(Cost Based Pricing)

원가를 중심으로 가격을 결정하는 방법은 가장 보편적으로 사용되는 방법으로서 원가가산법과 목표이익법이 있다. 원가 중심적 가격결정법이 보편적으로 사용되는 이유는 첫째, 기업은 수요보다 원가에 대하여 보다 많은 확실성을 가지고 있기 때문이다. 가격산정의 기준을 원가로 함으로써 가격결정을 단순화시킬 수 있고 수요가 변동할 때마다 가격을 결정하지 않아도 된다. 둘째, 외식기업의 모든 업체들이 이 방법을 사용한다면 가격수준은 비슷해질 것이며, 가격경쟁은 축소될 수 있을 것이다. 셋째, 판매자와 구매자 모두에게 공정한 방법이다. 수요가 높아지는 경우에도 판매자는 수요증가를 악용하여 무리한 가격인상을 하지 않을 것이며 적정한 투자수익률을 얻을 수 있을 것이다. 하지만 다음과 같은 두 가지의 문제점을 지니고 있다. 첫째, 가격결정에 있어 수요요인을 고려하지 않는다는 것이다. 예를 들면 원가가산법에 의해서 결정되는 가격은 해당 품목에 대하여 소비자가 지불의사가 있는 가격과 관련성을 가지지 못하고 있다는 것이다. 둘째, 시장의 경쟁상황을 반영하지 못한다는 것이다.

(1) 원가가산법(Cost-plus Pricing)

원가가산법은 메뉴의 제조원가에 일정한 이익(Margin)을 가산하여 가격을 산정하는 것이다. 여기서 원가란 이익의 산출을 위한 기준이며 제품의 생산 및 운영에 소요되는 모든 비용을 말한다.

단위원가 = 변동비 + (고정비 ÷ 예상판매량) = 1,000원 + (1,000,000원 ÷ 5,000개) = 1,200원

판매하는 상품에 20%의 이익을 내고 싶다면

판매가격 = 단위원가 ÷ (1 - 예상판매 이익률) = 1,200원 ÷ (1 - 0.2) = 1,500원

(2) 손익분기분석법(Cost Value Profit)

손익분기분석은 원가-조업도-이익(Cost-Volume-Profit)관계를 분석하는 기법으로 보통 C.V.P분석이라고도 부른다. 손익분기점(Break-Even Point)이란 손익과 비용이 일치하는 기점으로 이익도 발생하지 않고 손실도 발생되지 않는 분기점을 의미한다. 이 분기점을 넘어서게 되면 이익이 발생되고 분기점 이하일 경우에는 손실이 발생한다는 의미이다.

이 방법은 단순하게 기업의 손익분기점이 얼마인가를 계산하는 것에만 그치는 것이 아니라 원가관리나 이익계획 등 예산관리 목적으로도 사용할 수 있다. 먼저 손익분기점 계산을 위한 몇 가지 개념을 살펴보면 다음과 같다. 손익분기점이란 매출과 비용이 '0'인 상태의 매출수준을 의미하고 변동비는 매출액에 따라 변동되는 비용의 평균, 즉 매출이 높으면 많은 비용이 발생되고 매출이 적으면 비용이 적게 발생하는 비용, 또는 비용 비용을 많이 쓰면 매출이 오르거나 비용을 줄이면 매출이 하락하는 비용을 변동비라고 할 수 있다.

고정비는 매출액의 높고 낮음과 관계없이 영업장의 문만 열어놓아도 고정적으로 지출되는 인건비, 임대료, 복리후생비 등을 의미한다.

공헌이익(Contribution Margin)은 매출액에서 변동비를 차감한 금액이라 할 수 있으며

공헌이익률은 공헌이익이 매출액에서 차지하는 비율을 의미한다. 외식업에서 활용할 수 있는 손익분기분석법에 따른 공식은 다음과 같다.

손익분기점(BEP) = 고정비용 ÷ 공헌이익률 (또는 1 − 변동비율)

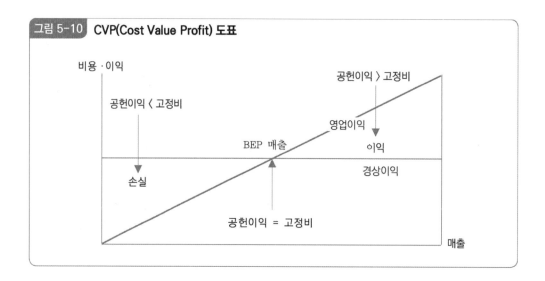

그림 5-10 **CVP(Cost Value Profit) 도표**

예를 들어 햄버거를 판매하는 레스토랑의 관리비 200만원, 인건비 150만원, 대출이자 100만원, 식자재 마진율이 60%(외식업의 경우 일반적으로 식재료 비율이 30~40%로 변동비의 대부분을 차지한다고 할 수 있음)라고 가정할 시 총 고정비용은 450만원이고, 공헌이익률은 60%가 된다.

이러한 내용을 상기의 계산식대로 하면

손익분기점 매출 = 고정비 450만원 ÷ 공헌이익률(식재료 마진율) 60% = 750만원이 된다.

만일 1개월에 300만원의 수익을 올리고 싶다면 목표수익 300만원 + 고정비 450만원 ÷ 공헌이익률 60% = 1,250만원의 매출이 되어야 300만원의 수익이 가능하다고 할 수 있다.

2) 경쟁기준법(Competitor Based Pricing)

메뉴의 가격을 결정할 때 경쟁사의 판매가를 기준으로 가격을 결정하는 방법으로 모방가격중심에서 결정되는 방법을 말한다. 그렇다고 메뉴가격이 반드시 경쟁사의 가격과 동일하게 결정되는 것은 아니다. 단지 경쟁사 가격의 일정한 비율을 기준으로 그 이상 혹은 그 이하에서 결정할 수 있다.

(1) 시장가격법(Going-Pricing)

시장가격법은 해당 상품에 대한 원가와 수요에 대해 관심을 두지 않고 경쟁사 상품들의 평균가격에 의하여 가격을 결정하는 방법으로 만일 경쟁사의 가격에 변동이 생긴다면 해당 상품의 원가나 수요와는 관계없이 가격을 변동하게 된다.

주로 항공사나 정유업체, 이동통신업체 등에서 사용하는 방법을 대표적인 예로 들 수 있다.

(2) 입찰가격법(Bid Pricing)

경쟁사의 입찰예상가격과 성공예상확률을 기준으로 가격을 결정하는 방법으로 외식업체의 메뉴가격을 결정하는 방법으로는 사용되지 않는 편으로 주로 대형 건설업체의 입찰이나 외식업의 경우 판매자가 원산지에서 재료를 낮은 가격으로 구매할 시에 사용되는 방법으로 가격을 낮추면 판매될 확률은 높아지는 대신 이익은 줄어드는 제로 섬(Zero Sum)의 원리가 작용된다.

3) 소비자기준법(Customer Based Pricing)

소비자의 반응을 고려하여 가격을 결정하는 방법으로 심리가격법과 인식가치가격법이 있다. 심리가격법은 다시 단수가격법과 명성가격법으로 구분할 수 있다.

(1) 심리가격법(Psychological Pricing)

심리가격법은 경제적 가치보다는 소비자의 가격에 대한 심리적 반응을 기준으로 가격을 결정하는 방법을 말한다.

① 단수가격법(Odd Pricing)

단수가격이란 용어 그대로 상품의 가격결정 시 100원, 1,000원 등으로 하지 않고 95원, 999원 등 단수를 붙여 판매하는 방법을 말한다. 가격 차이는 불과 1원 차이정도이지만 이것은 소비자가 심리적으로 1,000원대와 900원대라고 인식하는 심리를 이용하는 가격 결정법이라고 할 수 있다.

② 명성가격법(Prestige Pricing)

명성가격법은 제품의 권위와 연결되는 경우 높은 가격을 높게 책정한다고 해도 소비 자는 구매할 것이라는 심리를 이용한 가격방법이다. 즉, 가격이 비싸면 품질도 좋고 제 품이 좋을 것이라는 소비자의 심리로 주로 와인이나 그림, 골동품, 명품가방 등을 이러 한 예로 들 수 있다.

(2) 인식가치가격법(Perceived Value Pricing)

인식가치가격법은 준거가격(Reference Pricing)이라고 할 수 있으며 소비자들이 오랫동 안 거의 매일 접하는 제품의 경우 자연스럽게 받아들여지는 가격으로 소비자가 인식하 고 있는 제품의 가치를 고려하여 그 수준에 맞게 가격을 결정하는 방법이다. 예를 들어 매일 마시는 자판기 커피의 경우 해당 소비자에게는 기준가격이 있을 것이다. 자판기 커피가 300원이라고 인식한 소비자는 300원 이상이면 비싸다고 생각할 것이고 300원 이하이면 싸다고 생각할 것이다. 따라서 이러한 소비자가 인식하는 가격을 기준으로 결 정하는 방법이다.

이 방법은 최종 구매의 판단을 소비자가 하므로 그 어떤 가격기준보다 현실적인 가격 결정법이 될 수 있으나 기업의 입장에서는 수익성 측면을 고려해야 하고 소비자 개인별 효용가치에 대한 인식의 차이가 있으므로 목표고객에 대한 설정이 무엇보다 중요하다 고 할 수 있다.

CHAPTER

외식산업의 마케팅관리

6 외식산업의 마케팅관리
Chapter

1 마케팅의 이해

외식산업이 발달함에 따라 소비자의 외식에 대한 욕구와 목적이 다양해지고 레스토랑을 선택하는 기준도 달라지고 있다. 기업의 관리활동에서 시작된 마케팅은 1970년대까지만 해도 레스토랑을 운영하는 데 있어 하나의 옵션에 불과했지만 최근 외식기업들의 대거 등장에 따른 경쟁의 심화와 더불어 경쟁우위를 유지하고 수익성을 확보하기 위해서 반드시 필요한 레스토랑의 도구로 발전하게 되었다.

이처럼 오늘날은 마케팅시대라고 할 정도로 마케팅은 조직이나 기업, 개인 등 사회 전반에 걸쳐 목표달성을 위한 핵심활동으로 인식되고 있다.

1. 마케팅의 정의

마케팅에 대한 정의는 매우 구체적이고 다양하게 정의되고 있다. 한국마케팅학회 (KMA : Korean Marketing Association)에서는 "마케팅은 조직이나 개인이 자신의 목적을 달성하기 위해 교환을 창출하고 유지할 수 있도록 시장을 정의하고 관리하는 과정이다"라고 했으며, 미국마케팅학회(AMA : American Marketing Association)에서는 "개인이나 조직의 목적을 충족시켜 주는 교환을 창조하기 위하여 아이디어, 제품, 서비스의 창안, 가격결정, 촉진, 유통을 계획하고 실행하는 과정"이라고 정의하고 있다. 마케팅이라는 용어의 본질적인 특성을 유추해 보면 마케팅은 'Market' + 'ing'의 형태로 구성되어 있다. 여기서 'Market'은 소비자를 의미하며 'ing'는 기업의 활동을 의미한다. 따라서 마케팅은 소비자를 위한 활동이라고 간단하게 정의할 수 있다. 이러한 '소비자를 위한 활동'이라는 마케팅의 기본 원리는 마케팅활동의 주체가 될 수 있는 개인과 비영리조직이나 단체에도 적용된다.

이러한 마케팅의 가장 기본적인 활동은 '이해당사자 간의 교환'이다. 마케팅의 기본활동인 교환은 산업의 분업화와 전문화가 가속됨에 따라 그 필요성이 증가된다.

이러한 상황을 종합하여 마케팅을 정의해 본다면 '마케팅이란 개인과 조직의 목표를 충족할 수 있는 교환을 창출하기 위해 제품이나 서비스, 가격, 촉진, 유통 등을 계획하고 수행하는 과정'이라고 할 수 있다. 즉, 기업의 상품을 구매할 소비자에게 어떻게 하면 원활한 교환활동(How to Exchange?)이 일어날 수 있는가를 계획하는 과정이라고 할 수 있다.

2. 마케팅의 등장배경

마케팅은 1930년대 미국의 대공황으로 인하여 구매력이 저하되고 수요가 감소한 시기에 시작되었다. 그 후 1945년 제2차 세계대전이 마무리되면서 전쟁 중에 발달한 기술과 군수산업의 생산시설이 일반소비자 시장으로 전환되면서 공급능력이 증가하여 수요를 크게 초과하는 상황에 이르렀다. 즉, 공급이 부족했던 판매자 지배시장(Seller's Market)에서 구매자가 지배하는 구매자 지배시장(Buyer's Market)으로 전환되었다. 구매자가 지배하는 시장에서는 수요보다 제품의 공급량이 많으므로 판매자는 구매자의 욕구와 욕망을 보다 잘 충족시켜 주기 위해 노력하지 않으면 판매에 어려움을 겪게 된다. 따라서 제품기획부터 판매 후 서비스는 물론 기업의 모든 활동을 소비자의 요구에 맞추어야 하는 시대가 도래된 것이다.

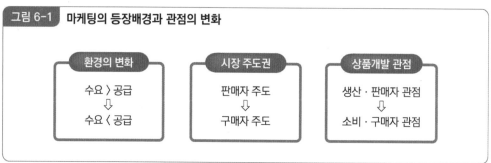

그림 6-1 **마케팅의 등장배경과 관점의 변화**

환경의 변화	시장 주도권	상품개발 관점
수요 〉 공급 ⇩ 수요 〈 공급	판매자 주도 ⇩ 구매자 주도	생산 · 판매자 관점 ⇩ 소비 · 구매자 관점

자료: 김범종 외, 마케팅 원리와 전략, 대경, 2009, p. 25.

3. 마케팅관리 개념의 변화

마케팅관리 개념은 시대적 상황과 그 강조점에 따라 다섯 단계로 발전되어 왔다. 하지만 변화된 개념을 그대로 따르는 것이 아니라 자신의 제품이 처해 있는 시장상황에 대한 평가 후 단계에 맞는 마케팅방법을 활용하는 것이 중요하다.

1) 생산개념(Production Concept)

생산개념은 산업의 생산능력이 부족하고 소비자의 구매력이 취약한 시장상황에서 시작되었으며 저렴한 가격으로 양적으로 충분한 제품을 생산하여 공급해 주는 것이 소비자 입장에서 바람직한 것이다. 즉, 생산자나 판매자는 생산과 유통의 효율을 높여 원가를 줄이고 공급량을 늘려주는 것이 소비자를 위한 기업의 관리 개념이라는 것이다. 이러한 개념의 대표적인 사례는 포드자동차의 'T모델'로 1903년 당시 포드자동차는 생산량이 적고 가격이 비싸며 고장도 잘나 극히 일부의 부유층만이 소유할 수 있는 사치품에 속하였다. 하지만 포드는 컨베이어벨트에 의해 이동하는 조립식 라인을 만들어 철저한 분업을 통해 생산성 향상 및 불량률을 감소시켜 자동차의 가격을 인하하는 성과를 거두었다.

2) 제품개념(Product Concept)

제품개념은 소비자는 제품에 대한 양적인 욕구가 충족되면 질적으로 우수한 제품을 원하게 될 것이라는 개념에서 출발하였다. 즉 이러한 시장상황에서는 가격인하나 원가의 절감보다는 고품질, 고성능, 다양한 제품을 제공하는 것이 소비자의 욕구에 부합되는 것이라는 의미이다. 하지만 이러한 제품개념을 너무 강조하다 보면 마케팅 근시안(Marketing Myopia)을 유발할 수 있다. 예를 들면 미국에서 100여 년 동안 수많은 종류의 양념류를 생산해 왔던 맥코믹사(McCORMICK社)는 1980년 중반까지 "Make the Most, Someone Will Buy It"이라는 모토 아래 우수한 품질의 제품을 만들면 저절로 판매될 것이라는 제품지향적인 사고에 입각하여 사업을 실시했으나 1984년 매출과 시장점유율이 크게 하락하는 결과를 맞게 된다. 이러한 실패의 이유는 직업주부가 증가하면서 사용이 간편한 양념을 원하고 있다는 고객의 욕구변화에 적절히 대응하지 못하고 제품의 질만을 중시한 나머지 효과적인 마케팅활동을 전개하지 못한 것에서 비롯된 것이다. 즉 제품개념의 마케팅방법이 잘못된 것이 아니라 제품의 품질에 신경을 쓰는 것은 당연하지만 다른 마케팅활동도 병행해야 한다는 의미이다.

3) 판매개념(Selling Concept)

제품의 생산기술이 확산되고 많은 경쟁회사에서 다양한 제품을 생산, 판매하게 되면 아무리 우수한 제품을 만들더라도 판매노력을 기울이지 않으면 소비자가 스스로 찾아서 구매해 주지 않는다. 이러한 시장상황에서는 다양한 판매촉진 수단과 판매노력의 강화를 통해 제품에 대한 정보제공과 보다 적극적으로 구매설득을 실행해야 판매목적을 달성할 수 있다. 이러한 판매개념은 판매자 중심 관점으로 이미 만들어진 제품을 판매하는 데 주력하여 기업의 이익을 달성하려는 개념이다.

4) 마케팅개념(Marketing Concept)

마케팅개념은 판매개념의 문제점, 즉 판매개념은 제품이 생산된 후에 이루어지는 적극적인 판매노력은 하고 있지만 판매 전에 이루어지는 소비자 요구조사나 제품기획과 같은 판매 전(Pre-Selling) 활동에 대해 간과하는 것을 해결하기 위한 개념으로 제품을 생산하기 전에 소비자 조사를 통해 고객이 원하는 제품, 고객이 만족할 수 있는 제품의 개발에서 출발하여 고객의 입장과 관점에서 사고하는 관리활동을 말한다. 판매개념이 '팔 제품'을 생산하고 판매노력을 기울이는 것이라고 하면 마케팅개념은 고객의 관점에서 '팔릴 수 있는 제품'을 기획하고 모든 활동을 조정 및 실행하는 관리 개념이다. 또한 판매개념이 매출을 통한 이익달성이 목표라고 한다면 마케팅개념은 고객만족을 통한 이익달성이 목표라고 할 수 있다.

5) 사회지향적 개념(Social Marketing Concept)

사회지향적 개념은 소비를 통해 만족을 추구하는 '소비자' 관점에서 소비와 더불어 쾌적한 환경 속에서 삶의 질을 추구하는 '생활자'의 개념이 강조되었다. 이에 따라 생태 및 자연환경과 사회·문화적 환경을 포함한 생활환경과 생활의 질 향상에 공헌할 수 있는 방식으로 소비자의 욕구를 충족해야 한다는 관리 개념을 말한다.

예를 들면 웰빙의 추구나 그린마케팅, 친환경상품 등이 이에 해당되며 사례로 BC카드의 경우 일반 카드와는 달리 소각 시 다이옥신이 발생되지 않으며 매입해도 완전 분해가 가능해 환경보존에 기여가 가능한 카드의 출시로 사회지향적 개념의 마케팅을 실현하고 있다.

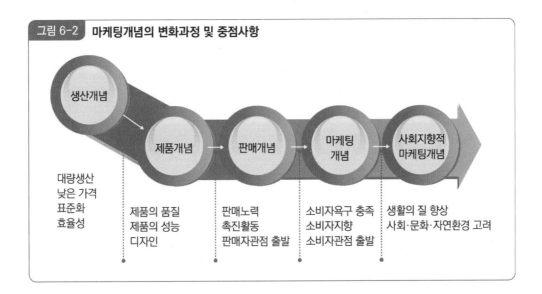

그림 6-2 **마케팅개념의 변화과정 및 중점사항**

생산개념 → 제품개념 → 판매개념 → 마케팅 개념 → 사회지향적 마케팅개념

대량생산
낮은 가격
표준화
효율성

제품의 품질
제품의 성능
디자인

판매노력
촉진활동
판매자관점 출발

소비자욕구 충족
소비자지향
소비자관점 출발

생활의 질 향상
사회·문화·자연환경 고려

4. 마케팅의 기본요소

마케팅활동의 출발점은 소비자의 충족되지 못한 욕구(Needs)와 욕망(Wants)을 발견하는 것으로부터 시작된다. 즉 충족되지 못한 욕구(Needs)가 있다는 것은 무엇인가 결핍되어 있다는 것으로 이러한 결핍을 보충할 수 있는 것을 필요로 하는 상태로 표현할 수 있다. 따라서 충족되지 않은 욕구를 발견하고 이를 충족시켜 줄 수 있는 상품을 찾는 것이 바로 마케팅의 출발점이라고 할 수 있다.

1) 욕구(Needs)

욕구(Needs)란 인간이 무엇인가 결핍을 느끼는 상태로 흔히 1차적 욕구 또는 원초적 욕구라고 말한다. 이러한 인간의 원초적 욕구는 외부의 자극에 의해서 발생되는 것이 아니라 인간 내부에서 자연스럽게 발생하는 인간형성의 기본적 부분이다. 원초적 욕구는 인간의 최저 수준의 욕구로서 생리직·본능적 욕구를 의미한다. 예를 들면 배가 고픈 사람은 무엇인가 먹고 싶다는 욕구를 느끼게 되는데 이를 원초적 욕구라고 할 수 있다.

2) 욕망(Wants)

욕망(Wants)은 원초적 욕구가 좀 더 체계화되어 나타나는 구체화된 욕구를 말한다. 욕망은 원초적 욕구와는 달리 개인의 성향과 가치관 그리고 환경 등에 따라서 다르게 나타나는 특징을 가지고 있다. 예를 들어 배가 고파서 무엇인가 먹고 싶다는 원초적 욕구가 발생되면 개인의 특성에 따라 원초적 욕구인 배를 채우려는 방법은 다르게 나타날 수 있다. 어떤 사람은 햄버거로 배를 채우려고 할 것이고 어떤 사람은 라면으로, 어떤 사람은 김밥으로 배고픔이라는 원초적 욕구를 해결할 것이다. 이렇게 원초적 욕구를 해결할 구체적인 생각을 하는 것이 바로 욕망이라고 할 수 있다.

마케팅의 출발은 충족되지 않은 욕구와 욕망을 발견하여 이를 충족시켜 줄 수 있는 상품을 개발하는 것부터 시작하는 것이라고 할 수 있다.

3) 상품(Products)

상품(Products)이란 '소비자의 욕구를 충족시킬 수 있는 유형·무형의 욕구 충족물'이라고 할 수 있다. 흔히 제품이라고도 하는데 엄밀히 말하면 제품에 서비스가 결합된 것을 상품이라 할 수 있으며 고객의 욕구를 효과적으로 충족시킬 수 있는 상품은 성공할 가능성이 높으므로 고객의 욕구를 잘 파악하고 그 욕구를 잘 충족시킬 수 있는 상품을 공급해야 할 것이다.

4) 수요(Demands)

수요(Demands)란 구체적 욕구에 구매력이 추가된 욕구라고 할 수 있다. 여기서 말하는 구매력이란 금전적 능력을 포함하여 시간·공간적 한계 등이 합쳐진 것을 말한다. 예를 들어 배가 고픈 사람이 햄버거가 먹고 싶다면 이러한 욕망을 채울 수 있는 금액과 햄버거를 구매하러 갈 수 있는 시간이나 적합한 거리 등이 결합된 상태라고 할 수 있다.

5) 교환(Exchange)

교환(Exchange)이란 자신이 원하는 혜택을 얻기 위해 어떠한 대가를 지불하고 서로 주고받는 것을 의미한다. 즉 상대방과의 합의를 통하여 상호 유익한 가치를 제공하는 마케팅의 기본활동으로 이러한 활동을 위해서는 상대방에게 서로 가치 있는 것을 소유하고 있어야 하고, 최소한 2인 이상의 대상자가 있어야 하며, 상대방의 제의를 자유롭게 승낙 및 거부할 수 있어야 한다.

교환은 단기적인 의미의 거래(Transaction)와 장기적 의미의 관계(Relationship)를 모두 포함하는 의미로 사용될 수 있다. 현대의 마케팅은 단기적인 거래의 성격보다는 장기적인 관계 구축의 성격으로 변해가고 있기에 장기적인 관점에서 교환의 이익을 목표로 설정해 나가야 할 것이다.

5. 서비스 특성에 따른 외식마케팅 방안

외식산업은 음식이라는 제품과 서비스가 결합되어 제품과 서비스가 동시에 생산되는 산업이다. 따라서 일반 제품에 대한 마케팅과는 다소 차이점이 있다.

1) 무형성(Intangibility)

무형성이란 외식상품을 구매하기 전에는 보거나 맛보거나, 만지거나, 냄새를 맡아볼 수 없다는 것을 의미한다. 즉 제품과 서비스의 차이 중 가장 기본적으로 알려진 것으로 특별한 형태가 없다는 것을 말한다. 예를 들어 레스토랑에 방문하기 전에는 해당 레스토랑의 모든 상품은 무형상품이라고 할 수 있다. 따라서 외식업에 있어서 마케팅은 이러한 무형성으로 인해 발생되는 불확실성을 줄이기 위해 유형화하려는 노력을 해야 한다. 예를 들면 레스토랑의 상품은 주문하기 전에 만지거나 볼 수 없으므로 메뉴에 사진을 넣는다거나 모형 음식을 만들어서 진열해 놓으면 불확실성을 줄이는 방법이 될 수 있을 것이다.

2) 이질성(Heterogeneity)

외식상품의 품질은 서비스를 제공하는 사람뿐 아니라 언제, 어디서, 그리고 어떻게 제공되는가에 따라 달라진다는 것을 의미한다. 외식상품은 제공자와 장소 및 시간에 따라 변할 수 있으며 인간적인 요소가 포함되어 있어 제품과 같이 표준화가 어렵다. 이러한 이질성을 일으키는 몇 가지 원인을 살펴보면 외식상품은 생산과 소비가 동시에 일어나기 때문에 질적 수준을 관리하는 데 한계가 있고, 수요의 변동폭이 큰 경우 성수기에 일관성 있는 메뉴의 품질을 유지하는 데 어려움이 있다. 또한 서비스 종사원과 고객 간의 빈번한 접촉이 있어야 하기에 상품의 일관성이 교환시점에서 서비스 종사원의 기술과 수행도에 달려 있다는 것을 의미할 수 있다.

예를 들어 어떤 날은 좋은 서비스를 받고 다음날 같은 종사원으로부터 신통치 않은 서비스를 받을 수 있다. 신통치 않은 서비스를 받는 경우 그 종사원의 기분이 좋지 않았거나 혹은 감정적 문제를 가지고 있을지도 모르는 것이다. 또는 동일한 서비스를 실시했음에도 불구하고 서비스를 받는 고객의 기분에 따라서도 상품의 품질을 다르게 느낄 수 있다. 따라서 외식기업에서는 이러한 이질성을 해소하기 위하여 매뉴얼을 만들어 종사원을 지속적으로 교육함으로써 외식상품의 품질이 일관성 있게 유지될 수 있도록 노력해야 한다.

3) 비분리성(Inseparability)

레스토랑의 서비스는 서비스 제공자가 사람이든 기계든 간에 제공자와 분리될 수 없다는 것을 의미한다. 즉 일반 제조업의 제품과는 달리 제품의 생산과 소비가 동시에 발생한다는 특성으로 인하여 사람이 서비스를 제공한다면 그 사람은 서비스의 한 부분이 된다는 것이다. 따라서 서비스 종사원과 고객 간의 상호의존적인 관계를 창출하기 위해 서비스 종사원을 신중히 선발하고 철저히 교육해야 하며 고객관리의 중요성을 인식시킬 수 있는 교육 및 여건을 마련해야 한다.

4) 소멸성(Perishability)

외식산업은 인적의존도가 높은 서비스산업이다. 여기서 말하는 서비스는 보관이 곤란하다는 비영구적인 특성을 지니고 있다. 서비스는 생산되는 즉시 소비되므로 사용하고 나면 그 자체는 사라져 저장이 불가능하다. 즉 제공된 서비스는 소비자에 의해 즉시 사용되지 않으면 사라지고 만다. 만약 서비스가 필요할 때 서비스를 사용할 수 없다면 서비스능력은 소멸된다. 따라서 외식기업은 소멸성을 해소하기 위해 서비스에 대한 수요예측이 필요할 것이다.

5) 일시성(Temporary)

외식산업은 계절적인 영향을 비롯하여 시간적인 영향을 받는다. 계절성은 일반적으로 기상조건의 영향을 받는 것을 말하고 시간성은 레스토랑을 찾는 주요 시간대, 예를 들면 음식을 먹기 위해 레스토랑을 방문하는 점심, 저녁 등의 시간을 의미한다. 특히 휴양지에 위치한 레스토랑의 경우 여름철과 겨울철의 고객차이로 인하여 성수기와 비수기의 매출에 확연히 차이가 있을 것이다. 또한 사무실이 밀집한 곳에 위치한 레스토랑의 경우 주말과 휴일 등에는 고객의 수요가 급격히 감소할 것이고, 평일 점심시간의 경우 고객들로 인해 붐비는 경향이 나타날 것이다. 따라서 성수기와 비수기, 또는 시간적인 영향을 고려하여 가격정책이나 영업방침 등을 계획해야 할 것이다.

2 외식마케팅 환경 분석

마케팅 환경은 항상 변화하며, 그에 따라 소비자가 변화되고, 시장이 변화되기 때문에 항상 변화되는 외식산업의 환경적 흐름을 검토하고 외식기업에 미치는 영향을 간파한 후 조직의 목표를 효과적으로 달성하기 위한 노력을 해야 한다. 하지만 여기서 주목해야 할 것은 기업이 원하는 것처럼 세상이 움직여주지는 않는다는 것이다. 즉 기업이 통제할 수 있는 내부자원과 더불어 통제할 수 없는 외부자원이 존재하고 있다는 것이다. 따라서 기업은 내부, 외부 환경요인에 대하여 끊임없이 관심을 기울이고 환경 분석을 실시하여 새로운 전략을 수립해야 할 것이다.

환경 분석(Environmental Analysis)이란 마케팅 활동과 관련된 환경요인들의 현황이나 변화추세를 파악하여 마케팅 전략을 수립하기 위해 분석하는 것을 의미한다. 이러한 환경은 크게 미시환경과 거시환경으로 구분되며 기업은 이러한 환경으로부터 유리한 기회를 얻기도 하고 때로는 어려운 위협에 직면할 수도 있다.

환경 분석을 실시할 때 주의할 점은 기업이나 마케터들이 자신의 제품과 직접적으로 관련된 환경요인에만 관심을 갖는다는 것이다. 하지만 이러한 분석은 마케팅의 근시안적인 관점이라 할 수 있으므로 좀 더 폭넓은 분석을 실시해야 할 것이다.

1. 거시적 환경 분석(Macro Environment)

거시적 환경 분석이란 기업에서 통제가 불가능한 환경요인으로 인구 통계적 환경, 경제적 환경, 사회 · 문화적 환경, 기술적 환경, 정치 · 법률적 환경으로 나눌 수 있다.

이러한 거시환경 분석은 특별한 방법론이나 분석도구가 사용되는 것이 아니라 각 분야에 대한 전문기관이나 연구보고서, 언론보도자료 및 시장조사기관의 보고서 등을 활용하는 것이다. 이러한 분석은 많은 비용을 수반하지는 않지만 많은 시간이 필요하다. 따라서 매일 주변 환경에 대한 관심을 갖고 주의를 기울여야 할 것이다.

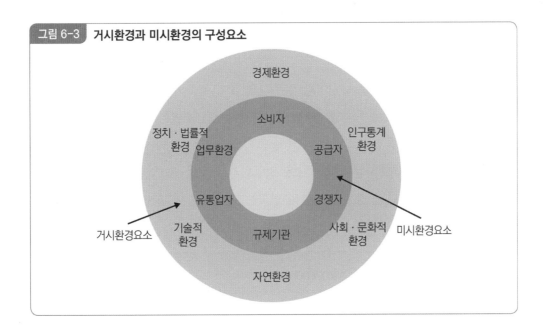

그림 6-3 **거시환경과 미시환경의 구성요소**

1) 인구통계적 환경(Demographic Environment)

인구통계적 환경(Demographic Environment)은 사회문화적 환경의 일부분으로 인종이나 직업, 연령구조, 성별분포, 인구의 분포 및 이동 등 인구와 관련된 모든 사항이 여기에 속하며 더 나아가서는 가족생활주기(Family Life Cycle)까지도 이 범주 내에 포함될 수 있다. 그러므로 인구통계적 환경은 마케팅의 대상이 되는 소비자들의 가장 기본적인 특성을 말하며 특히 외식기업의 마케팅을 하기 위해서는 인구통계학적 환경이 가장 기본이 되는 환경이기에 절대 간과해서는 안된다. 예를 들어 직업을 갖는 주부의 비율이 높아지는 현상은 인구통계 환경의 한 변화이다. 하지만 직업을 갖는 여성의 증가는 인력과 시간을 절감할 수 있는 가사용 설비와 인스턴트식품에 대한 수요를 증가시키는 기회로 작용할 수 있다. 이밖에도 출산율의 감소는 고급완구나 고급의류, 교육 캐릭터 등 고급 어린이 시장(Kids Market)의 성장을 가져오고 있으며 주 5일 근무제의 도입은 여가상품들의 수요가 증가하는 기회로 작용하고 있다.

2) 정치적 환경(Political Environment)

정치적 환경(Political Environment)이란 정부의 법률이나 조세제도 및 정치단체나 시민단체와 관련된 환경으로 정치적 환경의 변화는 갑작스럽게 변화되어 마케팅에 큰 영향을 미치게 된다. 예를 들면 밍크고래의 불법 포획으로 인하여 모든 고래의 포획을 금지할 경우 고래고기를 판매하는 레스토랑은 영업위기를 맞을 수 있다. 이외에도 정부의 경제, 산업, 금융과 관련된 정책과 법률의 변화는 마케팅뿐 아니라 기업활동 전반에 영향을 미치기 때문에 지속적으로 관심을 가져야 한다.

3) 경제적 환경(Economic Environment)

경제적 환경(Economic Environment)은 모든 산업에 있어서 가장 넓고 밀접하게 관련되어 있다. 경제적 환경이란 경제체제나 경쟁유형, 경제성장, 시장형태, 1인당 국민소득, 금리, 세금, 이자율 등이 속한다. 국가의 경제환경은 고객의 구매력과 소비형태에 영향을 미치는 매우 중요한 요인 중 하나이다. 예를 들어 기업의 구조조정이나 경기침체로 인한 실업의 증가는 소비시장의 위축을 불러오고 이로 인하여 외식업은 큰 타격을 받을 수 있게 된다. 예를 들어 미국의 경우 9.11테러 사건 직후 파인다이닝 레스토랑의 파산이 늘었는데, 이는 소비자들이 높은 가격을 지불할 만한 여유가 없었기 때문이다. 하지만 이와는 반대로 저렴한 가격의 레스토랑의 경우 지속적인 매출을 유지할 수 있었고 캐주얼 테마레스토랑의 경우 매출이 증가하기도 하였다.

4) 사회·문화적 환경(Social-Culture Environment)

사회·문화적 환경(Social-Culture Environment)이란 인구통계학적 환경을 포함하여 사회의 가치, 지각, 선호, 행위와 관련된 환경을 말한다. 이러한 사회·문화적 환경은 기업이 활동하고 있는 사회·문화적 분야와 소비자 라이프스타일 분야에서 어떤 경향이 부각되고 있는지 살펴보아야 한다. 예를 들어 맞벌이 부부의 증가, 높은 이혼율, 낮은 출산율, 여성의 취업 증가, 건강에 대한 관심 등과 같은 사회적 변화는 외식기업에 많은 영향을 미쳐왔다. 이러한 변화들은 레스토랑의 경우 메뉴와 콘셉트에 주로 영향을 미치는데 예를 들면 웰빙 트렌드에 맞춰 패스트푸드 음식보다는 건강보양식의 음식과 야채 위주의 음식 등으로 메뉴를 구성하게 되었고, 인스턴트 커피보다 원두커피가 인기를 끌기도 하였다.

5) 기술적 환경(Technological Environment)

거시환경의 변화 중 가장 빠르고 큰 영향력을 행사하는 것이 기술적 환경의 변화이다. 예로 정보통신기술의 변화는 산업 전반에 걸쳐 새로운 제품의 출현과 마케팅 관행을 크게 변화시키고 있다. 특히 새로운 기술과 제품이 기존의 기술을 바탕으로 한 제품을 신속하게 대체함으로써 기존 제품에 대한 큰 위협으로 작용하고 있다.

예를 들어 최근 급성장하고 있는 스마트폰이나 넷북(Netbook), 태블릿 PC 등의 발달은 자택근무의 증가를 가져와 중식(中食 : 간단하게 집에서 먹을 수 있는 반 조리식품)의 성장으로 이어질 수도 있다.

> **사례: 배달앱 '배달의 민족' 출범 6년… '라이프스타일 바꿨다'**
>
> 배달앱 '배달의 민족'을 운영하는 우아한형제들은 배달의 민족 서비스 출범 6주년을 맞아 그간의 발전 및 변화상을 정리한 인포그래픽을 공개했다.
> 배달의 민족이 첫 선을 보인 것은 2010년 6월 25일. 이후 6년, 수많은 배달 음식점

전단지가 스마트폰 앱으로 들어왔다. 이제 치킨, 한식, 짜장면, 피자, 보쌈 등 배달 음식을 제공하는 업소 중 80%가 배달앱을 통해 광고를 하는 시대다. 그보다 더 중요한 변화가 있다. 이용자들의 삶의 방식, 라이프스타일 자체가 바뀐 것. 업소 검색에서부터 메뉴 선택, 주문 그리고 결제에 이르기까지 단 몇 번의 스마트폰 클릭으로도 '좋은 음식을 먹고 싶은 곳에서' 즐길 수 있게 된 것이다.

우아한형제들이 공개한 인포그래픽에는 배달의 민족이 그간 성장해 온 역사와 함께 이용자의 삶을 어떻게 변화시켜 왔는지 재미있는 수치들과 함께 갈무리돼 있다. 출시와 동시에 '앱스토어 1위'를 차지하며 화려하게 데뷔한 배달의 민족은 이후 안드로

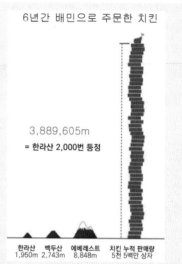

6년간 배민으로 주문한 치킨

3,889,605m
= 한라산 2,000번 등정

한라산 1,950m | 백두산 2,743m | 에베레스트 8,848m | 치킨 누적 판매량 5천 5백만 상자

이드 및 아이폰(iOS) 합산 누적 앱 다운로드 1000만 건(2014년 3월), 2000만 건(2015년 9월)을 연이어 돌파한 것은 물론 월간 순 방문자 수 300만 명, 연간 거래액 1조 원(2015년) 등 배달앱 시장 선두주자로서 수많은 '업계 최초' 기록을 써 왔다.

2016년 5월 기준 배달의 민족은 모바일 앱 누적 다운로드 2300만여 건, 전국 등록업소 수 약 18만 개, 월간 순 방문자 수 약 300만 명에 월간 주문 수 750만 건으로 올해 연간 예상 거래액 2조 원을 바라보는 명실상부한 국내 1위 서비스로 성장했다.

한편 배달앱으로 시작한 우아한형제들은 2015년 7월과 8월 외식 배달 서비스 '배민라이더스'와 신선식품 배송 서비스 '배민프레시'를 연이어 출범시키며 사업 영역을 확장해 왔으며, 올가을 '요리하는 즐거움'이라는 콘셉트로 시장에 선보일 예정인 '배민쿡'까지 더해 종합적인 '푸드테크' 기업으로 진화하고 있다.

지난 6년 동안 배달의 민족을 통해 판매된 음식의 양도 어마어마하다. 대표적인 배달음식인 치킨의 경우 누적 판매량이 5,500만 건을 넘어섰다. 판매된 치킨 상자를 하나하나 포개어 쌓으면 약 389만km로 세계에서 가장 높은 에베레스트 정상(8,848m)을 439번 오른 것과 같은 높이다. 한라산으로 따지면 거의 2,000번 가까이 등정한 셈이다. …(중략)

우아한형제들 김봉진 대표는 '배달의 민족은 음식에 IT 기술을 접목한 '푸드테크' 개념을 만들어내며 고객의 라이프스타일까지 변화시켜 왔다'며 '앞으로도 더 나은 고객경험가치를 제공하기 위해 끊임없이 고민하고 노력해 나가겠다'고 밝혔다.

자료: 데이터넷(http://www.datanet.co.kr). 2016. 6. 24.

2. 미시적 환경 분석(Micro Environment)

미시적 환경은 특정 기업이 특정 산업이나 시장에서 독특하게 접하게 되는 환경요인들로서 마케팅 수행에 직접적인 영향을 미치는 환경요인을 말한다. 즉 기업이 소속된 산업과 관련된 환경요인으로 기업조직 자체, 경쟁사, 유통업체, 규제기관, 공급자, 소비자 등이 미시적 환경에 해당된다. 이러한 미시적 환경 구성요소의 변화는 마케팅 활동에 직접적인 영향을 미치게 되므로 매우 세밀한 주의와 변화의 추적을 통해 외식기업에 미칠 영향을 분석해야 한다.

1) 고객 환경(Customer Environment)

고객은 마케팅 활동의 대상으로 기업의 존속에 결정적인 영향을 주는 가장 중요한 이해집단이다. 이러한 고객은 거시환경과 개인의 특성에 따라 끊임없이 변화한다.

고객 개인의 욕구, 선호, 구매 및 소비행동의 변화는 물론이고 제품을 구매하는 고객층과 고객의 지리적 분포, 즉 시장의 범위도 변화를 한다.

외식산업에서 고객이 외식을 하는 목적과 동기, 외식의 필요성, 외식의 내용은 결코 단순하거나 획일적이지 않다. 따라서 고객의 욕구와 외식활동에 대한 가치관을 정확하게 이해하지 못하면 고객으로부터 외면당하고 그 고객은 언제든지 해당 기업을 떠나게 될 것이다. 따라서 기업은 표적고객의 욕구를 파악하여 이에 적합한 마케팅 노력을 기울여야 한다.

2) 경쟁자 환경(Competitor Environment)

대부분의 기업은 다양한 범위에서 경쟁자를 갖게 된다. 경쟁자수의 증가는 기업 간에 보다 치열한 경쟁을 야기시키고, 그 결과 모든 기업 활동은 경쟁에서 우위를 지키기 위한 방안을 강구하지 않으면 시장에서 도태되고 말 것이다. 특히 외식산업은 진입장벽이 낮음으로 인하여 경쟁자의 범위가 넓게는 이종업계에 이르기까지 경쟁자의 폭이 넓고

깊다. 경쟁자 환경을 분석할 시에는 경쟁자의 위치, 규모, 좌석수, 제공되는 시설의 다양성, 가격, 품질, 메뉴 등 레스토랑의 운영과 관련된 모든 사항들에 대하여 소사를 하고 그에 따른 전략을 수립해야 한다. 이에 따라 기업은 경쟁자의 규모, 산업에서의 위치 등을 수시로 파악하고 경쟁이 심화된 경우 틈새시장(Niche Market)을 공략하는 방안도 고려해야 할 것이다.

3) 공급자 환경(Supplier Environment)

외식산업은 공급자의 환경변화에도 상당한 영향을 받을 수 있다. 물론 일방적 관계가 존재하기는 어렵지만 일시적으로나 단기적인 관점에서 공급의 독과점이 행해지고 있는 경우 기업에 많은 영향을 미칠 수 있다. 즉 공급자가 영향력이 강한 경우나 공급자를 변경하기 위한 전환비용이 높은 경우 공급자는 공급단가를 높일 수 있으며 이에 따라 기업은 시장점유율 유지를 위하여 이익을 줄일 것인지, 아니면 가격을 올릴 것인지에 대한 고민을 해야 할 것이다. 예들 들어 밀가루를 수입하는 업체가 가격을 높이게 되면 제빵업체에서는 가격을 올리거나 자사의 수익을 포기해야 한다. 물론 밀가루를 공급받을 업체가 많이 존재한다면 다르겠지만 그렇지 못한 경우 기업은 독과점적인 공급자에 의해 많은 영향을 받을 수밖에 없다.

4) 공중환경(Public Environment)

공중환경은 기업의 활동과 바람직한 목표달성에 이해관계를 갖거나 영향을 미칠 수 있는 집단을 말한다. 예를 들면 시민운동단체나 지역사회 주민들은 환경오염과 기업이 미치는 사회적 영향을 비판하는 대표적인 공중이라 할 수 있다. 최근 신문사와 방송국과 같은 대중언론매체들의 영향력이 커짐에 따라 이들도 매우 중요한 공중으로 인식되고 있다. 이외에도 자금조달과 신용에 중요한 영향을 미치는 금융기관, 경제와 산업정책을 시행하고 각종 규제 및 지원활동을 하고 있는 정부도 기업이 관리해야 할 공중이다. 기타 기업 내의 종사원이나 경영자, 이사회, 노동조합 등과 같은 내부공중 역시 마케팅 활동과 성과에 영향을 미치며 외부에 있는 공중에게 미치는 파급효과가 크다는 점에서 중요한 환경으로 보고 적극적으로 관리해야 한다.

 시장세분화와 표적시장

1. 시장세분화의 개념

1) 시장세분화의 발생원인

외식산업의 성장과 경쟁의 심화, 기술의 발달과 다양한 메뉴의 출시, 소득의 향상과 상품 소비에 대한 경험의 증가로 고객의 욕구는 더욱 다양화 및 세분화되고 있다. 매스 마케팅(Mass Marketing)을 통해서는 모든 소비자를 만족시키기 어려웠고, 효율적인 접근을 하기에는 시장의 규모가 너무 크고 전달방법이 어려웠다. 이러한 상황에서 기업은 다른 경쟁자를 이기기 위해서는 고객 개개인의 차별화된 욕구를 정확히 충족시켜 주기 위한 노력을 해야 한다. 특히, 외식기업을 찾는 고객들은 욕구와 선호도, 행동 등 다양한 차이를 보이고 있기에 동일한 방법으로 접근하게 되면 경쟁 또는 차별화가 될 수 없다. 그래서 시장을 세분화할 필요성이 대두되었다.

2) 시장세분화의 정의

시장세분화(Market Segmentation)란 전체 시장을 적당한 기준에 맞추어 동질적인 몇 개의 세분시장으로 나누는 행위를 말한다. 그러나 소비자의 욕구를 세분화하면 할수록 이를 충족하기 위한 비용이 증가하게 되므로 세분화에 따르는 경제성을 고려해야 한다. 경제성을 추구하기 위해 모든 소비자의 욕구를 동질인 것으로 간주하여 표준화된 하나의 제품을 대량으로 생산하고 판매하는 경우 원가는 낮아질 수 있으나 다양하고 차별화된 개별 소비자의 욕구를 정확하게 충족할 수 없다. 이러한 두 가지 측면 즉, 소비자 욕구의 정확한 충족과 비용의 경제성을 달성하기 위한 방법이 바로 시장세분화이다.

시장세분화(Market Segmentation)는 동질적인 욕구를 지닌 고객을 찾아내어 규모의 경제성을 제고할 수 있는 크기의 집단으로 묶어 차별화된 욕구의 충족과 동시에 마케팅의 경제성을 달성하기 위한 것이며 동시에 마케팅의 입장에서는 시장세분화를 통해 바람직한 세분시장을 발견하게 되고 보다 매력적인 시장기회를 발견하여 해당 세분시장에서 경쟁사보다 유리한 경쟁우위를 누릴 수 있으며 차별화를 통한 독점적 지위를 누릴 수 있게 된다.

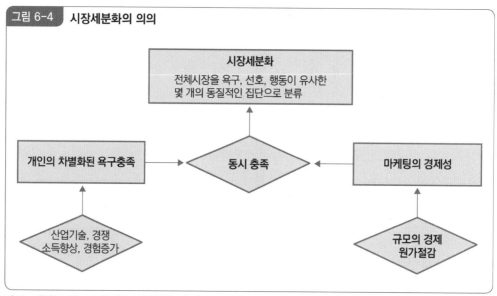

그림 6-4 시장세분화의 의의

자료: 김범종 외, 마케팅원리와 전략, 대경, 2009, p. 105.

3) 시장세분화의 전제조건

시장세분화를 하기 위해서는 먼저 이질적인 소비자의 욕구층이 존재해야 하며 소비자 개인의 욕구는 다양하고 이질적인 동시에 몇 개의 동질적인 집단으로 다시 묶일 수 있어야 한다. 만일 소비자의 욕구가 모두 동질적이라면 시장을 세분화할 필요가 없으며 차별화된 마케팅을 실시할 것이 아니라 표준화된 제품이나 마케팅 믹스를 적용하는 것이 생산과 관리측면에서 효율적일 수 있다. 이러한 전제하에 시장세분화를 성공적으로 하기 위해서는 다음과 같은 요건을 충족시켜야 한다.

첫째, 세분시장에 대한 규모의 측정이 가능해야 한다.

외식기업은 각 세분시장에 속하는 고객을 정확히 확인하고 세분화 근거에 따라 그 규모나 구매력에 대한 크기를 측정할 수 있어야 한다. 즉, 지역적 특성에 따라 세분화된 시장은 구체적으로 그 지역에 거주하는 주민의 규모를 파악할 수 있고 소득수준이나 라이프스타일에 따라서 구매력에 대한 구체적인 측정이 가능해야 한다.

둘째, 세분시장의 규모가 경제적이어야 한다.

표적으로 선정된 세분시장에 속해 있는 소비자의 수가 일정규모 이상이 되어 마케팅의 경제성(수익성)이 달성될 수 있어야 한다. 즉 외식기업이 지속적으로 유지되기 위해서는 노력에 대한 이익이 보장될 정도의 시장규모를 지니고 있어야 한다.

셋째, 마케팅 믹스의 개발이 가능해야 한다.

동질적인 욕구를 갖는 시장의 규모가 크다고 하더라도 욕구를 충족시켜 줄 마케팅 믹스를 개발하기 어려운 경우에는 시장세분화의 의미가 없다. 예를 들어 메뉴의 품질은 매우 높은 것을 요구하면서 가격은 매우 낮은 상품을 원하는 세분시장이 존재하는 경우 이들의 욕구를 충족시키기 어려울 것이다. 과거로 여행하고 싶어 하는 사람들은 많지만 이러한 사람들의 욕구를 충족시켜 줄 타임머신을 실제로 만들 수 없다면 필요 없는 세분시장이라고 할 수 있다.

넷째, 마케팅 수단의 접근이 가능해야 한다.

외식기업은 각 세분시장에 별도의 상이한 마케팅 노력을 효과적으로 집중시킬 수 있어야 한다. 즉, 외식기업의 마케팅 노력이 세분시장에 접근할 수 있어야 한다. 만일 법규나 사회적인 제약, 유통상의 제약요인으로 인해 접근이 불가능한 경우가 발생하면 이러한 시장은 외식기업에게 있어서 불필요한 시장일 것이다.

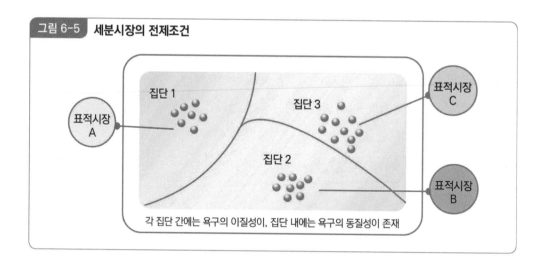

그림 6-5 세분시장의 전제조건

각 집단 간에는 욕구의 이질성이, 집단 내에는 욕구의 동질성이 존재

2. 시장세분화의 기준

시장세분화의 기준은 고객의 욕구나 행동에 있어서 차이가 있는 집단을 구분할 수 있는 분류기준을 말하며, 이러한 세분화의 기준은 특정제품의 구매나 소비와 관련하여 적용되는 것이므로 제품이 달라지면 세분화 기준과 결과도 달라진다. 세분화의 기준은 인구통계적 기준, 지리적 기준, 심리적 기준, 행동적 기준으로 구분할 수 있다.

1) 인구통계적 기준

인구통계적 기준으로는 성별이나 연령, 결혼여부, 세대(Generation), 직업, 가족구성 등을 들 수 있다. 이러한 인구통계적 변수는 측정하기는 쉽지만 소비자 행동의 차이를 확인하지 못하는 경우가 있을 수 있다. 예를 들어 자녀와 엄마가 유행하는 스타일의 옷을 같이 입고 다니고 남녀가 같은 스타일의 옷을 입고 다니는 경우 연령대와 성별이 다르지만 동일한 행동을 보일 수 있으므로 무조건적으로 인구·통계적 변수를 적용하는 것은 바람직하지 못하며 다른 기준들과 병행하여 적용해야 할 것이다.

(1) 연령

연령은 구매행동에 중요한 영향을 미친다. 어린이와 청소년, 성인 및 노년층 간의 욕구와 능력은 큰 차이가 있으며 특히 고객의 참여가 필수적인 외식산업에서는 매우 중요하다. 예를 들어 어린이와 청소년층은 노년층에 비해 상대적으로 햄버거를 좋아할 수 있을 것이다. 이에 따라 맥도날드와 같은 햄버거 가게에서는 이들 층에 맞는 마케팅 방법을 사용하여 구매를 극대화시키고 있다.

(2) 소득

소득은 구매력을 결정하고 생활방식의 차이를 가져오는 중요한 요인이다. 일반적으로 가족의 수입이 많을수록 외식 확률이 높아진다. 외식뿐 아니라 자동차나 주택의 경우도 소득이 많은 경우 배기량이 높은 차량을, 평수가 넓은 주택을 선호하게 된다.

(3) 성별

남자와 여자는 유전적인 체질로 사회화 실행에서 서로 다른 태도와 행위적 지향성을 갖는 경향이 있다. 여자들의 경우 보다 공통적인 기질을 갖는 경향이 있지만 남자들은 자기 표현적이며 목표지향적인 경향이 있다. 외식 시 여성들의 경우 최근 건강식 웰빙과 더불어 다이어트 등을 위한 야채 위주의 식생활을 하는 반면, 남성들의 경우 육류 위주의 식생활로 대조적인 면을 보이기도 한다.

(4) 직업

직업은 수입이나 생활유형, 교육수준과 연관성이 높으며 직업에 따라서도 관심사가 다양하다고 할 수 있다. 현대에 이르러 N세대 중심의 골드칼라라는 새로운 계층이 형성되었지만 그전까지는 블루칼라와 화이트칼라로 분류하기도 하였다.

(5) 가족생애주기

가족규모에 따른 결혼상태, 자녀의 수와 연령 등의 가족생애주기는 가족이라는 단위의 형성과 성장, 그리고 쇠퇴단계를 반영하며 각 단계에 따라 소득과 소비형태 및 추구하는 편익 등이 상이하게 나타난다. 예를 들면 아이가 없는 신혼가정의 경우 음식물에 소비하는 돈이 적으며 가구와 자동차 등 내구재 구매와 저축의 비중을 늘리며, 미혼 독신의 경우 소득의 대부분을 취미, 오락, 여행, 신제품 구매에 사용하며 가격에 민감한 것을 알 수 있다.

2) 지리적 기준

지리적 기준에 의한 세분화는 거주 지역, 인구밀집도, 지형, 기후대에 의한 세분화가 이에 속한다. 지리적 기준은 각 시장들에 대한 인구·통계적, 사회·경제적 자료도 얻기 쉬워 가장 편리하게 이용할 수 있으며 가장 많이 사용되는 세분화 기준이다. 예를 들어 미국의 경우 지역 간에 선호하는 커피가 다르다. 미국 서부지역은 진한 커피를 좋아하며, 동부지역은 연한 커피를 즐겨 마신다. 이에 따라 맥스웰하우스 커피는 지역에 따라 다른 커피를 판매하고 있다. 이러한 지리적 기준은 기후와도 밀접한 관계를 가지고 있다.

3) 심리적 기준

심리적 기준은 개성이나 사회계층 라이프스타일에 따라 시장을 세분화하는 것이다. 특히 라이프스타일에 의한 세분화를 심리분석적 또는 심리묘사적 세분화라고도 한다. 심리적 기준의 가장 큰 단점은 환경과 소비자가 변함에 따라 분류된 세분시장도 지속적으로 변화하게 되며, 각 세분시장 간에 중복되는 성향이 많아 외적 이질성 기준에 문제가 있다는 것이다. 또한 지리적 변수나 인구통계적 변수에 비해 정확한 측정이 어렵다.

(1) 개성

개성은 특정대상(제품, 사람, 사건 등)에 대해 일관된 반응을 나타내도록 하는 개인의 독특한 심리적 특성이다. 이러한 개성이 시장세분화의 기준으로 적용될 수 있는 것은 자신의 개성과 부합되는 제품이나 상표를 선호하는 경향이 나타나기 때문이다. 예를 들어 동물애호가들은 가축을 재료로 하는 레스토랑은 회피하는 경향이 나타날 수 있을 것이다.

(2) 사회계층

사회계층은 소득이나 학력, 혈통, 종교, 직업, 거주지 등 다양한 요소의 복합체로 이루어진다. 인도의 신분제도인 카스트제도(Caste System)처럼 신분제도가 존재하는 경우가 아니더라도 실제 사회 내에 암묵적으로 사회계층이 존재하며 이러한 사회계층에 따라 소비자의 행동과 구매행태는 달라질 수 있다. 우리나라의 경우 소득수준이 사회계층을 나타내는 지표인 것처럼 보이는데 그 이유는 소득과 학력, 직업 등이 서로 높은 상관성을 갖고 있으며 소득이 소비자 행동에 크게 영향을 미치기 때문이다.

(3) 라이프스타일

라이프스타일은 사람이 살아가는 방식으로서 개인의 행위, 관심, 의견의 총체로 측정되며 라이프스타일에 의해 시장을 세분화한 후 인구통계적 특성 및 소비자행동 특성을 함께 분석하게 된다. 이러한 라이프스타일에 의한 세분화는 많은 측정변수들에 의해서 포괄적인 접근이 이루어지므로 소비자 행동에 대해 보다 풍부한 정보를 제공해 준다.

4) 행동적 기준

행동적 기준에 따른 세분화는 제품의 사용량이나 효용, 구매경험, 상표충성도 등과 같이 해당 제품의 구매, 소비, 사용에 관련된 소비자 행동과 직접 관계가 있다. 사용량에 의한 세분화를 보자면 음료수와 주류의 경우 대량 사용자가 전체 매출에서 차지하는 비중이 높기 때문에 대량 사용자를 찾아내서 표적시장으로 선정하는 것이 좋다. 예를 들어 우리나라에서도 대부분의 사람들이 커피를 이용하고 있다. 하지만 이 중에서 커피를 가장 많이 마시는 고객층은 어떤 층인가를 구분하여 세분화하는 것이다. 즉 전체 소비량의 80%를 차지하는 소비자층을 선택하여 세분화하는 것이다. 이외에도 상표충성도가 높은 소비자와 낮은 소비자로 세분화할 수 있는데 상표충성도가 높은 소비자가 항상 바람직한 표적시장이 되는 것은 아니다. 브랜드 인지도가 낮은 제품을 출시할 경우에는 기존 제품에 대한 상표충성도가 높은 고객보다는 상표 전환을 자주하는 소비자를 표적으로 하는 것이 효과적일 수 있다.

3. 표적시장(Target Market) 선정

표적시장(Target Market)은 전체시장을 구성하고 있는 소비자들 사이의 공통점 및 차이를 인식하여 그들을 소집단으로 구분하는 시장세분화의 개념을 근거로 한다.

시장을 세분화하면 세분시장별로 기회와 위협을 파악하게 되며 세분화된 시장을 놓고 기업이 충족시키고자 하는 목표시장을 결정하게 되는데 이처럼 시장 세분화를 통해 확보된 여러 세분시장들을 평가하여 어떤 세분시장을 목표로 할 것인가를 정하는 과정이 표적시장 선정이라 할 수 있다.

1) 표적시장 선정과 마케팅 전략

표적시장으로 모든 세분화된 시장을 선택한 후 각 세분시장의 욕구를 최적으로 충족시켜 줄 수 있는 복수의 마케팅 믹스를 개발할 수도 있으나 이런 경우 많은 경제적 비용과 관리 노력이 필요하게 되고 또 어떤 시장은 규모가 작거나 마케팅 성과가 높지 않을 수도 있다. 따라서 모든 세분시장을 공략하지 않고 유리한 세분시장만을 선별하여 공략하는 것이 바람직할 수도 있다. 이와 같이 전체 시장에 대한 시장세분화 여부와 표적으로 선택한 세분시장의 수에 따라 비차별화 마케팅(Undifferentiated Marketing), 차별화 마케팅(Differentiated Marketing), 집중화 마케팅(Concentrated Marketing)으로 구분할 수 있다.

하지만 이러한 표적시장의 선정 전략을 선택하기 위해서는 세분화된 시장의 매력도와 자사의 자원과 능력을 고려해야 할 것이다. 즉, 다양한 제품개발 능력이나 이를 뒷받침해 줄 수 있는 충분한 인적, 재무적, 마케팅적 시스템을 갖춘 경우라면 복수의 세분시장을 공략하는 차별화마케팅이 효과적일 수 있으며, 자원능력이 부족한 경우에는 하나의 세분시장에 전문화하는 집중화 마케팅이 효과적일 수 있다.

(1) 비차별화 마케팅

비차별화 마케팅은 시장을 구성하고 있는 전체 소비자들의 욕구가 동일하다고 인식하고 접근하는 방법을 말한다. 즉 고객의 욕구에 대한 차이에는 무관심으로 대응하면서 이들의 공통점에 착안하여 전략을 수립하게 된다.

비차별화 전략의 장점은 비용의 경제성이 가능하다는 것이다. 즉 마케팅을 표준화·대량화함으로써 규모의 경제성을 획득한다는 것이다. 따라서 시장세분화를 실시하기 위한 시장조사 및 계획수립에 대한 비용을 절감할 수 있다. 하지만 단점으로는 이 방법을 적용할 수 있는 분야가 매우 제한적이라는 것이다. 고객의 욕구는 다양하며 또 갈수록 더욱 다양해지고 있기 때문에 모든 구매자를 만족시킬 수 있는 하나의 제품을 개발한다는 것은 매우 어려운 일이다.

(2) 차별화 마케팅

차별화 마케팅은 두 개 또는 그 이상의 세분시장을 표적시장으로 선정하고 각각의 세분시장에 적합한 제품과 마케팅 프로그램을 개발하여 공급하는 전략이다. 따라서 이 전략을 채택한 기업은 각 세분시장에서 더 많은 판매 매출을 올리면서 해당 제품과 회사의 이미지를 강화하려고 노력한다.

차별화 마케팅의 장점으로는 다양한 소비자의 욕구에 맞추어 여러 가지 상품을 다양한 가격으로 제공하고 복수의 유통경로를 사용하며 다양한 촉진을 실시하므로 보다 많은 소비자들을 고객으로 확보할 수 있다.

단점으로는 각각의 세분시장에 대하여 각기 다른 마케팅 전략을 추진하는 데 많은 비용이 든다는 점이다. 즉, 다양한 상품을 개발하기 위해서는 개발에 투자되는 비용과 인력에 대한 비용이 매우 높아진다는 것이다. 따라서 차별화 마케팅을 실시하기 위해서는 기업이 지닌 자원능력이 우수한 경우에 사용하는 것이 좋다.

(3) 집중화 마케팅

집중화 마케팅은 기업의 자원이 제한되어 있을 때 한 개 또는 소수의 세분시장에서 시장점유율을 확대하려는 전략이라고 할 수 있다. 즉 시장을 세분화한 후 가장 매력적인 시장을 선택하여 기업이 가진 제한적 자원으로 집중공략을 하는 것이다. 집중화 마케팅의 장점은 특정세분시장에 대한 고객의 정확한 욕구충족이 가능하다는 것을 들 수 있으나 특정세분시장이 변화되거나 위축, 경쟁자가 새롭게 진입할 시 심각한 영향을 받을 수 있다는 단점도 있다.

| 표 6-1 | 표적시장 선정과 유형별 마케팅 전략

	비차별화 마케팅	차별화 마케팅	집중화 마케팅
전략 유형	마케팅 믹스 → 전체시장	마케팅 믹스1 → 세분시장 A 마케팅 믹스2 → 세분시장 B 마케팅 믹스3 → 세분시장 C	세분시장 A 세분시장 B 마케팅 믹스 → 세분시장 C
특징	- 모든 시장을 동질적으로 보고 시장세분화를 하지 않음 - 하나의 표준화된 마케팅믹스 사용	- 각 세분시장에 대하여 상이한 마케팅 믹스를 개발하여 공략	- 시장을 세분화한 후 가장 매력적인 시장을 선택하여 최적의 마케팅 믹스 개발 후 집중적 공략
장점	- 대량생산에 따른 원가 절감 - 일관성 있는 이미지 유지	- 각 세분시장의 정확한 욕구충족 - 세분시장의 위축 시 위험 분산 가능	- 특정 세분시장에 대한 정확한 욕구충족 가능 - 충족자원이 취약한 기업에 유리
단점	- 표준화된 하나의 마케팅믹스로 모든 고객의 만족 어려움	- 제품개발비용과 관리비용이 높음	- 표적세분시장이 위축되거나 경쟁자 진입 시 심각한 영향
실행 조건	- 소비자들의 선호상태가 동질적이며 대량생산과 판매 시 원가절감 효과가 큰 경우	- 소비자 취향이 이질적이고 기업의 자원능력이 우수한 경우	- 경쟁자가 표적세분시장에 매력을 느끼지 못하여 진입 의사가 없는 경우

자료: 김범종 외, 마케팅 원리와 전략, 대경, 2009, p. 128.

2) 표적시장 선정 시 고려사항

외식기업이 표적시장을 선정하여 마케팅 전략을 수립할 때에는 다음의 사항을 고려하여야 한다.

첫째, 외식기업은 가지고 있는 자원이나 능력을 고려하여 표적시장을 선정해야 한다. 만약 이러한 자원이나 능력이 전체 시장을 포괄할 만큼 충분하지 못할 때에는 차별화 마케팅보다 특정 세분시장에 대한 집중적 마케팅 전략을 선택하는 것이 효과적일 것이다.

둘째, 세분시장이 높은 매력도(규모, 성장률, 경쟁, 수익성 등)를 지니고 있어야 한다. 새로운 시장을 발견했다고 하더라도 성장가능성이 있어야 하고 반드시 수익이 실현될 수 있어야 한다.

셋째, 세분시장에서 경쟁자보다 높은 경쟁우위를 가지고 있어야 한다.

외식업의 경우 모방이 쉬우며 사업의 진출이 용이하기 때문에 경쟁자들로부터 많은 견제를 받을 수 있다. 이런 경우 경쟁력이 떨어지게 되고 차별화된 마케팅을 실시하기 어려우므로 항상 경쟁우위를 점할 수 있는 기술이나 제품을 보유하고 있어야 한다.

넷째, 세분시장이 우리의 기업문화나 목표, 마케팅 믹스 등과 높은 적합성을 가지고 있어야 한다.

소비자의 기호나 선호도, 취향 동기 및 마케팅에 대한 반응 등이 유사한 경우에는 세분시장을 선정하는 것이 좋으나 그렇지 못한 경우 비차별화 마케팅을 수행하는 것이 효과적일 수 있다.

다섯째, 경쟁자의 수이다.

경쟁자의 수가 증가한다는 것은 자사에서 가져갈 수익이 감소한다는 의미를 내포하고 있는 것이다. 경쟁자의 수가 많아도 차별화할 수 있는 기술이나 자원이 있으면 세분화된 표적시장을 선정하는 것이 가능할 수 있으나 그렇지 않은 경우는 틈새시장(Niche Market)과 같은 블루오션(Blue Ocean)의 영역을 선정하기 위한 노력을 해야 할 것이다.

4 상품 포지셔닝(Positioning)

1. 포지셔닝의 개념

포지셔닝(Positioning)이란 고객의 마음속에 자사의 상품이 경쟁사와 차별화되어 경쟁적 위치를 차지할 수 있도록 인지시키는 전략을 의미한다. 포지셔닝은 자사의 상품 및 서비스를 고객들이 어떻게 인식하느냐와 관련된 지각차원으로, 이때 고객들은 일정한 속성을 기준으로 각 기업의 상품이나 서비스를 비교하여 인지하게 된다.

포지션은 제품의 시장에서의 위상이라고도 하며 제품에 대해 소비자가 가지게 되는 지각, 인식, 느낌, 이미지가 통합되어 형성된다. 소비자의 경쟁제품들에 대한 인식의 유사성을 기준으로 경쟁제품들의 포지션을 기하학적 공간에 시각적으로 그려놓은 것을 포지셔닝 맵(Positioning Map)이라고 한다.

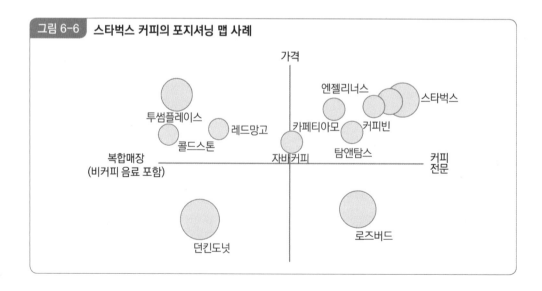

그림 6-6 **스타벅스 커피의 포지셔닝 맵 사례**

포지셔닝 맵(Positioning Map)은 소비자 관점에서 지각한 경쟁구조와 차별화 정도를 파악할 수 있다는 점에서 고객지향적인 마케팅 전략 수립과 최적 마케팅 믹스 구성에 매우 유용한 전략적 도구로 이용될 수 있다.

2. 포지셔닝의 중요성

포지셔닝은 고객들에 의해 인식되는 방식이다. 포지셔닝을 통한 이미지가 기업의 의도된 방향이든 아니든 간에 고객의 마음속에 자리잡게 된다. 이때 다른 기업의 상품이나 서비스에 비해 독특하고 고유한 위치를 확보하고 유지하고 있다면 성공적인 포지셔닝이라고 할 수 있다. 이러한 포지셔닝은 소비자 관점과 기업의 마케팅 전략 관점에서 중요한 역할을 할 수 있다.

1) 소비자 관점에서의 중요성

첫째, 상품에 대한 선호도와 구매행동에 영향력을 준다는 점에서 중요하다.

소비자는 제품의 특성과 다양한 마케팅 믹스에 의해서 선호도와 구매행동에 영향을 받는다. 하지만 구매를 하려고 할 때 이러한 다양한 속성들에 대한 평가를 일일이 하기보다는 평소에 가지고 있던 제품 속성에 대한 지각이나 인식 등이 통합되어 나타나는 독특한 포지션에 의해서 구매행동을 하기 때문에 포지셔닝이 중요하다.

둘째, 소비자에게 선택과 구매의 편리성을 제공한다.

상품을 구매할 때 선택과 구매의 편리성을 제공한다. 예를 들어 컴퓨터를 구매하고자 할 때 소비자의 마음속에는 각종 컴퓨터 회사의 제품에 대한 가격대비 성능이라든지, 디자인, 품질 등에 대한 인식이 되어 있을 것이다. 이러한 포지션이 확립되고 나면 소비자들은 컴퓨터에 대한 비교와 선택이 보다 단순화되고 쉬워지며 이상적으로 생각하는 포지션으로 인식되는 특정 컴퓨터를 선택할 확률이 높아지게 된다.

최근의 한 자동차 회사의 광고를 보면 'Guys Only'라는 용어를 사용하여 해당 자동차를 젊은 사람들이 타는 자동차로 인식시키려고 노력하고 있다. 이러한 노력은 소비자들의 정보 과부하를 줄이고 구매 대안으로 쉽고 빨리 떠오르게 할 수 있다는 점에서 매우 중요하다.

2) 마케팅 전략 관점에서의 중요성

기업의 포지셔닝은 고객의 마음속에 자리잡는 것도 중요하지만 기업의 입장에서도 매우 중요한 일이라 할 수 있다. 포지셔닝을 마케팅 전략 관점에서의 중요성 측면에서 살펴보면 다음과 같다.

첫째, 고객관점에서의 경쟁구조와 경쟁적 위상을 파악할 수 있다.

경쟁이 심화되고 있는 시장에서 제품을 포지션하기 위해 마케팅 관리자들은 표적고객이 자사의 제품을 인식하는 기준이 되는 속성차원과 경쟁제품을 비교하여 자사의 제품을 어떻게 인식하고 있는지에 대해 이해할 수 있다. 즉 어떠한 제품속성들이 고객의 인식상의 차이를 가져오는 기준이 되는지, 고객은 자사의 제품을 어떻게 인식하고 있는지, 우리 제품과 경쟁제품으로 생각하는 것은 어떤 것이 있는지 등에 대해 알 수 있게 된다.

둘째, 표적화(Targeting)를 위한 차별화의 지침이 될 수 있다.

고객들이 좋아하는 속성을 파악하여 경쟁사와 차별화할 수 있는 전략의 수립이 가능하다는 것이다. 예를 들어 고객들에게 자사 제품의 차별성을 인식시키기 위해서 무엇을 해야 하고, 고객의 인식상태를 고려할 때 어떤 표적 세분시장이 가장 매력적인지 알 수 있는 등 마케팅 전략적 의사결정을 위한 많은 지침을 제공해 줄 수 있다.

셋째, 고객과 기업의 인식상태의 차이를 발견할 수 있다.

마케팅 관리자들은 고객과 비고객의 자사제품과 경쟁제품들에 대한 인지상태를 비교할 수 있다. 이에 따라 관리자의 인식상태와 다양한 세분시장의 고객들 간에 인식상태가 일치하는지 아니면 불일치하는지를 확인하고 이를 교정할 수 있는 지침을 제공해 준다.

3. 포지셔닝의 유형과 접근방법

소비자에 대한 포지셔닝은 기본적으로 두 가지 개념을 포함한다. 첫째, 소비자의 마음속에 자리잡고 있는 외식기업의 위치를 의미하는 것으로 이때 외식기업이 생각하는 위치는 별 의미가 없고 오로지 소비자가 생각하는 것만이 중요한 의미를 지닌다. 둘째, 포지셔닝은 항상 경쟁상황에 따라 달라질 수 있다는 점이다. 일반적으로 외식기업에 대한 포지셔닝은 여러 가지 방법을 통해 실시할 수 있는데 내용을 살펴보면 다음과 같다.

1) 제품의 속성에 의한 포지셔닝

특정한 제품의 속성을 고객에게 알림으로써 고객에게 포지셔닝하는 방법이다. 이 방법은 많은 특성을 설명하는 것이 포지셔닝을 하는 데 있어 유리하게 작용할 것이라 생각하지만 오히려 너무 많은 특성을 사용하면 고객에게 혼란을 주어 원래의 목적과 다르게 인식될 수 있다. 농심 '신라면'의 경우 매운맛이라는 제품의 속성을 강조해서 소비자들의 인식 속에 매운 라면이라는 위치를 차지할 수 있었다.

2) 제품 사용자에 의한 포지셔닝

이 방법은 표적시장 내의 소비자를 목표로 제품을 사용하는 사용자 또는 사용자 집단을 연결시키는 방법이다. 예를 들면 '존슨즈 베이비 로션'의 경우 아기의 연약한 피부를 부각시켜 주로 아기들이 쓰는 화장품 또는 아기와 같은 연약한 피부에 적합한 순한 화장품으로 피부 트러블(Trouble)이 있는 고객들에게 어필하고 있는 예라고 볼 수 있다.

3) 제품 사용상황에 의한 포지셔닝

이 방법은 제품의 성분이나 맛, 특성에 언급을 두는 것이 아니라 제품을 사용해야 하는 상황에 대해 언급하는 방법이다. 예를 들면 '일요일은 오뚜기 카레'라는 캐치프레이즈로 카레라는 음식을 일요일 식사상황과 연결시킨 경우를 볼 수 있다.

4) 경쟁제품을 이용한 포지셔닝

경쟁제품과 대비시켜 포지셔닝하는 방법으로 두 가지 관점에서 실행할 수 있다. 한 가지는 우리의 제품이 경쟁사의 제품과 다르다는 관점과 객관적인 자료를 인용하여 경쟁사의 제품보다 우수하다는 것을 강조하는 방법이 있다. 예로 의약품 시장에서 후발주자였던 타이레놀은 시장에 출시되면서 아스피린을 따라 잡기 위해 다음과 같은 광고를 실시했다. "복통을 자주 경험하는 분, 또는 궤양으로 고생하는 분, 천식, 알레르기, 빈혈증이 있는 분은 아스피린을 복용하기 전에 의사와 상담하시는 것이 좋습니다. 아스피린은 위벽을 자극하고 천식이나 알레르기 반응을 유발하며 위장에 출혈을 일으키기도 합니다. 다행히 여기 타이레놀이 있습니다." 즉 이와 같은 방식으로 경쟁제품에 비해서 자사의 제품이 어떠한 위치에 놓일 수 있도록 포지셔닝하는 방법이다.

5) 제품의 추상적인 편익에 의한 포지셔닝

제품의 추상적인 편익이란 해당 제품을 사용하면서 느낄 수 있는 정서적인 측면이나 사색적인 측면을 강조하는 포지셔닝을 말한다. 예를 들어 '초코파이'라는 제품은 제품의 속성이나 사용자 등을 강조하는 것이 아니라 '정(情)'이라는 감성적인 측면을 강조한 포지셔닝이라고 볼 수 있다.

5 마케팅 믹스(Marketing Mix)

마케팅 믹스(Marketing Mix)란 마케팅 프로그램과 전략개발을 위해 사용할 수 있는 통제 가능한 마케팅 도구들의 집합을 의미한다. 마케팅 믹스를 구성하는 요소에는 상품(Product), 가격(Price), 유통(Place), 촉진(Promotion)이라고 불리는 4P가 있으며 이들을 어떻게 조합하느냐에 따라 성과가 달라질 수 있다.

1. 상품(Product)

1) 상품의 정의

상품은 고객의 욕구 또는 욕망을 충족시켜 줄 수 있는 것으로 시장에 출하되어 주의나 획득, 사용 또는 소비의 대상이 될 수 있는 것으로 물리적 속성을 지니고 있는 상품을 재화(Goods, Tangible: 유형상품)라 하고 물리적 속성을 지니지 않은 상품을 서비스(Service, Intangible)라고 한다. 하지만 일반적으로 유형상품에 서비스가 결합되어 있는 형태를 띠는 경우가 많다. 예를 들면 컴퓨터라는 재화를 구매했지만 단지 물리적인 속성만을 구매한 것이 아니라 배달이나 AS, 교육 등 다양한 서비스가 동시에 제공된다.

2) 상품의 구성차원

상품은 소비자의 욕구 충족을 위한 효용의 집합체라고 한다. 따라서 상품과 관련된 요소들은 소비자의 욕구와 효용을 충실하게 반영하여 결정되어야 한다. 상품을 구성하고 있는 다양한 속성들은 궁극적으로 상품을 소유하고 사용함으로써 얻고자 하는 고객의 욕구를 효과적으로 충족할 수 있어야 하며, 또한 그 효용을 잘 표출할 수 있도록 구성되어야 한다. 이러한 관점에서 볼 때 상품은 핵심상품과 실제상품, 확장상품이라는 3가지 구성차원으로 이루어진다.

(1) 핵심상품(Core Product)

핵심상품은 상품의 가장 근본적인 차원이라고 할 수 있다. 또한 소비자가 실제로 구매하고자 하는 것이 무엇인가에 관한 차원이다. 이 핵심상품은 소비자들이 상품을 구입할 때 그들이 얻고자 하는 이점이나 문제를 해결해 주는 서비스로 구성된다. 예를 들어 소비자가 화장품을 구매하는 이유는 단순히 화학적 물질을 구매하는 것이 아니라 아름다움을 구매하는 것이다. 만일 음식을 먹는 이유가 배고픔에 대한 해결이라고 한다면 맛보다는 음식의 양에 치중해야 고객이 원하는 핵심을 이해할 수 있을 것이다. 따라서 상품을 기획할 때는 가장 먼저 상품이 제공하는 핵심효용을 명확히 하는 것부터 출발해야 한다.

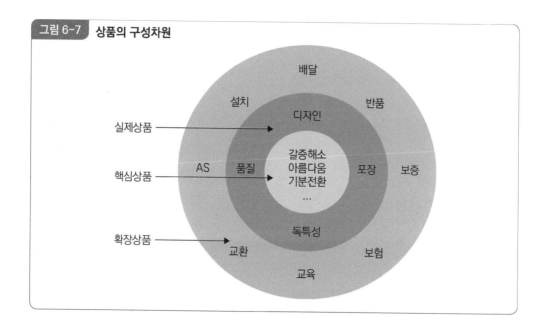

그림 6-7 **상품의 구성차원**

(2) 실제상품(Actual Product)

실제상품은 핵심상품을 형상화한 것으로 품질수준이나 특성, 스타일, 상표명, 포장 등의 특징을 포함하고 있다.

① 품질(Quality)

상품의 품질은 단순히 결함이 없음을 의미하는 것이 아니라 고객이 기대하는 성능이나 특성을 얼마나 잘 충족하는가의 문제이다. 일반적으로 품질이라 하면 내구성, 신뢰성, 정밀도, 사용의 간편성, 성능 등을 의미할 수 있지만 품질 측정의 기준은 생산자가 아니라 소비자가 지각하는 품질이라는 점에 유의해야 한다. 아무리 기업에서 자사의 상품에 대해 최고의 품질이라며 객관적·과학적인 자료를 제시하여도 소비자들이 인식하지 못하는 경우 좋은 품질로 인정받을 수 없게 된다.

또한 소비자마다 품질의 평가기준이 다르기 때문에 표적 세분시장에서 고객이 원하는 품질의 기준과 그 수준에 대한 정확한 분석이 요구된다.

② 디자인(Design)

디자인은 아름다움과 기능성을 동시에 갖추어야 좋은 평가를 받을 수 있다. 음식의 경우라면 보기도 좋고 먹기도 좋으며, 맛도 좋아야 한다는 의미이다. 단순히 겉으로 보이는 스타일과 색상이 우수하다고 해서 좋은 디자인이 될 수 없으며 기능이 너무 많고 복잡하여 사용상에 불편함이 있다면 역시 좋은 디자인이 될 수 없다. 따라서 디자인은 심미성을 바탕으로 한 독특성과 단순함을 바탕으로 한 기능성을 동시에 갖추는 것이 좋다.

③ 포장(Package)

포장은 상품의 보호기능과 상품가치의 향상 및 포장을 통한 시각적 정보를 전달하는 촉진기능을 동시에 수행한다. 우리나라 속담에 "보기 좋은 떡이 먹기도 좋다"는 말이 있듯이 아름답고 좋은 포장은 고객의 시선을 끌고 상품에 대한 좋은 이미지를 표출하고 바람직한 정보를 제공하는 기능을 효과적으로 수행할 수 있다. 이러한 것을 포장의 촉진기능이라고 할 수 있다.

④ 독특성(Feature)

독특성 또는 특장이란 기본적인 상품의 모델에 독특한 특성을 추가하여 보다 정확하고 높은 소비자 욕구 충족과 경쟁적 차별화를 꾀하는 요소를 말한다. 이러한 특장을 부가하기 위해서는 사전에 소비자 조사를 통해 특장 요소별 선호도와 특장의 부가에 따른 원가 상승요인에 대한 소비자들의 추가적인 비용 지불의사를 조사해야 한다.

(3) 확장상품(Supporting Product)

확장상품은 핵심상품에 가치를 부여하여 경쟁에서 차별화하기 위한 추가적인 상품이라 할 수 있다. 확장상품의 요소로는 보증이나 반품, 배달, 교육, AS 등을 들 수 있으며 실제 상품요소에서 큰 차이가 없는 상품들 간에도 확장상품의 요소가 달라짐에 따라 소비자의 선호도가 크게 달라질 수 있다. 하지만 확장상품을 추가하면 할수록 상품의 원가가 상승하게 되어 소비자들이 가격에 민감한 경우에는 수요의 감소효과로 나타날 수 있으니 주의해야 한다.

3) 상품의 수명주기(Product Life Cycle)

사람에게 수명이 있듯이 상품에도 일정한 수명이 있고 이러한 수명은 새로운 상품이 등장할 때마다 반복적인 형태로 나타나는데 상품의 수명주기는 일반적으로 상품개발단계를 시작으로 시장에 처음 출시되는 도입기, 매출액이 급격히 증가하는 성장기, 상품이 어느 정도 고객들에게 확산되어 성장률이 둔화되는 성숙기, 매출이 감소하는 쇠퇴기의 과정을 거치게 된다.

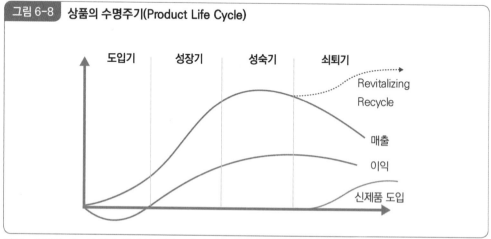

그림 6-8 **상품의 수명주기(Product Life Cycle)**

자료 : 김범종 외, 마케팅 원리와 전략, 대경, 2009, p.209.

(1) 도입기의 특징과 전략

도입기는 상품이 시장에 처음으로 소개되는 시기로 제품에 대한 인지도가 낮고 매출의 성장이 느리게 나타나는 단계이다. 또한 새로운 상품에 대한 구매자의 수가 아주 적고 경쟁기업이 없거나 극소수인 것이 특징이다. 따라서 이 시기에는 상품의 개발과 시장도입에 많은 비용이 투입되기 때문에 손실이 발생하거나 이익이 거의 나지 않는 단계이다.

도입기의 전략으로는 먼저 인지도를 높이기 위한 광고 및 홍보, 견본품 제공 등을 통해 소비자 촉진에 주력해야 한다. 수익이 발생할 경우 마케팅 및 제조원가에 재투입을 하고 상품의 기본적인 효용을 알리는 데 주력하는 것이 좋다.

가격전략으로는 경쟁자가 없을 시 초기고가전략(Skimming Price Strategy)을 사용하고 시장점유율 확보를 목적으로 할 경우에는 침투가격전략(Penetration Price Strategy)을 사용하여 잠재적 경쟁자의 진입을 막는 방법도 유효하다.

(2) 성장기의 특징과 전략

성장기는 상품에 대한 시장의 수용이 빠르게 일어나고 상당한 수준으로 매출과 이익이 증가하는 단계이다. 대량생산을 통한 생산원가의 감소 및 이익의 증대로 경쟁기업이 등장하게 되는 시기이다.

성장기의 전략으로는 경쟁자 등장에 따른 시장점유율 확보에 노력을 기울이고 브랜드 이미지 상승 및 판매 증대를 위한 유통망의 확장에 주력해야 한다. 또한 잠재적 경쟁자의 진입방지를 위한 차별화된 방안을 연구하고 경쟁자가 나타나기 전까지는 초기고가전략(Skimming Price Strategy)을 유지하는 것도 좋다.

(3) 성숙기의 특징과 전략

성숙기에는 성장기에 비하여 시장수요 대비 기업들의 공급능력이 큰 반면, 경쟁은 매우 치열한 단계이다. 잠재구매자의 대부분이 상품을 구매했기 때문에 신규구매가 거의 없으며 기존고객의 재구매가 이루어지는 단계이므로 매출의 성장이 둔화되어 일정수준을 유지한다.

성숙기의 전략으로는 시장점유율을 방어하면서 성숙기를 연장할 수 있는 전략대안을 세워야 한다. 예를 들면 새로운 시장의 개척이라든지, 상품 및 서비스의 개선, 마케팅 믹스의 수정을 통한 방법 등이 있다.

(4) 쇠퇴기의 특징과 전략

쇠퇴기에는 소비자 취향의 변화와 새로운 상품의 출현, 기술의 변화 등으로 매출이 현저히 줄고 이익도 크게 줄어드는 단계이다.

쇠퇴기의 전략으로는 더 이상의 마케팅 비용에 대한 투자를 중단하고 상품의 수를 축소하거나 수익성이 낮은 품목과 유통경로를 줄이며, 기존 고객들의 반복구매를 통한 자연스러운 상품 감소를 유도한다.

2. 가격(Price)

1) 가격의 정의

가격이란 마케팅 믹스 요소 중 기업의 수익원천이 되는 유일한 요소로 판매자가 제공하는 상품, 유통, 촉진에 대한 대가로 구매자가 판매자에게 지불하는 화폐의 양이라고 할 수 있다. 다시 말해 기업이 제공하는 효용에 대하여 소비자가 지불하는 대가로 구매자 입장에서는 기업이 구매자에게 제공하는 유통, 촉진으로부터 얻게 되는 효용가치에 지불하는 대가이고 판매자 입장에서는 소비자 효용가치를 제공하기 위하여 투입되는 평균원가의 기준이라고 할 수 있다.

2) 가격결정 전략

가격은 구매자 측에서는 지불해야 할 비용인 반면 기업에 있어서는 이익에 직접적인 영향을 주는 마케팅 믹스 요소이다.

효과적인 가격정책을 결정하기 위해서는 경제적인 측면만을 생각해서는 안되며 심리적 측면도 고려해야 한다. 또한 가격은 제품, 유통, 촉진에 대한 총체적인 반대급부로서 책정되어야 하며 수요, 유통마진, 경쟁, 원가 등을 복합적으로 고려해야 한다는 점에서 매우 민감하고 어려운 부분이다. 판매자의 입장에서 가격을 결정하기 쉽다고 원가에 일정액의 이윤을 더하는 방식의 가격결정을 하는 것은 바람직하지 못하고 시장상황에 대한 고려를 하지 않고 일정한 생산량이 그대로 다 판매될 것이라는 비현실적인 가정과 장기적인 변동상태를 고려하지 못하면서 가격을 결정하는 것도 문제가 있다. 따라서 실제 외식기업에서 가격을 결정할 때의 전략을 살펴보면 다음과 같다.

(1) 허용 가능한 가격범위의 설정

가격을 설정하는 범위로 가장 넓게는 최저 단위당 한계비용(제품 한 단위를 추가하는 데 드는 추가비용)에서 제품의 특성이 유사한 경쟁사 가격보다 15% 높은 가격을 최대범위로 설정할 수 있다. 좁게는 단위당 평균원가와 고객이 느끼는 제품의 인식가치 사이로 설정한다. 고객이 느끼는 제품가치를 정확히 알 수 없을 때는 경쟁사 가격수준을 상한선으로 한다. 이러한 가격 하한선과 상한선의 범위 내에서 다음의 상황을 고려하여 저가격 방향으로 아니면 고가격 방향으로 이동한 가격을 결정한다. 여기서 주의할 것은 가격은 한 번 결정되면 계속 고정되는 것이 아니라 시간의 흐름과 수요의 변동상태 및 원가구조 등의 변화에 따라서 언제든 조정이 가능하다는 것이다.

(2) 마케팅 목표

기업이 생존의 위기에서 절박한 상황이라면 평균원가에 가까운 가격을 책정할 수 있다. 하지만 이와 반대로 고급스러운 이미지를 유지하려면 경쟁가격 이상으로 책정하는 것이 바람직하다. 즉 전략상 해당 상품이 수행하는 임무를 고려하여 가격을 결정한다.

(3) 제품수명주기

제품의 수명주기에 따라 가격은 달라질 수 있다. 제품의 수명주기가 매우 짧게 예상

되는 경우는 시장점유율 확보를 위해 저가정책보다는 단기적인 수익을 극대화하기 위한 고가정책이 효과적일 것이다. 하지만 수명주기가 긴 제품은 저가를 기본으로 하는 방안이 성숙기에 누릴 수 있는 장기적 효과 및 경제적 측면에서 유리할 것이다.

(4) 상품 포지셔닝

소비자들은 가격을 제품가치 평가의 중요한 실마리로 사용한다. 고품질 제품이나 독점적 제품의 가격을 낮게 책정하는 것은 어리석은 방법이다. 너무 저가의 가격을 책정하면 오히려 제품의 성능이 떨어진다고 생각할 수 있어 구매에 영향을 미친다. 즉 최고의 제품이나 서비스라고 광고하면서 경쟁사보다 낮은 가격을 책정하는 경우 저가격에 대한 유인효과와 저가격에 대한 부정적인 인식이 서로 혼합되어 오히려 수익성이 낮아진다는 연구결과도 있으니 이러한 상품의 포지셔닝을 잘 고려하여 가격을 설정하여야 한다.

(5) 경쟁자와 잠재 경쟁자의 고려

경쟁상품과 정확한 비교가 가능한 직접적인 경우에는 가격이 낮은 제품이 유리하다. 모방제품의 경우 경쟁제품보다 가격이 높으면 성공하기 어렵다. 경쟁이 심한 상황에서 고가격은 경쟁사를 시장에 본격적으로 뛰어들게 하는 유인이 될 수 있다. 따라서 강력한 경쟁자가 대규모 투자를 통해 규모의 경제효과와 경험곡선을 타고 보다 신속하게 원가를 줄여감으로써 오히려 선두주자가 시장에서 내몰리는 결과를 초래할 수 있다. 잠재시장의 규모가 클 때 초기에 저가격 정책은 신속한 제품 확산과 경험효과에 의한 원가절감으로 경쟁자의 진입을 저지하는 효과를 가져올 수 있다.

(6) 경험효과와 규모의 경제효과

경험효과란 한 가지 일에 몰두하다 보면 해당 일에 대한 경험이 축적되어 결과적으로 인건비가 절감되고, 원가의 절감으로 이어진다. 규모의 경제효과란 누적 또는 일회생산량의 규모가 커질수록 제품의 원가가 낮아지는 효과를 말한다. 따라서 이러한 효과를 기준으로 저가격정책을 할 것인지 아니면 고가격정책을 할 것인지를 결정한다. 만일 경쟁자보다 경험효과와 규모의 경제효과를 달성할 수 있다면 저가격정책으로 시장점유율 확보하는 데 유리한 위치에 있을 수 있게 된다.

3) 신제품의 가격전략

시장에 최초로 도입되는 신제품의 경우 비교기준이 될 만한 기존제품이 없기 때문에 가격책정에 어려움이 있다. 경쟁제품이나 비교기준 제품이 있는 경우에는 이를 준거로 하여 가격을 결정해 나가는 방법을 사용할 수 있으나 그렇지 못한 경우에는 매우 어려운 일이다. 원가를 기준으로 일정 마진을 붙이는 경우 고객의 반응과 전체적인 수요에 미칠 영향을 고려해야 하고, 너무 저가격으로 잘못 책정하여 불필요한 이익의 축소를 가져올 수 있기에 매우 신중히 고려해야 한다.

전략적인 측면에서 새로운 제품 및 서비스가 등장했을 때 일반적으로 두 가지 접근법으로 가격을 책정한다.

(1) 초기고가전략(Skimming Price Strategy)

초기고가전략은 신제품 도입 초기에 가격을 높게 책정하여 고소득층의 시장을 시작으로 점차 가격을 인하하여 저소득층 시장을 흡수하는 방식을 말한다.

이러한 초기고가전략을 사용하는 이유는 다음과 같다.

첫째, 제품이 성숙되기 전의 초기단계에는 성숙된 제품에 비해 가격변동에 대한 수요탄력성이 크지 않다. 즉 가격이 높거나 낮다고 해서 수요가 큰 영향을 받지 않으므로 고가정책이 유리하다. 또한 소비자는 가격이 높으면 성능도 그만큼 높다고 생각하기 쉽고 다른 대체품이 없는 경우도 많기 때문에 수요의 교차탄력성이 낮다.

둘째, 고가격으로 신제품을 내놓으면 시장을 단계적으로 층화하여 세분화 전략을 적용할 수 있다. 초기의 고가격에는 그다지 가격에 민감하지 않은 고소득층이 구입을 하므로 초기에 높은 이익을 올릴 수 있다.

셋째, 수요가 불확실하고 생산량의 변화에 따른 원가의 인하 정도를 정확하게 예측할 수 없을 때 고가전략을 먼저 적용한 후 원가절감에 따라 가격을 낮추는 것이 안전하다.

넷째, 많은 회사들이 초기 시장 개척비용을 회수할 때까지의 장기간을 기다릴 만한 자금여유를 가지고 있지 못한 경우가 많다. 따라서 초기에 생산과 유통 및 판촉 등에 투입된 자금 부담을 해소하기 위해서 고가전략을 사용한다.

따라서 이러한 초기고가전략은 제품의 질과 이미지가 높은 가격에 부합되는 제품이나 경쟁사가 시장에 진입하기 어려운 경우, 소량생산으로 인해 비용은 높지만 고가격으로 인해 이익이 유지되는 경우, 수요에 대한 가격탄력성이 작고, 규모경제에 의한 원가절감의 효과가 크지 않은 경우에 사용하면 좋다.

(2) 시장침투전략(Penetration Price Strategy)

초기고가전략은 시장에 진입할 당시 어느 정도의 이윤을 확보하는 장점이 있지만 소득수준이 낮고, 제품이나 평판의 우수성에 대해 높은 프리미엄을 지불하려고 하지 않는 고객에 대해서는 판매하기 어렵다. 따라서 신제품 도입 초기에 저가격으로 신속하게 시장의 확대와 점유율을 확보하기 위한 전략이 바로 시장침투전략이다. 하지만 저가전략은 장기적인 관점에서 투자자본의 회수를 꾀하는 것이므로 그 사이에 경쟁사가 새로운 방식이나 혁신적인 원가절감형 상품으로 위협해 올 수 있다. 따라서 기업은 항상 경쟁사의 진입에 대한 대비와 함께 원재료 및 제조공정상의 혁신에 초점을 맞추고 시장의 확대를 위한 새로운 개발을 지속적으로 실시해야 한다. 이러한 저가전략은 소비자의 취향이 동질적인 경우나 시장 잠재력이 큰 생활필수품의 경우, 또는 수요의 탄력성이 커서 가격이 갑자기 변하게 되면 구매를 잘 하지 않는 경우, 대량생산과 유통에 따른 규모의 경제효과로 원가절감효과가 큰 경우에 사용하기 쉽다.

4) 단기적 가격조정전략

신제품 출시 후 가격이 정해졌다고 하더라도 시장의 상황이나 기업의 전략적 목적에 따라 가격을 조정하는 경우가 많다. 반드시 신제품만 그런 것이 아니라 기존제품의 경우도 제품의 양을 조정하거나 디자인 변경, 서비스의 변경 등에 따라 가격을 조정하기도 한다. 하지만 이러한 제품의 디자인이나 서비스, 특성 등이 변화되지 않았음에도 불구하고 의도적으로 가격을 조정하는 경우가 있는데, 일반적으로 가격할인으로 불리는 단기적인 가격조정 전략이 이러한 예이다.

(1) 누적할인(Cumulative Quantity Discount)

누적할인은 일정기간 동안 일정량 이상을 구매한 소비자에게 할인해 주는 방법을 말한다. 예를 들어 커피전문점에서 도장을 10번 찍어오면 커피 한 잔을 무료로 준다든지, 항공사의 마일리지처럼 일정한 마일리지가 쌓이게 되면 마일리지 점수에 따라 혜택을 주는 경우를 말한다.

(2) 비누적할인(Noncumulative Quantity Discount)

비누적할인은 한 번에 일정량을 구매하는 경우에 할인해 주는 방법이다. 이 방법은 일정한 기간이 없다는 것이 누적할인과는 차이라고 할 수 있다. 예를 들면 10개 구입 시 10% 할인해 준다든지, 아니면 1개를 무료로 주는 방법 등 구매 즉시 실시하는 할인 방법이다.

(3) 현금할인(Cash Discount)

현금할인의 경우 신용카드나 할부구매를 하지 않는 고객에게 즉시 할인해 주는 방법을 말한다. 현금할인은 판매자에게 있어 현금흐름을 원활하게 해주고, 카드수수료가 발생하지 않는다는 이점이 있으며, 소비자의 입장에서는 할인을 통한 비용절감의 이점이 있다.

(4) 계절할인(Seasonal Discount)

계절할인이란 비수기에 일정한 생산과 판매를 유지하기 위한 판매촉진 방안으로 할인해 주는 방법을 말한다. 예를 들면 비수기의 호텔이나 스키장, 콘도 등 고객수 증대를 위해 할인을 실시하는 방법이라든지, 계절이 지난 상품에 대해서 할인해 주는 방법 등을 말한다.

(5) 공제할인(Allowance Discount)

보상판매의 일종으로 제품에 대한 보상가격만큼 할인해 주는 방법을 말한다. 예를 들면 컴퓨터를 구매하면서 기존의 구형 컴퓨터에 대해 일정금액을 보상하면서 할인하는 방법 등을 들 수 있다.

| 그림 6-9 | 공제할인 사례 |

5) 가격차별화 전략

가격차별화 전략이란 동일한 상품에 대해 두 가지 이상의 가격을 적용하여 판매하는 경우를 말한다. 가격차별화 전략은 제품원가나 제품의 품질에 대한 차이로 인하여 가격을 차별하는 것이 아니라 고객이나 구매상황에 따라 가격에 대한 반응의 차이를 고려하여 다르게 책정하는 방법이다. 이렇게 차별화를 하는 이유는 동일한 제품이라고 해도 고객에 따라 가격에 대한 민감도가 다르고 고객이 구매하는 상황, 예를 들면 급한 상황이나 성수기, 비수기 등에 따라서도 다르기 때문에 가격차별화를 실시하는 것이다. 하지만 차별화를 실시할 때 다음과 같은 문제점을 가져올 수 있기에 주의해야한다.

첫째, 차익거래현상이 발생할 수 있다. 즉 동일 제품에 대한 가격차이가 큰 경우 낮은 가격에 제품을 구매하여 가격이 높은 장소에서 판매하여 이윤을 얻는 경우가 생긴다. 예를 들어 명절 고향 길의 고속도로나 차가 막히는 장소에서 판매하는 캔 커피의 경우 할인마트에서 구매한 후 판매하면 차익이 발생된다.

둘째, 고객의 불만을 초래할 수 있다. 예를 들어 한 음식점에서 수능 이벤트로 고등학생에게만 50% 할인해 판매를 한다면 다른 고객들은 불공평한 대우를 받고 있다고 생각할 수 있다는 것이다. 따라서 이러한 문제점에 대한 대비도 반드시 필요하다.

이러한 차별화 방법으로는 고객별, 제품형태별, 장소 및 지리적 차별, 요일 및 시간별, 계절별 차별 등이 있다.

(1) 고객별 차별

고객의 유형에 따라 가격을 차별하는 방법으로 예를 들면 극장이나 버스 승차 시 학생할인, 경로우대 등이 고객별 차별에 해당된다고 할 수 있다.

(2) 제품형태별 차별

제품의 성능이나 부가서비스 등에 따라 차별하는 방법을 말한다. 예를 들면 동일한 컴퓨터나 자동차라고 하더라도 옵션에 따라 가격의 형태는 다르다고 할 수 있다. 음식의 경우도 스테이크라는 의미는 동일하지만 우리나라의 '한우'라든지, 일본이나 호주의 '와규(Wagyu)'는 가격차이가 있을 것이다.

(3) 장소 · 지리적 차별

제품이 판매되는 장소나 위치에 따른 가격차별을 말한다. 예를 들면 극장 안에서 판매하는 음료수와 밖에서 판매하는 동일한 음료수의 가격은 다를 수 있다. 또한 오페라를 관람하는 위치에 따라서도 'S석', 'A석' 등의 차별을 두어 가격을 구분하고 있다.

(4) 시간 및 요일별 차별

특정시간이나 요일에 따라 가격을 차별하는 방법을 말한다. 예를 들면 12시 이후의 택시요금은 심야할증으로 인하여 가격이 더 올라가고, 극장의 경우 고객수가 상대적으로 적은 오전에 '조조할인'이라는 가격정책으로 고객을 유인하고 있다.

(5) 계절별 차별

계절에 따라 가격을 차별하는 방법으로 부산 해운대의 경우 바닷가 근처의 음식점들은 여름철 성수기 가격이 2~3배 높게 올라가는 것을 볼 수 있을 것이다. 이외에도 여름철 항공기 가격의 경우 동일한 비행기임에도 불구하고 겨울철 항공기 가격과 다르게 책정된다.

사례: '수험표 팝니다' 개인정보도 털립니다

최근 수능시험에 사용된 수험표를 제시하면 혜택을 주는 이벤트가 쏟아지면서 인터넷 등에서 수능 수험표 사고팔기가 성행하고 있다.

인터넷 한 중고물품 거래사이트에는 수능 수험표를 팔거나 산다는 글이 가득했다. '15학년도 수능 수험표 팝니다', '95년생 수능 수험표 팝니다' 등의 제목과 사는 곳, 휴대전화번호까지 공개하고 수험표를 거래했다. '사진만 바꿔 사용하면 아무런 문제가 없다'며 사용방법과 소비자 혜택까지 상세히 적어놓은 글도 많았다. 수험표는 보통 2~5만원에 거래됐고, 10만원에 수험표를 판다는 글도 있었다.

수험표 거래가 인기를 얻는 것은 수험표가 가진 다양한 혜택 때문이다. 수능 이후 영화관, 놀이공원, 식당, 안경, 성형외과에서 본인 수험표를 갖고 오는 손님에게 많게는 60%까지 할인 혜택을 주고 있다. 대부분 업체는 수험표만 제출하면 자세히 살피지 않고 할인 혜택을 제공한다.

경찰 관계자는 수험표를 사고파는 행위를 제재할 근거는 따로 없다. 그러나 수험표에는 주민등록번호, 이름, 얼굴사진, 출신학교 등 개인정보가 있어 전화금융사기 등에 악용되는 피해를 볼 수 있다고 주의를 당부했다.

이어 수험표를 위조해 혜택을 받았다면 엄밀히 말해 공문서 변조죄나 사기에 해당할 수 있다고 우려했다.

자료: 국제신문, 2014.11.21.

3. 유통(Place)

1) 유통의 이해

유통(Distribution)이란 제품이나 서비스가 생산자로부터 소비자에게 이전되는 현상, 또는 이전시키기 위한 활동을 의미한다. 유통의 기본적인 기능은 소비자가 원하는 제품을 원하는 장소와 원하는 시간에 구매할 수 있도록 해주는 것이다. 이러한 유통기능을 수행하는 개인이나 조직의 집합체를 유통경로(Distribution Channel)라고 한다.

하지만 외식기업의 경우 무형적인 특성으로 인하여 편의점과 같은 곳에서 판매하는 즉석식품을 제외하고는 물리적 유통단계는 없다. 따라서 외식기업에 있어서는 입지가 매우 중요하다는 것을 알 수 있다.

이러한 유통기능은 매매를 통해 소유권을 이전시켜 주는 상적유통 기능과 제품을 보관·운송해 주는 물적유통 기능으로 구성된다.

유통기능이 원활하게 수행되지 못하면 생산자는 생산된 제품이 판매되어 현금으로 회수되지 못함으로써 재생산에 차질을 가져오며, 소비자는 필요한 시기에 적합한 제품을 적정한 가격에 구매할 수 없게 됨으로써 소비생활에 불편을 겪게 된다.

2) 유통기관의 필요성 및 기능

유통기관의 가장 근본적인 기능은 〈그림 6-10〉과 같이 다수의 생산자와 다수의 소비자 사이에서 거래를 중계함으로써 생산자와 소비자 사이의 총 거래 횟수와 이동거리를 줄여 시장에서의 거래비용(Transaction Cost)을 줄여주는 것이다. 또한 생산과 소비의 시간과 장소 및 정보의 격차를 해소시켜 거래를 촉진한다. 예를 들어 유통기관이 없다고 한다면 생산자는 소비자를 직접 찾아가서 물건을 팔거나 자신이 직접 점포를 운영해야 하고 소비자는 물건을 살 때마다 각각의 판매상점을 찾아가서 구매해야 할 것이다.

유통기관이 수행하는 다양한 기능을 요약하면 크게 3가지로 요약할 수 있는데 첫째,

여러 가지 생산품을 한곳에 모으는 집중화, 둘째, 소비자가 원하는 거래단위로 작게 나누는 분할화, 셋째, 넓게 분포되어 있는 소비자에게 제공하는 분산화를 들 수 있다. 이외에도 다음과 같은 다양한 기능을 수행한다.

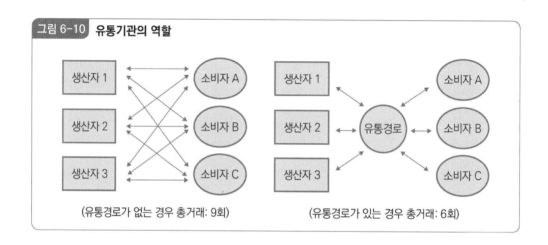

그림 6-10 **유통기관의 역할**

(1) 유통기관이 생산자를 대신하여 수행하는 기능

① 촉진기능

촉진기능이란 생산자를 대신하여 광고 및 제품에 대한 정보를 제공해 주고 판매를 설득하는 과정을 말한다. 이러한 촉진기능은 유통기관 자신의 이익을 위한 판매 증대를 위해서 자발적으로 이루어지는 활동이다.

② 조사기능

소비자의 정보나 경쟁제품의 정보를 입수하여 생산자에게 전달해 줌으로써 시장 동향에 대응할 수 있도록 한다. 조사기능이 가능한 이유는 유통기관은 경쟁제품을 함께 취급하기 때문이다.

③ 고객탐색 및 접촉기능

제품을 구입할 가능성이 있는 잠재고객을 발견하고 이들과 접촉하여 정보를 전달하고 제품을 제시하는 기능을 수행한다. 이는 생산자보다 고객과 더 가까운 곳에서 보다 세밀하게 고객을 파악할 수 있기 때문에 가능하다.

④ 거래단위 조절기능

생산자가 판매할 때는 거래단위가 커서 일반소비자가 구입하기 어려우므로 소포장으로 나누어 판매하기도 한다. 소량포장 등으로 판매단위를 조절하며 등급을 구분하는 표준화기능도 동시에 수행할 수 있다.

⑤ 물적유통 기능

유통기관은 제품의 보관을 비롯하여 운송이나 재고관리, 포장 등과 같은 제품의 물리적 이동기능을 수행한다. 특히 메이커가 영세한 경우 스스로 물적 유통을 담당할 인적·물적 자원이 취약하기 때문에 유통기관에 의존하는 것이 효율적이다.

⑥ 금융기능

유통기관은 상품이 최종 소비자에게 판매되기 전에 생산자에게 대금을 미리 지급해주기도 하며, 대규모 도매상의 경우는 생산자에게 생산을 위한 긴급 운전자금 조달원이 되기도 한다. 이를 통해 거래를 조성할 수 있다는 점에서 조성기능에 해당된다.

(2) 유통기관이 소비자를 위해 수행하는 기능

① 구매편의 및 구색 갖춤 기능

유통기관은 소비자를 대신해서 다수의 생산자로부터 원하는 품질의 제품을 조달하여 한곳에 모아놓고 판매함으로써 구매자의 거래횟수를 줄이고 한 장소에서 일괄구매와 비교구매를 가능하게 함으로써 소비자의 구매편의를 제공한다.

② 정보제공 기능

제품에 대한 상세한 정보를 소비자에게 알려줌으로써 개별 소비자들이 자신의 요구에 적합한 제품을 선택하는 데 도움을 준다. 또한 신제품이나 개선된 제품과 기능에 대한 정보 및 각종 사용법과 주의사항에 대한 정보를 제공해 주는 기능도 담당한다.

③ 재고유지 기능

소비자가 필요한 시점에 언제든지 상품을 구매할 수 있도록 유통기관은 일정 수준의 재고를 유지한다. 즉 생산계획이나 공급시기와 수요의 시기가 맞지 않더라도 재고를 유지하여 소비자의 불편을 해소하는 기능을 한다.

④ 소유권 이전 기능

판매 전 상품의 소유권은 생산자 또는 유통기관에게 있다. 하지만 소비자가 비용을 지불하여 구매를 할 경우 최종 소비자에게 소유권이 이전되도록 해줌으로써 구매자가 소비할 수 있는 법적인 권한을 갖도록 한다.

⑤ 소비자 서비스 제공기능

생산자를 대신하여 사후 서비스나 설치, 배달, 사용방법 교육 등의 서비스를 수행한다. 즉 유통기관은 생산자보다 소비자와 더욱 가까운 위치에 있기에 생산자가 수행하는 것보다 효율성과 고객편의 측면에서 유리하기 때문이다.

3) 유통기관의 종류

유통기관은 생산자와 소비자 사이에 소유권 이전의 기능을 담당하며 크게 도매상과 소매상으로 구분할 수 있다. 도매상은 생산자와 유통기관이나 산업수요자 간의 거래를 연결시켜 주는 기능을 수행하며, 소매상은 생산자나 도매상과 최종소비자 간의 소유권 이전 거래를 연결시켜 주는 기능을 수행한다.

(1) 도매상(Wholesaler)

도매상이란 상품을 재판매 또는 사업을 목적으로 하는 사람이나 기업에게 상품이나 서비스를 판매하는 것과 관련된 모든 활동을 연계하는 유통기관을 의미한다.

도매상의 특징으로는 첫째, 최종 소비자가 아닌 소매상이나 사업체와 거래를 하기 때문에 1회 거래량과 거래금액이 크고, 둘째, 소매상에 비하여 고객의 수는 적으나 상권이 넓어 물적유통 관리가 보다 중요시된다.

① 도매상의 기능

도매상의 가장 중요한 기능은 재고관리를 통한 수급조절과 물적유통 기능이다. 물론 소매상을 대상으로 판매촉진활동을 하기도 하며 서비스를 소매상에 제공하는 등 생산자를 대신하여 다양한 기능을 수행하지만 적시에 적정물량을 소매상에 공급하는 공급조절 및 물류기능을 주로 수행한다.

② 도매상의 분류와 종류

도매상의 유형분류는 매우 다양한 기준에 의해서 이루어질 수 있으나 가장 큰 특징은 표적고객과 취급물품에 대한 소유권 유무에 의해 분류될 수 있다. 표적고객을 대상으로 나누어보면 소매상을 대상으로 하는 일반도매상(Wholesaler Merchants)과 제조업자에게 판매하는 산업도매상(Industrial Distributors)으로 나눌 수 있다.

이러한 예로 농산물 도매상이나 수산물 도매상 등이 있다.

(2) 소매상(Retailer)

소매상은 생산자나 소매상과 소비자를 연결시켜 주는 유통의 최종점에 있는 마케팅기관으로 최종소비자와 직접 만나 제품과 서비스를 제공하는 기관이다.

소매상은 종류가 매우 다양하고 분류기준도 취급하는 제품계열의 종류와 수, 제공되는 서비스 수준과 그에 따른 가격수준, 점포 유무와 위치, 소유형태 등 다양한 분류기준이 있다.

국민경제적 관점에서 대부분의 산업이 소매상에 속하여 고용측면에 큰 비중을 차지하고 있으며, 사업의 형태가 자주 변한다. 대표적인 소매상의 유형을 보면 다음과 같다.

① 프랜차이즈(Franchise)

프랜차이즈는 경영노하우와 자본, 기술을 보유하고 있는 프랜차이저(Franchisor: 체인본사)가 주체가 되어 프랜차이지(Franchisee: 가맹점)를 모집하여 다점포를 꾀하는 시스템이라고 할 수 있다. 즉, 프랜차이저가 상호 및 특허상표, 노하우를 가지고 계약을 통해 프랜차이지에게 상표의 사용권, 제품의 판매권, 기술 등을 제공하고 그 대가로 가맹금, 보증금, 로열티 등을 받는 유통시스템을 말한다.

프랜차이즈 시스템의 특징은 자본을 달리하는 독립사업자, 즉 본사와 가맹점이 서로 계약에 의해 협력하는 형태로 본사와 가맹점 간에는 계약된 범위 내에서만 서로 간섭하거나 특정한 요구를 할 수 있다.

프랜차이즈 시스템은 여러 독립된 사업자가 서로의 이익을 위해 협력하는 제도로 프랜차이저(Franchisor: 체인본사)는 큰 자본이 없어도 제품의 노하우나 상표권 등을 통해 수많은 독립 소매점에 의한 판매망을 구축할 수 있고 프랜차이지(Franchisee: 가맹점)는 사업의 경험이 없어도 일정액의 자본금만 갖추면 쉽게 사업을 할 수 있다는 장점이 있다.

② 전문점(Specialty Store)

여기서 말하는 전문점(Specialty Store)이란 특정제품의 계열만을 취급하는 소매점의 형태로 카테고리 킬러(Category Killer)라고도 한다. '살인자'를 뜻하는 영어 '킬러(killer)'가 붙은 것은 업체들 사이의 경쟁력이 치열하다는 뜻이다. 처음 등장했을 때는 완구류나 가전제품·카메라 등 특정 품목만을 위주로 형성되었으나, 특정 품목의 범위를 벗어나 이제는 업태나 업종을 가리지 않고 다양한 분야에서 널리 이용되고 있다. 대표적인 예로 신발만을 전문으로 판매하는 'ABC마트'를 들 수 있다.

③ 대형할인점(Discount Store)

대형할인점은 저렴한 가격으로 판매하는 대형 소매점으로 대량구매에 의한 원가절감 및 물류비용의 절감으로 판매하는 것이 특징이다.

다양한 상품을 판매하여 코스트코(Costco)와 같이 회원제로 운영되는 경우도 있지만 일반적으로 이마트나 롯데마트, 홈플러스 등과 같이 회원제가 아닌 경우도 많다.

최초 도입 시에는 할인점이란 용어를 사용하다 할인점이라는 용어가 싸게 판다는 의미를 담고 있어 소비자 구매에 영향을 주고 중소상인들을 위축시킬 수 있다는 점에서 대형마트라고 부르게 되었다.

④ 편의점(Convenience Store)

야간 유동인구의 증가와 기존 소매점들이 주간에만 영업을 하고 있다는 점에 착안하여 24시간 영업을 함으로써 시장기회를 추구하는 업태를 말한다. 편의점에서는 주로 생필품이나 간편식을 위주로 다양한 제품종류를 취급하되 인기품목 위주로 선별하여 구색을 갖추는 것이 특징이다.

⑤ 슈퍼마켓(Supermarket)

슈퍼마켓은 가공식품을 중심으로 식품을 종합적으로 구비하여 셀프서비스 시스템을 토대로 한 종합식품소매업을 의미한다.

1929년 미국의 마이클 조셉 칼렌이 그 당시 일부에서 이용하고 있던 셀프서비스 방식과 캐시 앤 캐리(Cash & Carry) 방식을 도입하여 슈퍼마켓의 형태를 갖춘 식료품점을 일리노이주(Illinois)에서 실험적인 점포를 개설하여 운영된 것에서 시작되었다. 최근에는 대형마트나 편의점 등이 경쟁업태로 출현하여 지위가 많이 위축되어 있는 상황이다.

⑥ 백화점(Department Store)

백화점은 많은 종류의 제품을 취급하는 소매상으로 제품계열별로 전문구매자와 상품개발자가 있어 독립적으로 관리하거나 운영되기도 한다. 보통 도시의 중심적인 지역에 위치하여 하나의 건물에서 일괄구입과 비교구입을 원칙으로 모든 상품 서비스를 부문적으로 관리하고 소비자의 다양한 욕구와 행동에 대응하여 소매 마케팅을 전개하는 대규모의 소매기업이다.

4. 촉진(Promotion)

1) 촉진의 정의와 기능

촉진(Promotion)이란 외식기업의 소비자에 대한 마케팅 커뮤니케이션(Marketing Communication) 활동이라고 할 수 있다. 마케팅 커뮤니케이션은 광고, 홍보, 판매촉진, 인적판매로 구분된다. 촉진의 기능은 신제품의 경우 신제품이 시장에 출시됨을 알려주고 가격이나 구매 방법, 제품의 편익 등을 잠재고객에게 알려줌으로써 새로운 상품에 대해 바람직한 태도를 가지게 만들어 올바른 제품을 선택할 수 있도록 설득하는 역할을 하고 기존 제품에 대해서는 긍정적인 태도를 유지하도록 소비자에게 상표를 상기시키는 활동을 수행한다.

2) 촉진의 목적

(1) 정보제공

촉진의 전통적 기능은 특정 재화나 서비스의 이용 가능한 정보를 시장에 제공하는 것이다. 예를 들어 기업의 판매원은 구매자에게 신제품의 사용법에 대한 정보를 제공하고 소매광고는 상품이나 가격, 점포위치 등에 대한 정보를 제공한다.

(2) 수요증대

대부분 기업이 촉진을 하는 이유는 제품의 수요증대를 목표로 한다. 간혹 제품의 우수성 등에 대해 촉진을 하는 경우도 있으나 이 역시 궁극적인 목적은 제품의 판매촉진을 위한 것이라 할 수 있다.

(3) 제품차별화

시장에 출시된 많은 제품들에 대해 소비자는 경쟁제품들과 실제적으로 동일하다고 간주하는 경우가 많다. 따라서 이런 경우 기업들은 자사의 상품들이 경쟁사의 제품과 다르거나, 혹은 우수하다는 것을 객관적으로 입증하려고 한다.

(4) 제품의 가치창조

촉진활동은 구매자에게 상품에 대한 효용을 설명하고 그 가치를 부각시켜 시장에서 더 높은 가격을 받을 수 있게 한다. 즉 상품의 가치가 높아지면 가격을 설정할 때 높은 가격으로 책정할 수 있기 때문이다.

(5) 매출안정

모든 기업에 있어서 매출은 항상 일정하지 않다. 예를 들면 성수기와 비수기의 매출에 차이가 있고 계절별, 요일별, 시간별로 매출의 차이는 다르게 발생될 수 있다. 따라서 매출안정을 위해 촉진을 사용하는 것이다.

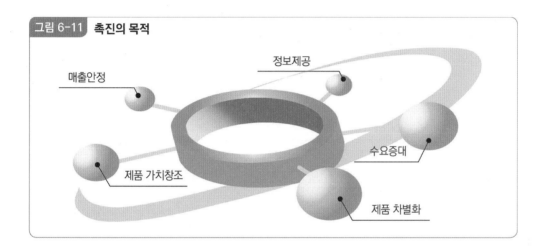

그림 6-11 **촉진의 목적**

정보제공

매출안정

제품 가치창조

수요증대

제품 차별화

3) 촉진믹스(Promotional Mix)

마케팅 믹스와 마찬가지로 촉진믹스도 여러 가지 요인을 적절히 조합하여 표적시장의 욕구를 충족시키고 기업의 목표를 성취해야 한다.

촉진믹스의 구성요소로는 광고, 홍보, 판매촉진, 인적판매 등이 있으며 이 장에서는 4가지를 기준으로 설명하고자 한다. 이들 4가지 커뮤니케이션 수단이 일관성을 유지하면서 서로 조화롭게 통합되어야 한다는 점에서 통합적 마케팅 커뮤니케이션(Integrated Marketing Communication)이 중요시되고 있다.

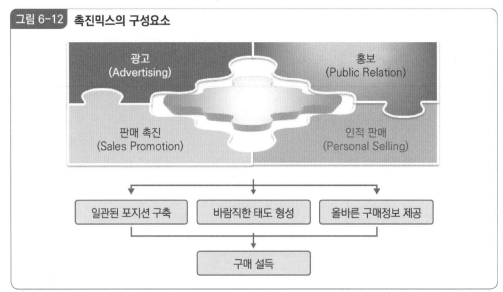

그림 6-12 **촉진믹스의 구성요소**

광고
(Advertising)

홍보
(Public Relation)

판매 촉진
(Sales Promotion)

인적 판매
(Personal Selling)

일관된 포지션 구축 · 바람직한 태도 형성 · 올바른 구매정보 제공

구매 설득

자료: 김범종 외, 마케팅 원리와 전략, 대경, 2009, p.378(저자 재구성).

(1) 광고(Advertising)

① 광고의 개념

광고(Advertising)란 특정 다수의 고객에게 정보를 제공하고 설득할 목적으로 광고주가 기업이나 비영리조직, 제품, 아이디어에 관한 내용을 유료로 TV, 라디오, 신문, 잡지, 옥외광고, DM(Direct Mail) 등의 매체를 통하여 널리 알리는 커뮤니케이션 수단이다.

미국마케팅협회(American Marketing Association)에 의하면 광고란 확인할 수 있는 광고주가 광고대금을 지불하고 그들의 아이디어 제품 또는 서비스에 관한 메시지를 비인적으로 구두나 시청각을 통하여 제시하는 활동이라고 정의하며 광고의 목적을 고객에게 객관적인 정보를 제공하고 상품에 대한 적극적인 태도를 개발하며, 상품의 판매를 촉진하는 데 있다고 한다.

광고는 상품의 이미지를 높이거나 고객의 인식을 변화시켜 상품 및 서비스의 수요를 창출하기 위해 사용된다.

② 광고의 목적별 유형

광고는 전달하고자 하는 메시지의 목적에 따라 정보제공형 광고, 설득형 광고, 상기형 광고로 구분할 수 있다.

㉠ 정보제공형 광고

정보제공형 광고는 주로 도입기에 수요를 창출하기 위해 사용된다. 예를 들면 신제품이 처음 나왔을 시 자세한 정보나 효용에 대해서 알려주는 광고가 이에 해당한다. 즉 고객들의 이해도를 높이기 위해 정보제공형 광고를 사용한다.

㉡ 설득형 광고

상품의 성장기에 자사제품에 대한 수요를 확보하기 위해 주로 이용된다. 이러한 예로 비만이나 다이어트에 관심이 있는 소비자를 대상으로 자사의 상품이 경쟁사의 상품보다 소비자의 욕구를 잘 충족시켜 줄 수 있다는 것을 강조하거나 경쟁사의 제품보다 우수하다는 점을 광고하는 비교광고의 형식을 들 수 있다.

㉢ 상기형 광고

상기형 광고는 상품의 성숙기에 주로 사용되며 상품에 대한 생각과 관심이 지속되도록 하는 광고이다. 예를 들면 잘 알려진 상품에 대해서 고객들의 관심이 지속되기를 바라는 상품 강화광고의 형태라고 할 수 있다.

③ 광고의 원칙

광고의 원칙은 주로 'AIDA 법칙'이라고 한다. 즉 광고는 잠재고객의 주목을 끌어야 한다는 'Attention', 흥미를 유발해야 한다는 'Interest', 광고를 통해 해당 상품에 대해 구매하고자 하는 욕망이 생겨야 한다는 'Desire', 이러한 욕망을 통해 상품을 직접 구매하는 등의 행동으로 나타나는 'Action'의 앞 글자를 딴 것으로 종합해 말하자면 광고는 잠재고객에게 광고를 통하여 주목할 수 있도록 만든 후 흥미를 유발하고 상품을 구매하고자 하는 욕망을 일으켜 최종구매로 이어지게 하는 촉진활동이라 할 수 있다.

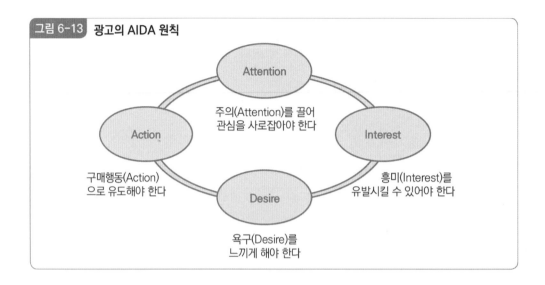

그림 6-13 광고의 AIDA 원칙

Attention

주의(Attention)를 끌어
관심을 사로잡아야 한다

Action

Interest

구매행동(Action)
으로 유도해야 한다

Desire

흥미(Interest)를
유발시킬 수 있어야 한다

욕구(Desire)를
느끼게 해야 한다

④ 광고매체

광고는 매체를 잘못 결정하게 되면 전하고자 하는 메시지를 효과적으로 전달할 수
없을 뿐 아니라 광고비의 낭비를 가져올 수 있기 때문에 정확한 매체선정이 중요하다고
할 수 있다. 광고매체는 크게 방송매체와 인쇄매체, 전시매체로 구분되며 방송매체는
TV, 라디오, 유선방송 등이 있고, 인쇄매체는 신문이나 잡지, 각종 인쇄물 등이 있으며,
전시매체는 포스터 및 사인보드 등이 있다.

㉠ 텔레비전

전국적인 규모의 네트워크를 구성하고 있는 텔레비전은 예산이 풍부한 기업에 유
리하다. 텔레비전의 장점은 시청각과 동화상 효과의 극대화로 다양한 표현이 가
능하고, 광범위한 커버리지(Coverage), 높은 주목도와 수용도를 들 수 있으며, 단점
으로는 높은 제작비와 장기계약에 따른 많은 비용, 광고를 만드는 데까지 소요되
는 긴 리드타임을 들 수 있다.

㉡ 라디오

라디오는 가격이 저렴하며 고객을 커버할 수 있는 범위가 넓고 프로그램의 선별

을 통해 표적 청중을 선별할 수 있으며, 융통성이 많고 신속한 집행이 가능하다. 하지만 청중에만 의존하며 순간적으로 전달되기 때문에 주목도가 낮고, 메시지를 청취자에 의해 검토하는 것이 불가능하다.

라디오는 주로 청소년층을 대상으로 심야방송과 출퇴근 및 업무 중에 라디오를 시청할 수 있는 직장인을 대상으로 하는 것도 효율적일 수 있다.

ⓒ 신문

외식상품 광고의 대부분이 신문이나 잡지에 게재되는 경우가 많다. 신문의 경우 광범위한 독자에 접촉할 수 있으며 신뢰도 면에서 가장 높고 다량의 정보를 제공할 수 있다. 또한 1일 광고가 가능하여 적시성이 높으며 광고의 규격이 다양하여 신축성이 높은 장점을 지니고 있다. 하지만 광고의 수명이 매우 짧으며, 고객들이 광고를 보지 않는 경우가 많으며, 표적고객을 선별하기가 어렵다는 단점이 있다.

ⓔ 잡지

잡지는 독자의 특성을 고려하여 선별적인 표적 청중에 어필할 수 있으며 신문에 비해 수명이 길고 반복하여 노출이 가능하다. 단 좋은 페이지를 확보하는 데 제약이 있을 수 있으며 잡지가 발간되기까지 긴 리드타임으로 적시성이 낮은 단점이 있다.

ⓜ 인터넷

전 세계적인 통신망을 통해 24시간 광범위한 노출이 가능하며 광고의 적시성과 멀티미디어를 이용한 다양한 형태의 정보제공이 가능하다. 하지만 컴퓨터가 있어야 접근이 가능하고 소비자들이 자발적으로 광고에 접근해야 하는 선택적 노출문제가 단점으로 적용될 수 있다.

ⓗ 우편(DM)

DM 광고는 표적고객을 정확히 할 수 있으며 개별화가 가능하고, 다른 매체와 달리 다른 광고가 같이 노출되지 않는 장점이 있는 반면, 많은 고객들이 정보의 홍수로 인한 과다광고 경쟁으로 인하여 쓰레기로 전락하는 경우와 낮은 신뢰성을 단점으로 들 수 있다.

(2) 홍보(Public Relations)

① 홍보(Public Relations)의 개념

홍보(Public Relations)는 대중매체를 통한 기사나 뉴스형식으로 이루어지는 커뮤니케이션으로서 제3자에 의해 객관적인 정보형태로 전달된다는 점에서 촉진믹스 중 가장 신뢰성이 높은 메시지 전달방법이다. 홍보(Public Relations)는 'Publicity'라고도 하지만 약간의 차이는 있다.

홍보(Public Relations)는 기업이 직접 또는 간접적으로 관련이 있는 여러 집단과 좋은 관계를 구축하고 유지함으로써 기업 이미지를 높이고 구매를 촉진하기 위하여 벌이는 활동 또는 직접적인 언론경비의 지출 없이 대중에게 메시지를 전달하여 개인이나 상품 또는 단체에 대한 대중의 견해를 분석하고 그 견해에 좋은 영향을 미치려고 하는 경영진의 노력이라고 할 수 있다.

퍼블리시티(Publicity) 뉴스로서의 가치가 있는 사항을 무료로 신문 등의 매체에 소개하면서 자연스럽게 상품을 알리는 효과를 얻는 방법이다. PR과 퍼블리시티는 유사한 내용이지만 PR이 여러 집단과 관계를 구축하고 유지한다는 점에서 퍼블리시티보다는 넓은 개념이라고 할 수 있다.

홍보의 가장 중요한 점은 기업이나 상품에 대한 고객의 호의를 창조하는 과정으로 나쁜 이미지를 좋게 바꾸는 것이 아니라 좋은 이미지를 더욱 좋게 만드는 것에 있다.

② 홍보(Public Relations) 수단

㉠ 간행물

책이나 그림, 신문 등을 통틀어 일컫는 말로 기업의 기사나 팸플릿, 연차보고서, 시청각 등의 간행물들은 PR수단으로서 가장 오래된 역사를 가지고 가장 널리 이용되고 있다.

㉡ 언론보도

언론매체에 기삿거리를 제공하여 제공된 정보가 기사화됨으로써 노출된 소비자에게 기업과 제품에 대한 신뢰성 증대는 홍보효과가 높다. 이러한 이유로 많은 기업이 자사와 자사제품에 대한 정보를 여러 경로를 통해 언론사에 제공하고 있다.

ⓒ 회견

기업이 기업 자체나 제품에 대한 정보를 알리기 위해 기자회견을 통해 대중에 알리는 것이다. 즉 획기적인 신제품이나 신기술의 개발 및 기업제휴·합병 등을 알리기 위해 많은 기업들은 이 방법을 사용하고 있다.

ⓔ 캠페인 활동

기업이 건전한 사회운동과 관련된 캠페인을 주도하거나 후원하는 방법에 의해 호의적인 이미지를 구축할 수 있다. 패스트푸드점이나 유통업계에서 결식아동 돕기와 심장병어린이 돕기 등의 사회운동을 후원하여 호의적인 이미지 형성 및 확대를 추구하고 있다.

③ 홍보와 광고의 차이

홍보와 광고의 차이는 광고의 경우 판매에 직접적인 영향을 미치기 위해 제작하지만 홍보는 판매와 연결시키기보다는 기업의 이미지를 알리는 데 주력한다. 또한 홍보는 뉴스형식으로 전해지기 때문에 광고에 비하여 신뢰성이 높고 광고에 비하여 자세한 설명을 할 수 있다.

홍보는 특정 사건이 발생되면 바로 적시에 활용이 가능하나 광고의 경우 제작에 따른 리드타임이 길어 적시활용이 어렵다.

홍보는 비용이 들지 않아 광고에 비해서 훨씬 경제적인 가치를 추구할 수 있다. 단 광고는 반복해서 사용할 수 있는 반면 홍보의 경우는 한시적이며 1회성이 많다.

(3) 판매촉진(Sales Promotion)

① 판매촉진(Sales Promotion)의 개념

판매촉진(Sales Promotion)은 자사의 제품을 단기적으로 구매할 수 있도록 유도하기 위한 직접적이고 추가적인 인센티브를 제공하는 활동이라고 할 수 있다.

신제품의 경우 시장에서 단기적인 시장정착과 시험구매를 유도하기 위해 판매촉진을 사용하고, 기존제품의 경우는 재고처리나 자금의 신속한 회수, 경쟁에의 대응 등과 같이 단기적인 목적으로 주로 사용한다. 하지만 이러한 판매촉진은 너무 자주 사용하면 기업과 제품의 이미지 저하를 가져올 수 있으므로 단기적으로 실시하는 것이 바람직하다.

② 판매촉진의 장·단점

판매촉진은 사용방법에 따라서 기업의 매출을 극대화할 수 있다. 즉 판매촉진은 만약 그것을 실행하지 않았다면 얻지 못했을 매출을 만든다. 또 이미 매출이 증가하고 있는 제품이나 서비스는 판매촉진을 통해 더 높은 수준의 매출에 도달할 수 있다. 하지만 판매촉진과 같은 단기적인 구매요인은 구조적인 비효율의 문제를 유발시키기도 한다. 즉 소매점이 자사 상품의 진열장소를 확보하기 위한 취급수수료, 판촉행사, 협동광고비용, 총 마진의 보장, 시설물 설치비용 등 제조업자들은 급격히 증가하는 판촉 프로그램으로 인해 많은 비용을 지출하고 있다. 이외에도 판촉활동에 소비하는 시간이 판매원은 물론 상표관리자의 근무시간에 차지하는 비용이 높아져 결국 판촉비용이 소비자에게 전가됨으로써 제조업자와 유통업자 및 소비자 비용도 증가하게 된다.

③ 판매촉진의 수단

판매촉진 수단은 고객지향적 판매촉진 수단과 사내판매촉진, 중간상 판매촉진의 세 가지로 구분할 수 있다.

고객지향적 판매촉진의 수단으로는 가격할인, 경품증정, 견본품 증정, 쿠폰, 경연과 추첨 등이 있다.

㉠ 가격할인

가격할인은 일시적으로 상품의 가격을 인하시켜 소비자를 유인하는 촉진도구이다. 가격할인은 판매촉진 방법 중 소비자에게 가장 확실하게 가치를 전달할 수 있기 때문에 가장 많이 사용하는 방법이다.

ⓛ 경품증정

경품은 상품 구매 시 무료로 제공되는 일종의 선물이라고 할 수 있으며 경품을 제공하는 방법으로는 주로 일정금액 이상 구매 시 경품권을 증정하여 객단가를 높이기 위한 방법으로 많이 사용한다.

ⓒ 쿠폰

쿠폰이란 특정 상품 구입 시 받을 수 있는 일정한 혜택이 기록되어 있는 증명서의 일종으로 쿠폰은 소비자의 사용구매와 반복구매를 유도하고 소매업자의 협조 없이 가격할인의 효과가 직접적으로 소비자에게 전달되는 장점이 있다.

ⓔ 경연과 추첨

경연이나 추첨은 소비자에게 소정의 상금이나 상품을 제공하는 판매촉진의 도구로서 최근에 들어 백화점업계에서 많이 사용하고 있다. 경연은 소비자의 노력과 지식이 요구되는 데 비해 추첨은 순전히 운에 의해 결정된다는 것이 차이라고 할 수 있다.

ⓜ 견본품 증정

견본품은 잠재고객들의 시험사용을 위해 무료로 나눠주는 상품이라고 할 수 있다. 이 방법은 소비자에게 샘플을 무료로 제공하여 사용을 유도할 목적으로 주로 신제품 도입 시 사용된다.

다음은 중간상 및 사내직원을 대상으로 하는 사내판매촉진으로 방법은 다음과 같다.

㉠ 인센티브

인센티브는 사내직원 및 중개인이 일정금액 이상의 실적을 올리게 되면 상품이나 금전적으로 보상하는 방법을 말한다. 예를 들어 외식업체에서 월 매출이 일정액 이상을 달성하게 되었을 경우 해외여행을 보내준다든지, 휴가를 주는 방식 등이 이에 해당될 수 있다.

㉡ 판매자 보조

판매자 보조방식은 판매점인 도매상이나 소매상에 대해 판매나 경영상의 여러 가지 도움을 주는 판매촉진 활동으로 진열장이나 판매대 등에 구매시점(POP: Point Of Purchase)의 진열상품 지원, 신제품과 광고 및 판매경진대회의 개최 등을 알려주기 위한 판매업자의 모임이나 연구회 등의 개최와 원조 및 지도 등을 들 수 있다.

(4) 인적판매(Personal Selling)

① 인적판매의 개념

인적판매(Personal Selling)는 판매를 하는 종사원과 잠재고객 사이에 전화 또는 얼굴을 맞대고 대화로서 판매를 촉진시키는 활동으로 양방향(Two-way) 커뮤니케이션 수단이다. 다른 촉진방법과는 다르게 판매원이 직접 고객과 대면하여 의사소통을 하게 되므로 고객의 요구와 상황에 따라 메시지를 융통성 있게 변화시켜 전달할 수 있다.

인적판매는 광고, 판매촉진, 홍보의 대안으로 사용해서는 안되고 서로 조화를 이루어야 한다. 즉, 광고, 판매촉진, 홍보와 같은 프로모션 활동 없이 인적판매를 하는 것이 아니라 서로 병행하여 실시해야 한다.

외식기업에 있어서 인적판매는 매우 중요한 촉진수단 중 하나이다. 외식구매 소비자는 상품을 구매해서 직접 사용해 보기 전까지는 상품의 무형성으로 인하여 상품을 보고 느낄 수 없으며, 구매에 혼란을 가져올 수 있다. 이러한 경우 서비스 종사원의 판매방법에 따라서 고객의 구매와 만족을 극대화시킬 수 있기 때문이다.

② 인적판매의 장점 및 단점

인적판매의 장점으로는 다음과 같은 것들이 있다.

첫째, 융통성으로 다른 촉진 수단과는 달리 판매원이 고객의 욕구와 행동에 맞추어서 상황별로 촉진방법을 다르게 할 수 있는 융통성을 발휘할 수 있다.

둘째, 집중성으로 고객이 될 수 있는 사람을 선별하여 집중적으로 판매를 위한 수단을 적용할 수 있어 자원의 낭비를 최소화할 수 있다.

셋째, 판매의 완결성으로 다른 촉진수단의 경우 즉석에서 사용하기보다는 잠재고객들에게 구매하도록 영향을 줄 수 있는 반면 인적판매는 그 자리에서 완결할 수 있다는 장점을 지니고 있다.

넷째, 고객과의 관계를 강화할 수 있다. 즉 고객과의 지속적인 만남을 통하여 관계를 강화할 수 있는 기회를 제공한다.

하지만 유능한 인적판매원을 확보하고 유지하는 데 많은 비용이 들며 확보하기가 어려우며, 근로기준법 등에 따른 인적자원의 시간적인 제약이 있다는 단점도 있다.

③ 인적판매의 과정

인적판매의 과정은 크게 준비단계와 설득단계, 사후관리 단계로 구성된다.

㉠ 판매직 준비

인적판매를 위한 첫 단계는 판매할 수 있는 종사원이 준비되어 있는가를 확인하는 것이다. 즉 판매원이 제품이나 시장, 판매방법 등을 잘 알고 있는가를 의미하며 판매원은 고객을 처음으로 방문하기 전에 그들의 동기유발과 구매행동에 관하여 잘 알고 있어야 하며, 경쟁의 성격과 그 지역의 기업환경 등을 잘 이해하고 있어야 한다.

레스토랑의 예를 들면 종사원들은 그날의 식음료에 대한 정보나 메뉴가격, 서비스 방법 등에 대하여 숙지하고 있어야 한다.

㉡ 잠재고객 예측 및 파악

잠재고객을 예측하고 파악해야 할 두 번째 단계는 고객의 인적사항이나 고객 기록을 검토하는 것이다. 예를 들면 레스토랑의 경우 방문하는 고객의 예약현황을 살펴보고 고객에 대한 정보를 입수해야 하고, 참석인원, 사전 준비사항 등을 점검해야 한다.

㉢ 접근 이전 단계

고객이 방문하기 전 판매원은 판매대상에 대한 정보를 입수하여 숙지하고 해당 고객들에게 추천해 줄 수 있는 상품이나 그들의 습관, 선호도 등을 파악해야 한다. 레스토랑의 경우 방문하는 고객에 대한 기호식이나 인적사항 등을 사전에 파악하고 해당 고객이 선호하는 음식이나 서비스 방법 등을 사전에 숙지하고 준비한다면 고객으로부터 좋은 평가를 받을 수 있다.

ⓔ 판매 제시

실제적인 판매 제시는 잠재고객의 주의를 환기시키는 일에서 시작된다. 그리고 난 후 고객의 관심을 유지시키면서 다른 한편으로는 욕구를 형성시키는 것이다. 인적판매 과정에서 가장 중요한 단계로 판매원은 고객의 주의를 끌고 관심을 유발하고 제품이나 서비스를 구매하고 싶은 마음이 들게 하여야 한다. 판매원은 이 단계에서 자사의 상품이 고객의 욕구를 어떻게 충족시켜 줄 수 있는가를 논리적으로 설득력 있게 설명하여 고객의 구매의사결정에 영향을 미칠 수 있어야 한다. 레스토랑의 경우 메뉴를 고객에게 설명하고 레스토랑에서 이익이 날 수 있으며 고객 역시 만족할 수 있는 메뉴를 추천하는 것이라 할 수 있다.

ⓜ 사후관리

고객에게 제품을 판매한 것으로 판매가 종결되는 것이 아니라 판매원은 제품의 배달여부, 설치여부, 작동여부 등을 확인해야 한다. 레스토랑의 경우에는 서비스가 다 되었다고 해서 끝나는 것이 아니라 고객이 맛있게 먹었는지에 대한 확인 등의 만족도를 점검해야 한다. 이러한 사후관리는 고객의 만족에 많은 영향을 줄 수 있으며 현재 고객의 재구매를 유도할 수 있을 뿐 아니라 다른 고객으로의 구전효과도 기대할 수 있다.

CHAPTER

7

외식산업의 원가 및 재무관리

7 Chapter

외식산업의 원가 및 재무관리

1 원가관리(Cost Control)의 개념

1. 원가관리의 정의

원가(Cost)란 상품의 제조, 판매, 서비스 제공 등을 위하여 투입된 경제적 가치를 의미한다. 이러한 원가는 식음료 급식을 위한 식재료의 구입방법, 보관과정, 생산과정, 판매과정에 따라 원가를 달리할 수 있다. 따라서 레스토랑 경영에서 원가관리는 경영 그 자체라고 할 수 있다.

원가를 정의하기 위해서 원가는 생산량(Output)과 관련이 있어야 하며, 경제적 가치가 소비되어야 하고, 경영목적과 관련이 있어야 한다. 또한 원가는 정상적인 상태에서 소비되어야 하고, 화폐단위로 측정될 수 있어야 한다.

원가관리(Cost Control)라는 용어는 여러 가지 개념으로 사용되고 있으나 통일된 개념은 최대의 이윤을 얻는 데 있으므로 효율적인 원가관리를 위해서는 책임과 권한을 명확하게 하고 부문관리자가 명백하게 선정되어 각 관리부분에서 원가발생의 책임을 표시하며 균형적으로 관리되어야 한다.

원가관리는 원가절감을 목적으로 하는 원가계획과 이러한 계획의 달성을 목적으로 하는 원가통제로 크게 나누어진다. 원가계획은 기업의 구조적 변화까지를 전제로 하여 다각적으로 검토된다.

다시 말하면 원가계획은 이익계획의 일환으로 시행되는 경우가 적지 않다. 그 방법으로는 우선 일에 대한 책임분담을 명확히 한 후, 그것에 대한 표준원가를 설정 · 지시하게 된다. 반면에 원가통제는 원가계획에 의하여 결정된 구체안을 실천하는 과정에서 발생하는 관리기능으로, 보통 계획에 의하여 원가의 표준치와 실제치를 비교하고 양자의 차이를 분석함으로써 수행된다.

원가통제 방식은 다음과 같다.

첫째, 원가관리 구분을 정하고 그것을 담당하는 원가관리 책임자를 두고, 둘째, 각 원가관리 책임자의 관점에서 관리 가능 비용과 관리가 불가능한 비용을 구별하며, 관리 가능 비용에 대하여 달성이 가능한 표준을 표시한다. 셋째, 표준원가와 실제원가를 비교하여 문제의 소지가 될 수 있는 것과 개선책 등을 검토한다. 즉, 원가관리의 책임 구분마다 업적평가와 그것에 근거한 개선대책을 수립하고, 다음의 목표원가를 세워 나간다. 이렇게 하여 표준원가와 실제원가와의 차이를 점차 줄여나가는 과정을 원가관리라고 한다.

2. 원가관리의 목적

원가관리는 레스토랑의 체계적인 관리를 위한 업무수행과 그에 따른 이익의 극대화를 목적으로 한다. 식자재는 레스토랑의 운영비 중에서 차지하고 있는 비중이 높아 매우 중요하며, 식자재의 특성상 훼손 또는 손실될 가능성이 높기 때문에 체계적인 관리가 어렵다.

원가관리의 목적을 살펴보면, 첫째, 식음료 상품의 가격결정을 위한 기초자료로 활용하고, 둘째, 경영자의 원가절감을 위한 원가관리목표를 세우며, 셋째, 예산편성의 기초자료를 위한 목표로 활용되고, 넷째, 손익계산서를 작성할 때 매출원가를 뽑고 대차대조표에 있어서 재고품의 원가를 산출하는 데 자료를 제공하기 위한 재무제표에 목적이 있다고 할 수 있다.

레스토랑 원가관리의 근본적인 목적은 고객의 권익을 보호하는 한편, 기업경영의 목적에 부응한 적정의 이익을 확보하고, 동시에 서비스기업으로서 사회성과 공익성을 추구하는 기업가의 올바른 경영이념의 실현에 기여하는 데 있다.

1) 재무제표 작성에 필요한 원가자료의 제공

기업의 재무제표 작성에 필요한 원가자료를 제공하는 기능이 있으며, 대차대조표상의 식음료 재고자산 금액과 손익계산서상의 식음료 매출원가 및 기타 비용들의 계속적 원가자료를 제공하는 기능을 갖는다.

2) 원가통제에 필요한 원가정보의 제공

원가통제라는 것은 경영활동을 수행하는 데 필요한 원가에 대하여 실제로 발생한 원가가 소정의 원가표준 내지는 예산에 일치하지 않을 때 경영자가 필요한 조치를 강구할 수 있는 유용한 경영정보가 된다.

3) 예산편성 및 예산통제에 필요한 원가자료의 제공

경영관리의 도구로 다음에 수행할 업무를 위한 예산을 편성함에 있어 체계적이고 논리적인 재무계획을 세우기 위한 기준을 정하는 데 필요한 정보를 제공하는 목적이다.

4) 판매가격결정에 필요한 원가자료의 제공

합리적인 가격으로 구매하고자 하는 고객에게 가격에 대한 심리적 부담감을 제거하는 목적과 가능한 서비스 수준을 극대화하면서도 일정한 가격에 판매하고자 하는 상호 배반적인 기대에 대해서도 합리적인 조합을 형성하기 위해 필요한 자료이다.

또한, 원가자료의 제공과 메뉴의 판매가를 결정하기 전에 표준량 목표에 의한 사전원가를 계산함으로써 식음료 가격결정에 기초가 되는 원가자료를 제공한다.

5) 경영의 기본계획 설정에 필요한 원가정보의 제공

경영의 구조적 변화를 가져오게 하는 장·단기 의사결정에 대해 정보를 제공해 주는 역할이다. 즉 메뉴 디자인과 조리, 판매, 매출구성, 재고수준 등이며 계획 설정과 관련된 영업활동 진행과정에서 의사결정을 할 수 있도록 정보를 제공해 주는 것을 포함한다.

3. 원가의 분류

원가는 특정한 용역이나 재화를 산출하기 위해 치르는 경제적 희생을 말하며 이를 통해 나타난 것을 화폐단위로 환산한 것이라 할 수 있다. 이러한 원가는 다시 직접비와 간접비로 세분화될 수 있는데 이렇듯 원가에는 수많은 유형이 존재하며 경영자의 관리목적에 따라 상이하게 구분할 수 있다.

1) 발생형태에 따른 분류

원가는 발생형태에 따라 재료비, 노무비, 경비로 분류할 수 있다. 즉 외식기업의 입장에서는 메뉴를 생산하기까지 재료비, 노무비, 경비라는 경제적 가치를 희생하게 되는데 이 세 가지를 원가의 3요소라 하며 추적가능성에 따라 직접원가와 간접원가로 구분할 수 있다.

(1) 재료비

재료비는 제품을 제조하는 데 소요되는 재료의 가치라고 할 수 있다. 예를 들어 커피한 잔에 들어가는 원두의 가격은 직접재료비, 제공되는 스트로(Straw)는 간접재료비에속한다.

(2) 노무비

제품을 제조하는 데 소비된 노동력의 가치로 임금, 상여금, 수당 등이 이에 해당된다.예를 들어 커피 한 잔을 판매할 때마다 100원을 종사원에게 비용을 지급하기로 했다면직접노무비, 매월 일반 종사원에게 지급되는 월급은 간접노무비가 된다.

(3) 경비

경비는 재료비와 경비 이외에 제품에 소요된 가치로 외주가공비와 같은 직접경비와보험료, 연구개발비, 감가상각비 등과 같은 간접경비로 구분할 수 있다.

2) 추적가능성에 따른 분류

특정 메뉴를 만드는 데 투입된 원가를 역으로 추적할 수 있는 직접원가와 추적할 수없는 간접원가로 구분된다. 여기서 추적가능성은 어떤 원가가 실질적 또는 경제적으로원가집적대상인 특정제품 또는 특정부문에 직접 관련시킬 수 있을 때 추적가능하다고하며 직접적인 관련성이 없거나 있더라도 그 원가를 추적하는 데 따르는 비용이 효익보다 큰 경우는 간접원가로 분류할 수 있다. 다만 어떤 특정원가가 직접원가인지 아니면간접원가인지를 구분하는 것은 항상 고정되어 있는 것이 아니므로 이를 파악하기 위해서는 먼저 특정 원가집적대상을 명확히 파악하고 원가를 추적하는 데 수반되는 효익과비용을 고려해서 결정해야 한다.

(1) 직접원가

어떤 원가가 실질적으로 또는 경제적으로 특정메뉴 또는 특정부문에 직접 관련시킬 수 있는 원가이다. 예를 들어 피자를 만들 때 투입되는 밀가루의 양이나 치즈의 양 등은 완성된 피자메뉴로 추적할 수 있으므로 피자에 대한 직접원가에 해당된다. 즉 제품에 더해주는 원가이다.

(2) 간접원가

간접원가는 소비된 경제가치 중 특정상품과 직접 연관시키기 어려운 비용이나 다른 상품에 공통적으로 발생하여 특정메뉴를 통해서 추적하기 어려운 원가를 말한다. 예를 들어 피자를 만드는 데 투입되는 전기세나 가스비 등은 반드시 필요한 비용이지만 다른 메뉴를 만드는 데에도 투입이 되어 피자에 어느 정도 소요되었는지 실질적인 추적이 어려워 간접원가라 할 수 있다. 즉 전체를 취합 후 제품에 분배하는 원가이다.

3) 원가행태(Cost Behavior)에 따른 분류

원가행태는 일정기간 동안 조업도 수준의 변화에 따른 총원가발생액의 변동상태를 말한다. 즉 조업도 수준이 증가함에 따라 원가발생액이 일정한 패턴으로 변화할 때 그 변화되는 패턴을 원가행태라고 한다. 여기서 말하는 조업도(Volume)란 기업이 보유한 자원의 활용정도를 나타내는 수치로서 산출량인 생산량, 판매량 등으로 표시하거나 투입량인 직접노동시간, 기계가동시간 등으로 표시한다.

원가행태에 따라서는 크게 순수변동원가, 순수고정원가, 준변동원가, 준고정원가의 4가지 유형으로 분류할 수 있다.

(1) 순수변동원가

순수변동원가는 조업도 수준이 증가 또는 감소함에 따라 원가의 총액이 직접적으로 비례하여 증가 또는 감소하는 원가로 조업이 중단되었을 경우에는 전혀 발생하지 않는 원가를 말한다. 즉 순수변동원가는 조업도 수준이 증가함에 따라 변동원가 총액은 증가하나 단위당 변동원가는 조업도 수준의 변동과 상관없이 일정하다. 예를 들어 커피전문점의 커피원두는 주문이 들어오는 경우에만 비용이 발생되고 주문이 없는 경우 비용은 발생하지 않기 때문에 순수변동원가라 할 수 있다.

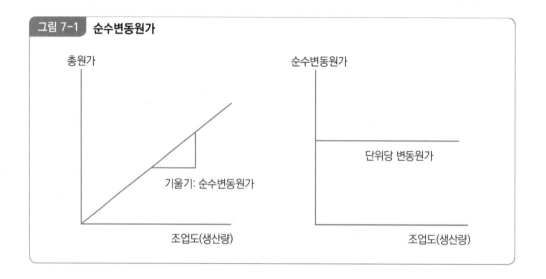

그림 7-1 순수변동원가

(2) 준변동원가

준변동원가는 조업도 수준이 '0'(Zero)인 상황에서도 고정원가 부분만큼 원가가 발생하며 이후 조업도 수준이 증가함에 따라 비례적으로 증가하는 형태의 원가를 말한다. 즉 준변동원가는 조업도 수준의 변화와 관계없이 일정한 금액의 고정원가와 조업도 수준이 증가함에 따라 단위당 일정한 비율로 증가하는 변동원가 두 가지가 혼합된 원가라 할 수 있다. 예를 들어 전화 요금이나 전기세 같은 경우 일반적으로 기본요금이 책정되어 있고 그 이상을 사용하게 되면 추가적인 비용이 발생하게 된다. 이와 같이 준변동원가는 조업도가 0(Zero)일지라도 기본요금이 정해져 있고 정해진 범위를 초과한 조업도에 대해 발생되는 원가라 할 수 있다.

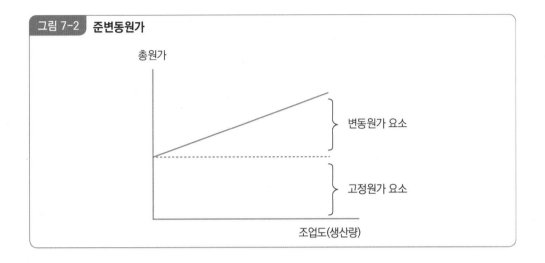

그림 7-2 **준변동원가**

(3) 순수고정원가

순수고정원가는 조업도 수준의 증가나 감소와 관계없이 일정하게 발생되는 원가를 말한다. 그러나 조업도 수준이 증가하면 단위당 순수고정원가는 점차 감소한다. 여기서 단위당 순수고정원가는 상품 1개를 만들 때 들어가는 비용을 말한다.

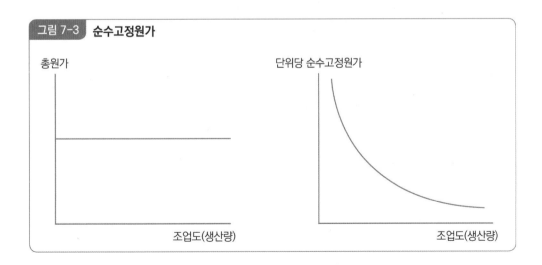

그림 7-3 **순수고정원가**

순수고정원가의 대표적인 예로는 임차료나 종사원에게 지급하는 임금(고정급), 정액법에 의한 감가상각비 등을 들 수 있는데 예를 들어 스테이크를 10개 판매하든, 1,000개 판매하든 순수고정원가는 변하지 않는다. 다만 조업도 수준(스테이크의 생산량)이 증가하게 되면 단위당 순수고정원가는 감소하는 효과를 볼 수 있다. 즉 1,000만 원의 순수고정원가가 발생할 때 스테이크 10개를 생산했다면 단위당 순수고정원가는 100만 원이지만 스테이크 1,000개를 생산했을 경우 단위당 순수고정원가는 10만 원이 되기에 단위당 순수고정원가는 감소한다는 것이다.

(4) 준고정원가

특정범위의 조업도에서는 일정한 비용이 발생되지만 해당 범위를 벗어나게 되면 일정액만큼 증가 또는 감소하는 원가를 준고정원가라고 한다. 예를 들어 피자를 하루에 10개까지만 생산할 수 있는 기계가 있다고 하면 11개부터는 무조건 1대를 더 구매해야 한다. 즉 10개까지는 기계 1대의 비용이 발생되지만 11개부터는 기계 2대의 비용이 발생된다. 이렇듯 비용이 발생되는 필요한 만큼만 추가할 수 없기에 계단원가라고도 한다.

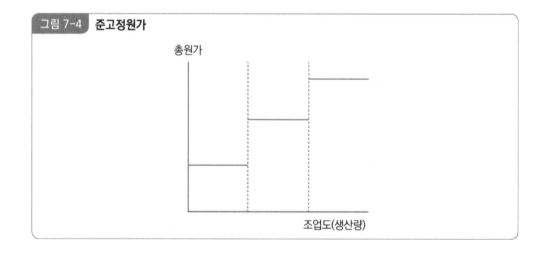

그림 7-4 준고정원가

4) 제조활동에 따른 분류

제조활동에 직접적인 관련이 있는지 아니면 간접적인 지원 등의 활동에 관련이 있는지에 따라 제조원가(재료비, 노무비, 경비)와 비제조원가(판매비, 일반관리비) 등으로 구분한다.

(1) 제조원가

제조원가는 제품을 만드는 데 발생하는 모든 원가를 총칭하며 제품원가 또는 생산원가라고도 한다. 일반적으로 제조원가는 직접재료원가, 직접노무원가, 제조간접원가로 구분하는데 직접재료원가는 완성품을 생산하는 데 반드시 필요한 원재료의 사용액 중 특정제품에 직접 추적할 수 있는 원가를 말하고 직접노무원가는 특정 제품에 직접 추적할 수 있는 노동에 지출된 원가를 말한다. 제조간접원가는 직접재료원가와 직접노무원가를 제외한 모든 제조원가를 말하는데 이는 간접재료원가와 간접노무원가, 기타 제조원가로 구성되어 있다.

(2) 비제조원가

비제조원가는 기업이 제품을 만드는 활동과 직접적인 관련이 없으며 오로지 판매 활동과 일반관리 활동에서 발생하는 원가로 보통 고객으로부터 주문받아 상품을 제공하는데 소요되는 판매비와 기업을 운영하고 유지하기 위해 소요되는 일반관리비로 구성되어 있다.

5) 의사결정에 따른 분류

사용자의 의사결정에 있어 직접 또는 간접적인 영향을 주는 원가로 관련원가, 비관련원가, 매몰원가, 기회원가 등이 있다.

(1) 관련원가

경영자의 의사결정과 관련이 있는 원가로 선택 가능한 대체안 간의 차이를 발생시키는 미래 지출 원가를 말하며 차액원가라고도 한다. 관련원가는 변동원가인지 고정원가

인지에 관계없이 대체안 간에 차이가 있는 미래원가를 의미한다.

(2) 비관련원가

비관련원가는 특정의사결정과 관련이 없는 원가로 이미 발생했기 때문에 현재의 의사결정에 아무런 영향을 미치지 못한다. 즉 특정의사결정 시 고려대상이 되지 않는 원가를 말한다.

(3) 매몰원가

경영자가 통제할 수 없는 과거의 의사결정으로부터 발생한 역사적 원가로서 현재 또는 미래의 의사결정과 관련성이 없는 원가를 말한다. 일반적으로 사람들은 선택할 수 있는 대안을 규명하고 각각의 대안에 대한 원가와 수익을 평가하여 의사결정에 반영한다. 하지만 매몰원가 때문에 종종 잘못된 의사결정을 내리는 경우가 있는데 예를 들면 음식점을 창업할 때 5천만 원의 주방기기를 구매 후 6개월이 지난 어느 날 모든 주방기기 시설이 완비된 장소로 이전을 하게 되었다고 가정하자. 이에 기존의 주방기기를 팔기 위해 중고가게에 문의해 본 결과 모두 합해서 2천만 원 이상으로는 매입하지 않겠다고 한다. 이런 경우 주방기기에 투입된 원가 5천만 원은 매몰원가이다. 미래 의사결정에서는 그냥 팔지 않고 가지고 있을 때 들어가는 비용과 팔았을 때 들어오는 2천만 원을 고려해서 의사결정을 해야한다. 즉 아깝다 하더라도 과감히 팔아야 하는 것이다. 왜냐하면 의사결정은 미래를 대상으로 하기 때문에 과거에 이미 발생한 원가는 현재의 의사결정과는 관계없이 이미 발생되어 발생사실 자체를 변경하거나 부인할 수 없으며 다시 돌려받을 수 없으므로 연연하지 말고 새로운 미래를 위해 가능성을 찾는 것이 현명할 수 있다.

(4) 기회원가

기회원가(비용)는 하나의 재화를 선택했을 때 그로 인해 포기한 다른 재화의 가치, 즉 포기된 재화의 대체(代替) 기회 평가량을 의미하는 것으로서, 어떤 생산물의 비용을, 그

생산으로 단념한 다른 생산기회의 희생으로 보는 개념이다. 즉 현재 대안을 선택하지 않았으므로 포기한 대안 중 최대금액 또는 최대이익을 기회원가(비용)라 한다. 예를 들어 회사에서 야근을 하는 상황과 친구들을 만나 저녁식사를 해야 하는 상황에서 친구들을 선택했다면 회사에서 야근을 통해 벌 수 있었던 야근수당과 당일 친구들과의 식사자리에서 지불한 음식 값의 합계가 기회원가(비용)가 된다. 그러나 기회원가(비용)는 항상 화폐적 가치로만 측정할 수 있는 것은 아니며 어떠한 선택을 함으로써 포기한 선택들 중 최선의 선택을 의미한다.

 원가의 구성 및 원가관리 방안

1. 원가의 구성

원가를 구성하고 있는 직접원가, 제조원가, 총원가로 구성되어 있으며 이를 거쳐 시장가격의 적정성을 판단 후 판매가격을 결정하게 된다.

1) 직접원가

직접원가는 직접재료비, 직접노무비, 직접경비로 구성되는데 원가구성의 기초를 이룬다는 의미에서 기초원가라고도 한다. 일반적인 외식기업의 경우 간접비가 차지하는 비율이 적어 직접원가가 제품원가의 대부분을 차지하며, 특히 직접원가 중 직접재료비와 직접노무비를 합한 것을 프라임 코스트(Prim Cost)라고 하는데 이는 매출 및 수익증대를 위한 직접원가 지출의 효율적 관리를 위해 활용되는 절대 지표로 보통 65%가 넘으면 경영상의 문제가 발생될 수 있어 지속적인 관리가 필요하다.

> 직접원가 = 직접재료비 + 직접노무비 + 직접경비
>
> 프라임코스트(Prim Cost) = 직접재료비 + 직접노무비

2) 제조원가

제조원가는 직접원가에 시설 투자에 대한 감가상각이나 보험료, 전기세 등 제조간접원가를 포함한 원가로 제2원가라고도 한다. 즉 원재료(직접재료비)에 가공비(직접노무비 + 제조간접비)가 투입되어 제품을 완성하게 되는데 제품 생산과정에서 발생된 제조원가는 미완성상태의 재공품계정을 거치고 완성품의 원가는 제품계정으로 집계된다. 이후 제품이 판매되면 판매된 제품원가는 매출원가계정으로 대체되어 비용으로 처리한다. 한편 직접노무비와 제조간접비를 합하여 가공원가라 한다.

> 제조원가 = 직접원가 + 제조간접비
>
> 가공원가 = 직접노무비 + 제조간접비

3) 총원가

총원가는 제품의 제조원가에 판매비와 일반관리비를 가산한 금액으로 제품의 제조 및 판매를 위해 발생한 모든 원가요소를 포함한다. 또한 총원가는 제품의 판매가격을 결정하는 기초가 되는 것이므로 판매원가라고도 하며 제3원가라고도 한다.

판매비는 특정제품의 판매에 직접 발생하는 직접판매비와 모든 제품의 판매에 대하여 공통적으로 발생하는 간접판매비가 있으며, 일반관리비는 대부분 간접비가 된다.

> 총원가 = 제조원가 + 판매 및 관리비

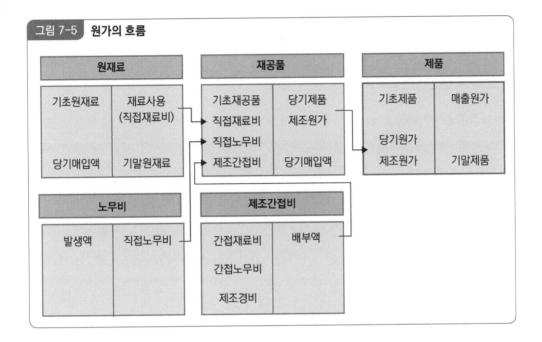

그림 7-5 원가의 흐름

4) 판매가격

판매가격이란 총원가에 판매이익을 가산한 합계로 제품의 매출가격을 말한다. 일반적으로 총원가를 기초로 일정한 이익을 가산하여 판매가격을 결정한다.

그림 7-6 원가구성도

				제세공과금
			이익	
		일반관리비, 판매비		
	제조간접비			판매원가
직접재료비	직접원가 (기초원가)	제조원가	총원가	
직접노무비				
직접경비				
직접원가	**제조원가**	**총원가**	**판매원가**	**판매가격**

2. 원가 상승의 주요 요인

1) 원가의 상승요인

외식기업을 관리하는 데 있어 원가는 매우 중요하며, 전 부문에 걸쳐 존재한다. 따라서 모든 외식기업은 원가를 절감할 수 있는 모든 수단을 강구하여 이를 집중관리하고 있는 것이 현실이다.

원가관리를 광의적으로 해석할 때 '원가수치에 의해서 경영목적을 효과적으로 달성하기 위해서 경영 시스템 내지 이들의 하부시스템(Sub-system)을 통해서 기회손실을 최소화하는 관리방식'이라고 할 수 있다. 따라서 원가절감은 이익창출을 의미하는 것으로 원가가 상승되는 부문을 찾아내서 사전에 예방하는 것이 매우 중요하다. 외식기업에서의 원가 상승요인을 부문별로 살펴보면 다음과 같다.

(1) 메뉴 계획 시 원가상승 요인

메뉴 계획이란 미래에 판매하게 될 상품을 복합적인 상황을 고려하여 결정하는 것으로 음식의 종류 및 가격 등을 결정하여 고객에게 제공하고 이를 통한 기업의 영업목표를 달성하는 것이다. 하지만 잘못된 메뉴구성 및 소비자의 선호도를 고려하지 못한 메뉴 계획 시 결국 판매 저조로 이어지고 이는 원가상승의 요인으로 작용할 수 있다. 주요한 사항은 다음과 같다.

첫째, 자연, 지역적 요인, 계절, 요일 등과 같은 마케팅 환경에 부적합한 메뉴 계획으로 예를 들어 계절적 요인을 고려하지 않는 메뉴의 구성으로 해당 계절에 식재료를 구입하기 어려운 경우 높은 가격으로 구입해야 하는 상황이 발생되고 유통되는 지역이 원거리일 경우 상대적으로 물류비용이 높게 발생해 원가 상승요인으로 작용할 가능성이 높다.

둘째, 식재료의 공급여건이 부적합한 메뉴를 계획하는 경우 적시에 공급되지 못하는 상황에서 발생하는 매출감소와 특히, 공급량이 적은 식재료의 경우 공급자의 힘이 강해져 원가상승에 영향을 줄 수 있다.

셋째, 음식의 분량과 판매가격이 조화를 이루지 못하는 경우 식재료는 많이 투입됐지만 상대적으로 낮은 가격으로 인해 원가가 상승한다.

넷째, 주방기구와 장비 및 운용비용을 고려하지 않는 메뉴 계획으로 예를 들면 가격이 낮은 메뉴를 만드는 데 고가의 주방기구가 투입되면 감가상각에 따른 비용이 고스란히 원가에 반영이 되어 원가상승 요인으로 작용한다.

(2) 구매 시 원가상승 요인

외식기업에 있어서 식재료는 전체 구매의 대부분을 차지한다고 할 정도로 매우 비중이 높고 중요하기에 철저한 식재료 구매관리가 필요하다. 식재료 구매관리란 생산계획에 따른 재료계획을 기반으로 생산활동을 수행할 수 있도록 생산에 필요한 식재료를 적정한 가격에 외식기업에 유리한 조건으로 최소한의 비용으로 수량을 확보하는 것을 의미한다. 따라서 정확한 구매관리가 이루어지지 않을 시 원가에 큰 영향을 미칠 수 있다. 구매 시 원가상승 요인을 살펴보면 다음과 같다.

첫째, 식재료를 일시에 대량구매하는 경우로 예를 들어 가격이 저렴하다고 많은 식재료를 구입하면 사용하지 못했을 경우 유통기한으로 인해 모두 폐기해야 하는 상황이 발생하게 된다. 대량구매를 통한 원가절감도 가능하지만 식재료의 신선도 및 품질관리를 위해 무조건적인 대량구매는 삼가고 유통기한을 고려한 생산량에 따른 구매가 이루어져야 원가상승을 방지할 수 있다.

둘째, 높은 단가로 식재료를 구입하는 경우이다. 이는 일반적으로 식재료에 대한 시장조사를 실시하지 않는 경우나 공급자가 독점인 경우, 유통경로가 지나치게 많은 경우, 계절에 맞는 식재료가 아닌 경우, 구매자의 수뢰 및 부적절한 행위 등으로 인해 발생될 수 있어 구매관리에 대한 프로세스 정립 및 철저한 시장조사, 경쟁입찰을 통해 단가를 낮추도록 노력해야 한다.

셋째, 부적절한 투기구매로 인한 재고 증가이다. 투기구매는 가격변동에 의한 이익을 도모할 목적으로 장기간의 수요량을 예측하여 사전에 구매한 후 재고로 보유하는 방식이나. 하지만 이는 어디까지나 예측에 의한 구매로 향후 가격이 상승했을 경우 긍정적인 측면으로 작용할 수 있지만 가격이 하락했을 경우 큰 손실을 볼 수 있다.

넷째, 구입재료에 대한 표준재료명세서의 미설정 또는 사용하지 않는 경우이다. 예를 들어 스테이크를 만들 때 투입되는 표준재료의 양이 정확하게 설정되어 있다면 해당 스테이크의 판매량을 고려하여 식재료를 구입할 수 있으나 그렇지 못한 경우 실제 판매되는 양보다 더 많은 식재료가 발주되어 재고로 남아 식재료 단가 상승의 요인으로 작용할 수 있다.

(3) 검수 시 원가상승 요인

검수는 반입되는 모든 식재료에 대해 계약과 주문 내용, 품질의 수량, 가격의 적합성 등에 대한 확인작업이라 할 수 있다. 이에 검수를 실시하는 담당자들은 주문한 식재료에 대한 표준구매명세서를 정확히 숙지하고 있어야 하고 품질이나 수량, 가격, 계약조건 등을 파악한 후 반입할 것인지, 반납할 것인지를 결정해야 한다. 검수방법은 납품된 모든 식재료를 검사하는 전수검사법과 납품된 식재료 중 일부 식재료를 검사하는 발췌검사법이 있다. 검수 시 원가상승 요인을 살펴보면 다음과 같다.

첫째, 검수업무의 불이행이다. 주로 업장이 바쁜 경우 또는 검수업무를 담당할 수 있는 직원이 없는 경우 발생될 가능성이 높으며 이로 인해 일부 상품이 납품되지 않거나 맛, 냄새, 당도 등이 기준에 맞지 않아 사용하지 못하게 되면 원가상승 요인으로 작용할 수 있다.

둘째, 불량 및 파손품의 반품처리 결여로 이는 상품으로서의 가치가 떨어져 결국 사용을 하지 못한다. 일반적으로 불량 및 파손품의 경우 납품을 중지시키고 납품된 물품은 보관 후 관계부서에 해당 사실을 알려야 한다. 또한 불량품을 처리할 때는 그 이유를 반드시 공급자에게 밝혀 이해하도록 해야 한다.

셋째, 가변성 식음료 재료의 장기간 방치로 인한 원가상승이다. 외식기업의 식재료는 신선도를 중요시하는 상품들이 많다. 특히 유제품이나 채소류 등은 고온의 장소에 보관하면 쉽게 상하거나 변질되는 상황이 발생한다. 이에 식재료의 저장조건을 확인하여 손실을 방지할 수 있도록 안전하게 보관해야 한다.

(4) 조리 시 원가상승요인

외식산업은 인적의존도가 높은 산업으로 조리사가 직접 메뉴를 조리 및 가공하는 과정에서 언제든 실수가 발생할 수 있다. 예를 들어 표준화된 레시피(Recipe)를 준수하지 않거나 조리사의 역량에 따라 고객이 원하는 메뉴가 만들어지지 않을 경우 해당 메뉴는 상품 가치 하락으로 결국 판매할 수 없게 되고 이는 식재료의 낭비뿐 아니라 다시 메뉴를 만들기 위한 수도세, 광열비 등 또 다른 낭비가 발생하게 되어 원가상승으로 이어질 수 있다. 제품을 생산하거나 조리 시 발생하는 원가상승요인은 다음과 같다.

첫째, 과다한 식재료 손질이다. 예를 들면 제공되는 스테이크의 양이 180g인데 이를 초과하여 200g으로 준비한다면 이미 20g의 원가손실이 발생되는 것이다. 물론 20g을 더 줄 수 있고 다른 용도로 활용할 수도 있지만 이미 스테이크를 한 개 더 판매할 수 있는 기회를 잃게 되는 것이다.

둘째, 부적합한 조리방법 및 기술이다. 달걀요리나 스테이크의 경우 익힘 정도 또는 굽기 정도를 선택할 수 있다. 만일 고객이 달걀요리를 'Sunny Side Up'으로 주문했는데 너무 익혀 'Over Easy'가 나왔다면 해당 계란요리는 재사용할 수 없어 원가손실이 발생된다.

셋째, 주문 내용에 대한 잘못된 이해이다. 외식업의 특성상 주문이 동시에 들어오는 경우가 대부분이다. 이런 바쁜 상황에서 주문 내용을 잘못 이해하게 되면 다른 음식이 만들어져 결국 원가손실이 발생되는 것이다.

상기와 같은 원가손실을 줄이기 위해 조리과정에서도 철저한 판매예측이나 필요한 양만 조리할 수 있는 능력을 갖추고 필요시 사용하지 않는 부위를 이용하거나 만들다 남은 자투리 음식을 활용해 새로운 메뉴를 개발하는 것도 원가를 절감할 수 있는 방안이 될 수 있다.

3. 원가절감을 위한 식재료관리 방안

외식기업은 최대한 원가를 낮추고 고객에게 효율적으로 상품을 제공할 수 있는 방안이 필요하다. 일반적으로 인건비나 임대료와 같은 고정비용을 줄이는 방법도 있겠지만 변동비용의 대부분을 차지하는 식재료를 잘 구매하고 관리하느냐에 따라 원가를 조절할 수 있다. 다만 원가절감에만 목적을 두고 관리하게 되면 메뉴의 가치가 훼손될 수 있으니 원가는 낮추면서 메뉴의 맛이나 고객의 만족도는 높일 수 있어야 한다. 이렇게 하기 위해서는 필요한 식재료를 구입하여 적당한 양을 조달하고 가능한 저렴한 가격으로 구입하여 조리 및 생산을 원활히 할 수 있도록 해야 한다.

특히, 여기서 주의해야 할 사항은 경영자와 종사원이 원가절감에 대한 인식을 같이해야 한다는 것이다. 경영자의 입장에서 아무리 원가절감을 위해 노력하더라도 종사원이 중요성을 인식하지 못한다면 오히려 잔소리로만 느껴지게 되고 마찰이 발생할 우려가 높다. 따라서 원가절감에 대한 마인드를 심어주는 것뿐 아니라 원가절감의 중요성과 필요성에 대한 교육이 지속적으로 실시되어야 한다.

외식기업의 원가절감을 위한 식재료 관리방안은 다음과 같다.

1) 구매 시점 식재료관리 방안

레스토랑의 재료를 구매하는 사람은 일반적으로 해당 레스토랑의 경영자나 구매업무를 전담하는 구매부서의 담당자인 경우가 많다. 따라서 구매자는 최적의 재료를 최저의 가격으로 구매하기 위한 상품지식이나 시장동향, 구매기술이 요구된다.

특히 원재료의 가격에 대한 등락 폭이 심할 경우 수시로 시장조사를 실시하여 기회손실을 방지할 필요가 있다.

다양한 식재료 구매방법을 통해서도 원가를 절감할 수 있다. 식재료를 자체적으로 생산하거나 산지 발굴을 통한 직거래, 공동구매 등 자신들의 업장에 맞는 구매 방법을 선택할 필요가 있다. 또한 유통단계가 많아질수록 식재료의 단가가 높아지기에 유통단계를 최소화할 수 있는 방안을 모색할 필요도 있다.

다만 주의할 점은 상기 방법이 모든 외식업에서 원가절감이 되는 것은 아닐 수 있다는 것이다. 예를 들어 대량으로 구매 시 원가가 낮아질 수 있지만 보관비용의 문제점이나 재료의 신선도 문제 등이 발생될 수 있어 작은 규모의 외식업을 하는 경우 도매시장이나 소매시장을 이용해 필요한 수량만큼만 구매하는 것이 더 좋을 수 있다. 이 외에도 적절한 구매 수량 파악을 위해 표준구매명세서를 작성하는 방법도 있다. 표준구매명세서란 어떤 특정의 요리를 생산하는 데 요구되는 식재료의 품명, 가격, 품질, 크기, 중량 등에 관한 사내표준으로 정해진 내역의 기술서를 말하는데 이를 통해 구매 수량 파악에 도움이 될 수 있다.

2) 검수 시점 식재료관리 방안

검수는 주문에 따라 구매된 재료를 검사하고 받아들이는 관리활동을 말한다. 검수관리의 목적은 계약된 가격에 의해 주문된 내용의 품질과 수량에 일치되는 식재료를 구입하려는 데 있으며 확인 검수하여 창고나 주방으로 입고시킨다.

검수단계에서 원가를 절감하는 방안으로는 가장 우선적으로 검수업무를 수행하기 위한 전문지식과 책임감 있는 검수요원이 필요하다.

검수요원의 자격으로는 검수해야 할 식재료에 대한 세부명세 및 품질, 특성 등에 대한 전반적인 지식과 경험이 필요하고, 이와 더불어 구매 및 생산업무에 대해서도 일정 부분의 지식을 갖추고 있어야 한다. 또한 검수절차나 클레임(Claim) 등을 명확하게 처리해야 하고, 거래처를 파악할 수 있는 정보력 및 식재료의 취급, 저장방법 등에 대한 전문지식을 갖추어야 한다.

이렇게 결정된 검수요원은 구매명세서와 공급처의 거래명세서를 대조하여 식재료의 검사를 수행하는데 다음과 같은 사항을 중심으로 실시해야 원가절감에 도움이 될 수 있다.

첫째, 구매명세서와 거래명세서를 대조하여 납품된 식재료의 품목 및 수량이 일치하는지 확인한다. 이는 외식기업에서 주문한 식재료와 동일한지를 파악하여 일부 식재료가 납품되지 않아 발생할 수 있는 원가손실을 방지할 수 있다.

둘째, 납품된 식재료의 크기, 중량, 당도, 선도, 유통기한, 위생상태 등을 확인한다.

식재료는 음식의 맛을 결정하는 가장 중요한 사항으로 요청한 내용과 적합한지를 반드시 파악해야 한다. 예를 들어 디저트로 제공될 멜론(Melon)의 당도가 너무 낮아 마치 무와 같다면 고객에게 컴플레인(Complain)이 발생할 수 있으며 이로 인해 해당 멜론은 폐기되어 원가상승 요인으로 작용할 수 있다. 따라서 계측기를 통해 식재료의 당도나 염도 등을 파악하는 것도 필요하고, 이 외에도 뼈나 지방 등 불가식부(폐기율)가 많은지를 파악하여 실제 사용량을 늘리는 것도 원가를 절감하는 데 도움이 될 수 있다.

셋째, 불량 및 파손상품에 대해서는 정확한 반품처리를 실시해야 한다.

검수 시 나타난 불량 및 파손상품은 공급자에게 정확한 이유를 설명하고 반품 처리해 상품의 가치하락으로 발생될 원가손실을 방지할 수 있다.

이때 반품되는 식재료에 대해서는 즉시 입고가 불가능할 시 해당 부서에 통보하여 음식을 제공하는 데 문제가 발생하지 않도록 해야 한다.

3) 저장 시점 식재료 식재료관리 방안

저장이란 식재료 검수 후 즉시 사용하지 않을 경우 고객에게 메뉴로 제공될 때까지 일정 기간 합리적인 방법으로 보존 관리하는 것을 말한다. 즉 식품을 구입하여 조리할 때까지 영양손실을 줄이고 부패되지 않도록 관리하는 것이다.

부적절한 저장방법은 식재료의 손상이나 부정 유출 등으로 원가상승의 원인이 될 수 있다. 이에 다음과 같은 원칙을 준수함으로 원가 절감 효과를 볼 수 있다.

첫째, 저장된 식재료를 표식화 하는 것이다.

입고된 식재료는 품목별, 규격별, 품질 특성별 등으로 분류하여 적재하고 네임택 (Name Tag)이나 스티커 등을 활용하여 모든 사람이 쉽게 볼 수 있도록 하는 것이 좋다. 이러한 식재료의 표식화를 통해 무분별한 발주를 방지하여 효율적 관리가 이루어질 수 있다. 또한 입·출고가 빈번한 식재료는 출입구와 가까운 곳에 적재하여 동선을 줄이는 것도 업무의 효율을 높일 수 있을 것이다.

둘째, 선입선출(First-In, First-Out)의 원칙을 준수한다.

모든 식재료는 입고된 순서에 의해 분출하는 것이 식재료의 신선도를 유지할 수 있고, 이로 인해 유통기한이 지난 식재료가 보관되는 것을 방지할 수 있다. 따라서 새로 입고된 식재료가 있으면 기존의 식재료보다 더 안쪽에 보관하여 먼저 입고된 식재료를 사용할 수 있도록 조치해야 한다.

셋째, 식품저장 방법에 따른 보관이다.

식재료는 상품군에 따라 저장 방법이 다르며, 납품 당시의 상태를 그대로 보존하는 것이 좋다. 예를 들면 곡류, 건어물, 양념류 등은 상온에서 보관해야 하고 생선류, 어류, 어패류, 육가공품, 버터 및 유제품 등은 냉장상태로 보관하는 것이 적절하다.

또한 냉동어류 및 육류 등은 냉동상태로 보관해야 하고 일단 해동된 식재료는 다시 냉동하지 않도록 한다. 이러한 저장 방법을 준수한다면 잘못된 저장 방법으로 폐기되는 식재료의 낭비를 막아 원가절감에 도움이 될 수 있다.

4) 재고 시점 식재료관리 방안

재고(Inventory)는 불확실한 수요와 공급을 만족시키기 위해 적절한 수량의 물품을 보관하는 것을 의미한다. 재고관리의 중요 기능은 식자재의 재고량 부족으로 생산계획에 차질이 발생하지 않도록 하고 최소의 가격으로 질 좋은 식자재를 구매하기 위함이다. 또한 재고 식재료의 도난과 부패에 의한 손실을 최소화하고 생산부서에서 요구하는 수량와 일치하는 수준에서의 재고량 보유에 노력해야 한다.

만일 미래의 수요예측이 가능하다면 재고를 보유할 필요가 없겠지만 레스토랑을 운영하는 데 있어 정확한 수요예측을 한다는 것은 거의 불가능할 것이다. 특히 외식기업의 식재료 재고 관리는 저장기간이나 수입의존도, 계절적 제약 등으로 인해 정확한 시기에 물량을 공급하기 어렵고 시장의 수급변동과 가격변동이 심해 관리하는 데 많은 어려움이 존재한다. 또한 레스토랑의 주요 상품인 음식의 경우 생산·판매·소비의 동시성으로 인해 미리 만들어서 보관하다가 수요가 있을 때 판매하기가 어렵다. 이에 비용을 최소화하고 적정재고를 유지·관리하여 수량 부족으로 인한 기회비용 상실과 과잉재고로 인한 손실비용을 방지할 수 있는 방안이 필요하다.

외식기업에서 주로 사용하는 일반적인 재고관리 기법은 다음과 같다.

(1) 80/20 재고관리법

80/20 재고관리기법은 재고관리와 원가관리 측면에서 접근한 이론으로 특정 식재료 20%가 전체 식재료 구매액의 80%를 차지하기에 20%를 차지하는 식재료 품목을 나머지 80%에 해당하는 품목에 비해 집중적으로 관리하는 기법이다. 주로 식재료 품목 수가 많아 모든 품목을 관리하기 어려우며 품목에 따라 가격 차이가 많이 나는 경우 활용하는데 식재료 중에서도 가격이 높고 원가에 미치는 영향이 큰 품목을 선정하여 집중관리하는 기법으로 외식기업의 재고관리에 효과적이다.

(2) ABC 재고관리법

ABC 재고관리기법은 외식기업이나 백화점, 호텔 등과 같이 재고관리 품목 수가 많거나 식재료 품목별 가격 차이가 크거나 사용금액이 큰 품목 순으로 기입할 때 주로 활용한다. 즉 구매 및 물품에 대해 연간 사용금액을 산출해서 사용금액별로 A등급, B등급, C등급으로 분류하여 재고 물품의 중요도나 가치에 따라 차등적으로 관리하는 방법을 말한다.

재고물품을 그룹별로 분류하는 목적은 물품의 중요도에 따라 적절한 통제 및 다수의 물품보다는 소수의 가격이나 가치가 높은 물품을 중점관리하기 위함이다. 여기서 중요도를 파악하기 위한 방법은 파레토분석을 활용한다.

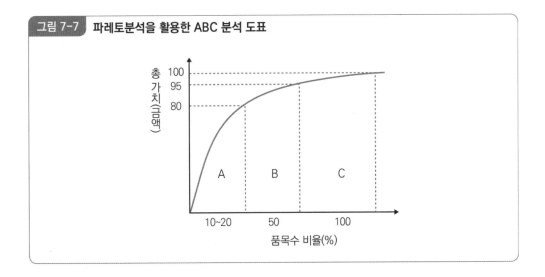

그림 7-7 파레토분석을 활용한 ABC 분석 도표

외식기업의 경우 규모에 따라 다를 수 있지만 일반적인 A, B, C 등급 분류는 다음과 같다.

① A형 품목

A형 품목은 총재고량 중 점유율이 10~20% 정도의 수량이지만 총재고금액 중 점유율은 70~80%를 차지하는 품목들이다. 주로 고가치·고가품으로 육류나 생선류, 어패류, 주류 등이 해당된다. 따라서 A형에 해당하는 품목에 대해서는 필요량을 정확하게 산출하고 보유재고량을 확인하여 발주량을 확정할 필요가 있으며 최소한의 재고수준 유지 및 도난방지 등에 신경써야 한다.

② B형 품목

B형 품목은 총재고량 중 점유율은 20~40% 정도의 수량이고 총재고금액 중 점유율은 15~20%를 차지하는 품목들이다. 주로 중가치·중가품으로 과일류 및 채소류 등이 해당된다.

③ C형 품목

C형 품목은 총재고량 중 점유율은 40~60%를 차지하지만 총재고금액 중 점유율은 5~10%를 차지하는 품목들이다. 주로 저가치·저가품의 상품으로 양념류, 조미료류, 밀가루, 설탕, 유제품 등이 해당된다.

| 표 7-1 | A · B · C 등급의 분류

등급	가치	총재고량 중 점유율	총재고금액 중 점유율
A	고가치 품목	10~20%	70~80%
B	중가치 품목	20~40%	15~20%
C	저가치 품목	40~60%	5~10%

(3) 최소-최대(Minimum-Maximum) 재고관리법

최소-최대(Minimum-Maximun) 재고관리법은 예기치 못한 상황을 대비해 안전재고 수준량을 유지하면서 재고량이 안전재고 수준인 최소치에 도달하면, 주문 후 물품이 조달되는 시점까지의 사용량을 고려하여 적정량을 주문해 최대의 재고량을 확보하는 방법으로 주로 단체급식에서 사용한다.

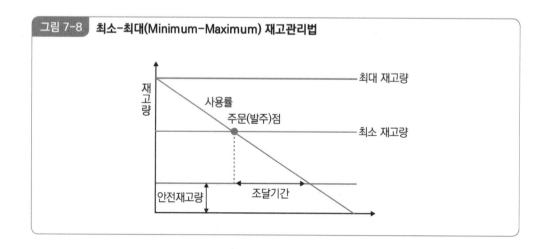

그림 7-8 최소-최대(Minimum-Maximum) 재고관리법

5) 기타 식재료관리 방안

(1) 표준산출고(Standard Yield Test) 작성

구매된 식자재로부터 자재의 작업손실 결과로 얻어진 순 중량을 의미하는 것으로 조

리나 준비과정에서 발생되는 감손이나 낭비를 최소화하여 재료비 원가를 관리하는 것이다. 표준산출고는 외식기업에서 작성한 표준구매명세서에 따라 구입된 일정량의 재료로부터 얼마만큼의 요리가 완제품으로서 생산될 수 있는가를 결정해 주며, 고객 예측을 통한 식재료의 원재료 소요량 예측을 정확하게 해주므로 원재료 공급부족에 따른 생산상의 문제를 해결할 뿐만 아니라 재료 낭비를 관리할 수 있는 기초를 마련해 준다.

(2) 표준원가 산출

메뉴구성을 위한 초안이 작성되면 각 메뉴별 표준조리표가 주방장에 의해 작성되고 원가관리 책임자에 의해 표준원가가 산출되어 메뉴가격이 작성된다. 따라서 표준조리표는 상품가격을 결정하는 근거가 되고 공정과정에 재료의 낭비가 없도록 정한 지시서로 메뉴품목별 원가를 정확하게 예측할 수 있고, 실수나 낭비로 인한 손실을 최소화할 수 있는 도구역할을 한다.

(3) 조리 프로세스 준수

모든 메뉴는 총주방장이 작성한 표준조리법에 의하여 조리되어야 한다. 조리에 임하는 조리사는 교육훈련에 만전을 기하여 업무지식의 숙달과 원가절감에 대한 투철한 의식으로 무장되어야 한다. 조리단계에서는 메뉴가 준비될 때마다 항상 동일한 분량과 재료가 사용되도록 철저하게 관리하는 것도 원가관리의 한 부분이다. 예를 들어 수프를 요리할 때 조리사는 표준조리표에 의해 항상 같은 양의 양파나 당근, 셀러리 등을 사용해야 한다.

(4) 실제원가 산출

실제원가 산출은 실제 조리를 하는 데 투입된 원가를 산출하는 것으로 운영의 책임소재를 밝힐 수 있도록 체계를 확립함과 동시에 이에 해당하는 세부부분을 주방단위로 설정해야 한다. 또한 운영의 활동결과로 발생한 실제원가를 표준원가와 비교하여 차이를 분석하고, 이에 따른 개선의 조치를 취한다. 실제원가와 표준원가의 비교는 제조 시

표준조리표에 지시된 양이나 방법을 정상적으로 수행하였는지를 확인하는 자료가 된다. 실제원가가 표준원가를 초과하게 되는 원인은 주로 과도한 요리의 단위당 분량을 사용했거나 과잉생산, 부적합한 조리 절차 및 방법, 잔여분의 식자재 활용 미숙, 도난이나 절도 행위 등에 의해 발생될 가능성이 있으므로 철저하게 확인하는 것이 좋다.

1. 재무관리의 개념

외식기업의 경영활동은 음식을 조리하여 생산하고 서비스와 판매를 하는 일련의 순환과정으로 요약된다.

외식기업이 제품과 서비스를 생산하기 위해서는 설비, 건물, 토지 등의 유형자산과 노하우(Know-how), 상표권, 특허권 등의 무형자산을 필요로 한다. 이러한 외식기업은 규모와는 관계없이 어떤 외식기업일지라도 자금을 조달하고 운용하는 재무관리가 기업의 성공여부를 결정할 수 있는 매우 중요한 기능을 지닌다.

일반적으로 재무관리는 기업의 경영활동에 필요한 자금을 합리적으로 조달하고, 조달된 자금을 경영목표에 알맞게 합리적으로 운용하는 것을 의미하나 두 가지 측면에서 개념을 정의할 수 있다. 우선 협의의 의미로 재무관리는 기업의 재무활동에 국한하여 관리하는 활동을 말하며, 광의의 의미에서의 재무관리는 기업의 재무적인 활동이 무대가 되는 시장, 즉 금융시장(Financial Market)과 자본시장(Capital Market)까지 포함한다. 따라서 광의의 재무관리 영역은 재무관리의 핵심 업무영역인 기업재무(Corporate Finance)뿐 아니라 투자론(Investment Theory), 금융론(Finance Theory)을 포함한다.

따라서 재무관리란 기업의 제반 투자안에 대하여 경제성을 평가하고, 조달한 자본으로 기업의 자산을 최적 구성할 뿐만 아니라 이를 뒷받침하기 위한 자금계획의 수립 및 통제 등 경영활동 전반에 걸쳐 경영목표를 효과적으로 달성하기 위하여 자료를 분석, 통합, 실천하는 것이다.

2. 재무관리의 목표

끊임없는 경영환경의 변화로 인해 재무적 불확실성의 위험은 점차 높아지고 있으며, 경쟁력을 갖춘 외식기업으로의 유지를 위해 재무관리는 핵심역할을 한다고 할 수 있다. 외식기업들은 불경기 또는 예기치 않은 경제적 상황에 의하여 심각한 재무적 곤경으로 도산하는 상황이 발생될 수 있는데 외식기업이 재무관리에 실패하는 주요 이유는 자금 부족과 현금흐름의 잘못된 관리, 그리고 부적절한 비용통제 등으로 볼 수 있다. 이렇듯 재무관리는 외식기업의 생존을 위해 매우 중요한 분야이면서 어려운 분야라 할 수 있다.

재무관리의 목표는 다음의 두 가지 관점에서 볼 수 있다.

1) **이익의 극대화**

기업을 운영하는 데 있어 이익은 기업을 지속적으로 유지할 수 있는 중요한 요인이 될 수 있다. 만일 이익이 나지 않는다면 기업의 입장에서는 직원들에 대한 보상이나 재투자 등에 대한 결정을 할 수 없으며 심지어 도산하는 경우까지 발생된다. 따라서 전통적인 기업의 경우 이익의 최대화(Profit Maximization)를 기업의 목표로 간주하였으나 현재에 와서는 다음과 같은 이유로 인하여 이익의 극대화가 기업의 목표로 적합하지 않다는 의견이 많다. 이러한 이유를 살펴보면 다음과 같다.

첫째, 이익의 최대화에서 이익은 회계방법을 통한 측정수치로서 기업의 경제적 성과를 정확하게 나타내지 못한다. 이익은 일정한 회계절차에 따라 기록, 정리된 장부상의 이익으로서 기업의 실제 현금흐름(Cash Flow: 기업의 활동을 통해 나타나는 현금의 유입과 유출)

을 나타내는 것이 아니다. 이익은 감가상각방법, 재고자산평가방법 등에 대한 회계처리 방법의 선택에 따라 그 크기가 달라질 수 있는 자의적인 수치이기 때문이다.

둘째, 이익의 극대화라는 목표는 현금흐름의 발생 시기를 무시하고 있다는 것이다. 즉 이익의 극대화 목표에 의하여 서로 다른 시점에서 발생하는 이익을 정확하게 평가할 수 없다. 예를 들어 현재 1억 원의 수입이 있으나 5년 후에 1억 2천만 원의 비용이 발생 되는 경우와 현재 2억 원의 비용을 지출하여 5년 후에 2억 2천만 원의 수입을 얻을 수 있는 경우가 있다면, 상기에서 언급한 이익의 극대화라는 목표에 의해 당연히 후자의 2억 2천만 원의 수익이 생기는 대안을 선택할 것이다. 하지만 이러한 평가는 현금흐름 의 발생시기에 따라서 그 가치가 달라지는 현실을 고려할 때 타당하지 못하다.

셋째, 이익의 극대화는 미래 이익의 불확실성의 정도가 서로 다른 미래 이익을 정확 하게 평가할 수 없다. 예를 들어 현재 1억 원을 투자하여 1년 후에 1억 2천만 원을 얻을 수 있다고 예상되는 두 가지의 투자기회가 있다고 가정했을 때, 한 투자기회는 위험부 담이 없는 정기예금이고 다른 투자기회는 미래결과가 불확실한 첨단제품의 개발일 경 우, 위험을 싫어하는 이성적인 투자라면 당연히 정기예금을 선호할 것이다. 그러나 이 두 가지 투자안의 기대이익이 동일하기 때문에 이익의 극대화라는 목표에 의해서는 우 열을 가릴 수 없다는 의미이다.

2) 기업가치의 극대화

전통적 이익의 극대화라는 목표는 상기에서 언급한 바와 같이 많은 문제점을 지니고 있기에 현재의 기업들은 재무관리의 목표를 기업가치의 극대화에 두고 있다.

기업가치는 그 자산을 보유함으로써 얻게 될 미래 현금흐름을 그 현금흐름의 위험이 반영된 적절한 할인율로 할인한 현재가치로 구할 수 있다. 기업의 현재가치 계산 방법 은 다음과 같다.

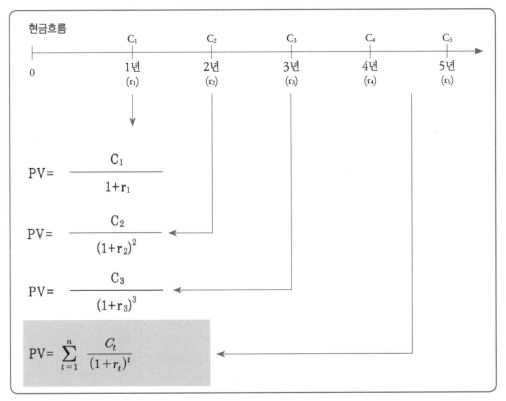

PV : 현재가치

Ct : t년 후의 현금흐름

r : 현금흐름의 위험이 반영된 이자율(할인율)로 가정한 기호임

    상기 계산방법에서 'Ct'는 기업이 미래에 얻게 될 현금흐름으로 기업이 보유 중인 자산의 수익성을 의미하며, 분모의 'r'은 현금흐름의 위험도가 반영된 할인율로 기업의 자본비용을 의미한다. 여기서 말하는 자본비용이란 기업이 자본을 사용하는 대가로 자본제공자들에게 지급되는 비용을 의미한다.

    기업의 투자의사결정은 자본조달 경정과 더불어 재무관리의 핵심 분야이다. 이러한 투자의사결정방법은 화폐의 시간가치를 고려하지 않는 방법과 화폐의 시각가치를 고려하는 방법으로 구분될 수 있으며, 여기에서는 시간의 가치를 고려한 순현가법(NPV: Net Present Value)과 내부수익률법(IRR: Internal Rate of Return)에 대해 알아보기로 한다.

(1) 순현가법(NPV: Net Present Value)

일반적으로 투자결정을 비롯한 기업의 모든 의사결정은 현재시점을 기준으로 이루어지지만 얻어지는 대가는 미래에 실현되는 것이 보통이므로 이러한 투자안을 평가하기 위해서는 화폐의 시간가치를 고려해야 한다.

순현가법(NPV : Net Present Value)은 자본예산기법의 하나로 투자금액을 투자로부터 산출되는 순현금흐름의 현재가치로부터 차감한 것이며 이 순현가가 0보다 크면 투자안을 선택하고, 0보다 작으면 투자안을 기각하는 의사결정기준을 말한다. 이 방법은 기업의 할인율로 현금흐름을 할인한다는 점, 가치가산원칙에 부합된다는 점 등에서 다른 어떠한 자본예산기법보다 우월한 방법으로 평가되고 있다.

이와 같이 순현가법은 투자로부터 발생되는 현금유입의 현재가치와 현금유출의 현재가치를 비교하여 투자여부를 결정하는 방법이다. 순현가법을 구하는 계산방법은 다음과 같다.

$$NPV = CF_0 + \frac{CF_1}{(1+r)} + \frac{CF_2}{(1+r)^2} + \cdots + + \frac{CF_n}{(1+r)^n} = \sum_{i=1}^{n} + \frac{E_t}{(1+r)^t}$$

CF_t : t년 후의 현금흐름

τ : 현금흐름의 위험이 반영된 이자율(할인율)로 가정한 기호임

이러한 계산방법으로 다음의 사례를 보고 투자의사결정 여부를 결정해 보자.

예를 들어 'A' 외식기업이 1억 원을 투자하여 새로운 세척설비를 설치하려고 할 때 세척설비로 인해 기대되는 현금흐름(현금 유입 또는 유출)은 1년차에 6천 5백만 원, 2년차에 3천만 원, 3년차에 3천만 원, 4년차에 1천만 원이다. 이때 이자율이 10%라고 한다면 'A' 외식기업은 세척설비를 투자해야 할 것인가?

상기의 계산식을 기준으로 계산해 보면 다음과 같다.

$$NPV(세척설비) = -1억 + \frac{6,500}{(1+10\%)} + \frac{3,000}{(1+10\%)^2} + \frac{3,000}{(1+10\%)^3} + \frac{1,000}{(1+10\%)^4}$$

$$= 1,325만 원$$

이 경우 NPV가 0보다 크므로 세척설비를 투자함으로써 기업의 가치를 증가시킬 수 있다는 결과가 나온다.

(2) 내부수익률법(IRR: Internal Rate of Return)

내부수익률법(IRR: Internal Rate of Return)은 투자안의 순현재가치(NPV)를 '0'으로 하는 할인율을 구하여 이를 요구수익률(투자자가 자금의 투자나 공여에 대하여 요구하는 최소한의 수익률)과 비교하여 투자여부를 결정하는 방법이다.

여기서 내부수익률(IRR: Internal Rate of Return)이란 투자자로부터 기대되는 현금유입의 현재가치와 현금유출의 현재가치를 같게 하는 할인율을 말하는데 내부수익률(IRR)을 계산하는 방식은 다음과 같다.

$$NPV = CF_0 + \frac{CF_1}{(1+IRR)} + \frac{CF_2}{(1+IRR)^2} + \cdots + \frac{CF_n}{(1+IRR)^n} = \sum_{i=0}^{n} \frac{CF_t}{(1+IRR)^t} = 0$$

상기의 계산식을 기준으로 계산해 보면 다음과 같다.

예를 들어 1억 5천만 원을 투자하여 5년간 매년 5천만 원의 수익을 얻을 때, 이자율이 10%라고 한다면 현재가치(NPV)는 3,954만 원이 되고, 현재가치를 '0'으로 만드는 내부수익률(IRR)은 19.86%가 된다. 따라서 이 투자안은 요구수익률 10%보다 크므로 채택하는 것이 좋다는 결과가 나온다.

3. 재무제표의 이해

재무제표는 재무보고의 중심적인 수단으로서 이를 통합하여 기업에 관한 재무정보를 외부의 이해관계자에게 전달하게 된다.

재무제표는 기업이 회계기간 동안 수행한 경영활동의 결과를 간략하게 만든 회계보고서로서 기업의 성적과 평가가 기록된 성적표라고 할 수 있다.

가장 일반적으로 사용되며, 우리나라 기업회계기준에서 규정하고 있는 재무제표로는 대차대조표, 손익계산서, 현금흐름표, 이익잉여금처분계산서 등이 있다.

1) 대차대조표

대차대조표란 일정시점에서 기업의 재무상태를 표시하기 위하여 작성된 것으로 기업의 일정기간 동안의 성과를 관찰할 수 있는 것이 아니라 현시점에서 기업의 상태를 한눈에 알아볼 수 있는 재무제표이다. 예를 들면 2020년 12월 31일의 대차대조표는 2021년 전체의 재무상태를 나타낸 것이 아니라 해당일, 즉 2020년 12월 31일의 재무상태를 나타낸 것이다.

대차대조표는 자금의 운용상태가 되는 자산(Assets)과 조달원천이 되는 부채(Liabilities)와 자본의 관계, 즉 재무상태를 나타낸다. 자산항목은 기업이 조달한 자금을 어떻게 활용하고 있는가 하는 자금의 운용상태, 즉 경영활동을 나타낸다. 그리고 부채와 자본항목은 이와 같은 자산의 조달원천을 표시하여 기업이 자본을 어떻게 조달하였는가 하는 자본구조, 즉 재무활동을 나타낸다.

| 표 7-2 | 대차대조표

대차대조표
제×기 2020년 12월 30일 현재

(단위 : 천 원)

항목	제X(당)기 금액	제X(전)기 금액	항목	제X(당)기 금액	제X(전)기 금액
자산	XXX	XXX	부채		
Ⅰ. 유동자산			Ⅰ. 유동부채	XXX	XXX
1. 현금 및 현금등가물			1. 매입채무		
2. 단기금융상품			2. 단기차입금		
3. 재고자산			3. 유동성 장기채무		
Ⅱ. 고정자산	XXX	XXX	Ⅱ. 고정부채	XXX	XXX
1. 투자자산			1. 사채		
1) 장기금융상품			2. 장기차입금		
2) 투자부동산			3. 퇴직급여충당금		
3) 장기대여금					
			부채총계	XXX	XXX
2. 유형자산					
1) 토지			자본		
2) 건물			Ⅰ. 자본금	XXX	XXX
3) 구축물			Ⅱ. 자본잉여금	XXX	XXX
4) 기계장치			Ⅲ. 이익잉여금	XXX	XXX
			1. 이익준비금		
3. 무형자산			2. 기타 적립금		
			Ⅳ. 자본조정	XXX	XXX
			자본총계	XXX	XXX
자산총계	XXX	XXX	부채와 자본총계	XXX	XXX

대차대조표를 구성하고 있는 요소로는 자산, 부채, 자본 세 가지가 있다.

(1) 자산(Assets)

자산(Assets)은 기업이 보유하고 있는 경제적 자원으로 건물, 설비, 토지, 비품, 차량 등과 같이 기업이 영업활동에 사용되는 유형자산을 포함하여 특허나 영업권 등과 같은 가치를 지닌 무형자산도 포함된다. 이러한 자산은 다시 유동자산과 고정자산으로 구분된다.

① 유동자산

대차대조표에서 자산항목을 배열하는 순서는 사산항목들의 유동성에 따라 결정된다. 유동성이란 현금으로 얼마나 빨리 전환될 수 있느냐를 나타내는 것으로 현금화속도가 빠른 자산항목을 유동성이 높은 자산이라 할 수 있다.

유동자산이란 1년 이내에 현금화될 수 있는 자산이나 현금, 예금, 일시 소유의 유가증권, 상품, 제품, 원재료, 저장품 등을 말한다. 관습상 유동자산은 대차대조표로부터 1년 이내에 현금으로 실현되거나 판매될 자원을 나타내는 것이 보통이므로 당기의 영업활동에 사용되지 않을 자산은 유동자산에 포함되어서는 안 된다.

유동자산은 당좌자산과 재고자산, 기타 유동자산으로 분류되며, 당좌자산 항목에는 현금, 예금, 유가증권, 외상매출금, 받을 어음, 단기대여금, 미수금, 미수 수익 등이 포함되고 재고자산 항목에는 상품, 제품, 반제품, 원재료 등이 있으며 기타 유동자산에는 선급금과 선급비용이 포함된다.

② 고정자산

고정자산(Fixed Assets)은 1년 이상 장기간에 걸쳐 현금화가 이루어지는 자산으로, 즉 판매 또는 처분을 목적으로 하지 않고 비교적 장기간에 걸쳐 영업활동에 사용하고자 하는 자산을 말한다. 고정자산은 형태에 따라 유형고정자산, 무형고정자산, 투자자산, 이연자산 등으로 분류된다.

유형고정자산은 건물, 기계장치, 토지, 차량 등 구체적인 형태가 있는 것을 말하며 기업의 설비규모를 나타낸다.

무형고정자산은 구체적인 형태는 없지만 법률상으로 인정되고 있는 권리라든가 영업권 등 기업의 영업활동을 위해 1년 이상 사용되는 것을 이른다. 영업권, 의장권, 특허권, 어업권, 광업권, 상표권 등이 여기에 속한다.

이연자산은 당기에 지출한 비용 가운데 그 비용의 효과가 장래에까지 미치는 자산으로 창립비용, 개업비, 시험연구비, 개발비 등이 포함된다.

투자자산은 장기금융상품, 투자유가증권, 장기대여금, 장기성매출채권, 투자부동산, 보증금, 이연법인세차, 기타 투자자산 등을 말한다.

(2) 부채(Liabilities)

부채(Liabilities)는 일반적인 용어로 채무와 같은 말이다. 하지만 회계학으로 볼 때 부채는 채무라는 성격보다 훨씬 넓어 타인자본이나 채권자 지분 등으로 해석된다.

부채는 기업이 상품이나 원재료를 외상으로 구매하거나 금전을 차입하였을 때, 기업이 소비한 전력이나 용수의 대가를 지불하지 않았을 때, 종업원에 대하여 임금을 지불하지 않았을 경우 발생되며, 상환 또는 의무의 이행시기가 언제인가에 따라 유동부채와 고정부채로 나눌 수 있다. 유동부채는 1년 이내에 상환기간이 도래하는 부채로 지급어음이나 외상매입금, 단기차입금 등이 있다. 고정부채는 단기부채에 해당되지 않는 것으로 상환기간이 1년 이상인 것을 말하며 주로 사채나 장기차입금, 관계회사 장기차입금 등이 있다.

(3) 자본(Capital)

자본(Capital)이란 기업의 자산에서 부채를 차감한 잔여지분이다. 기업의 소유자 즉, 주주가 기업의 자산에 대하여 가지는 순청구권의 가치로서 자기자본 또는 주주지분이라고도 한다. 자본은 자본금, 자본잉여금, 이익잉여금으로 구분되는데 자본금은 발행된 주식의 액면총액을 나타내며, 자본잉여금은 주식의 발행 및 증자, 감자(Capital Reduction) 등 자본거래에서 발생한 잉여금으로 자본준비금과 재평가적립금으로 구분된다. 이익잉여금은 회사가 벌어들인 이익 중 주주들에게 배당하지 않고 회사 내에 유보시킨 금액으로 이익준비금, 기타 법정적립금, 임의적립금 등으로 구분된다.

2) 손익계산서(Profit and Loss Statement)

손익계산서(Profit and Loss Statement)란 일정기간 동안의 기업의 성과를 나타내는 동태적인 재무제표로서 기업의 이익창출능력에 관한 정보와 경영자의 수탁책임 및 경영성과에 관한 정보를 수익과 비용으로 구성한 재무제표이다.

회사의 업적은 매출액과 비용을 비교해 이익(손실)으로 나타낸다. 사람이 1년에 한 살을 먹는 것처럼 회사도 원칙적으로 1년 단위로 업적을 계산한다. 그러나 하루가 다르게 급변하는 시대에 1년이라는 시간이 너무 길다고 판단하여 재무회계에서는 반기 또는 분기 단위로 결산을 해 업적을 보고하도록 요구하고 있다. 또한 경영자나 관리자는 더 짧은 간격으로 업적을 파악할 필요가 있어 보통 1개월마다 결산을 하고 이를 '월별결산'이라고 한다. 우리나라의 기업회계기준에서는 이익항목을 매출총이익, 영업이익, 경상이익, 법인세비용차감전순이익, 당기순이익으로 구분하여 표시하도록 규정하고 있다.

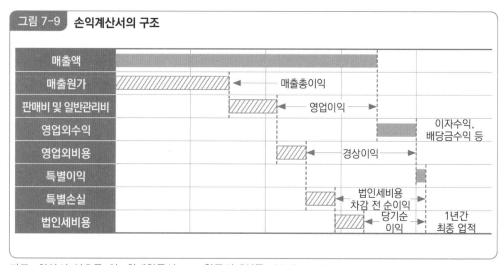

그림 7-9 손익계산서의 구조

자료: 하야시 아츠무 외, 회계학콘서트 1, 한국경제신문, 2013, p.36.

손익계산서에서 매출총이익은 매출액에서 매출원가를 차감한 잔액을 말하며, 영업이익은 영업활동의 결과 발생한 이익으로서 매출총이익에서 판매비와 일반관리비를 차감한 차액을 말한다.

경상이익은 영업이익에 영업외수익을 가산하고 영업외비용을 차감한 것이다.

법인세비용차감전순이익은 경상이익에 특별이익을 가산하고 특별손실을 차감하여 산출되며, 단기순이익은 법인세비용차감전순이익에서 법인세비용을 차감한 잔액으로 당해연도의 최종적인 경영성과를 나타낸다.

| 표 7-3 | 손익계산서

손익계산서
2020년 1월 1일부터 2020년 12월 31일까지

(단위 : 천 원)

항목	제X(당)기 금액	제X(전)기 금액
Ⅰ. 매출액	XXX	XXX
Ⅱ. 매출원가	XXX	XXX
1. 기초상품재고액	XXX	XXX
2. 당기상품매입액	XXX	XXX
3. 기말상품재고액		
Ⅲ. 매출총이익		
Ⅳ. 판매비와 관리비		
1. 인건비		
2. 복리후생비		
3. 여비교통비		
4. 임차료		
5. 보험료		
6. 소모품비		
7. 광고선전비		
Ⅴ. 영업이익	XXX	XXX
Ⅵ. 영업외수익	XXX	XXX
1. 이자수익		
2. 임대료		
Ⅶ. 영업외비용	XXX	XXX
1. 이자비용		
2. 외환차손		
Ⅷ. 경상이익	XXX	XXX
Ⅸ. 특별이익	XXX	XXX
Ⅹ. 특별손실	XXX	XXX
Ⅺ. 법인세비용차감전순이익	XXX	XXX
Ⅻ. 법인세비용	XXX	XXX
ⅩⅢ. 당기순이익	XXX	XXX

(1) 수익(Revenue)

수익(Revenue)은 재화를 판매하거나 용역을 제공하고 받은 대가이다. 수익의 대표적인 예는 상품을 판매하고 고객들로부터 받은 금액, 즉 매출액이다. 기업의 수익이 매출액만 있는 것이 아니라 다른 활동으로부터도 수익을 얻을 수 있다. 예를 들어 다른 기업에게 자금을 대여하고 받은 이자수익이나 임대료수입, 금융기관의 이자수입 등도 수익의 예이다. 따라서 매출과 수익을 혼동하지 말아야 한다.

매출액에서 매출원가를 차감하면 매출총이익이 산출되는데 기업이 거래에서 얼마나 벌었는가를 나타내준다.

영업이익은 기업이 본래의 영업활동으로부터 나타난 것으로 상품의 판매활동에서 나타난 매출액을 말하고, 영업외수익은 기업 본래의 영업활동 이외의 활동으로부터 나타난 것으로 이자수익, 임대료 수입 등을 말한다. 특별이익은 영업이익이나 영업외수익과 같이 규칙적으로 발생되는 것이 아니라 특별한 상황에 따라 발생되는 수익을 말한다. 즉 기업 본연의 영업활동 이외에 우발적 원인에 따라 발생하는 이익이다. 예를 들어 자동차 제조를 주업으로 하는 회사에서 부동산 매매에 따른 이익이 발생한다면 손익계산서에는 특별이익으로 회계처리하게 된다. 특별이익에 속하는 항목으로는 투자자산 이익, 채무면제 이익, 보험차익, 그리고 기타 특별이익 등이 있다. 특별이익은 회사가 지속적으로 창출해낼 수 있는 수익과 무관한 것이므로 이익을 중심으로 기업가치를 평가할 때는 순이익 중에서 특별이익은 빼고 해주는 것이 보통이다.

(2) 비용(Expense)

비용(Expense)이란 수익을 얻기 위하여 기업이 소비한 재화 또는 용역으로서 소멸된 원가를 말한다. 이는 경제적 효용의 유출이라고 할 수 있다. 소멸된 원가가 당기의 영업활동과 관련되어 수익에 공헌하지 못한 손실이라고 하는 것과 구분된다. 기업회계기준상비용은 그 지출 유무에도 불구하고 발생주의 원칙에 의하여 인식되는데, 매출원가, 판매비와 관리비 등과 같이 수익창출과정과 직접 대응하는 비용과 감가상각비 등의 기간적 대응에 의한 것, 사무원 급여, 광고선전비와 같이 간접 대응되는 것으로 세분될 수 있다.

매출원가는 비용 중 가장 중요한 항목으로서 주된 수익을 얻기 위해 투입되는 비용이며, 영업외비용은 본래의 영업활동 이외의 활동으로부터 나타나는 비용으로서 지급이자 등의 금융비용이 해당될 수 있다.

3) 현금흐름표(Statement of Cash Flow)

현금흐름표(Statement of Cash Flow)는 일정기간 동안 경영자의 의사결정으로 인한 현금의 변동을 나타내는 표이다. 즉, 현금의 변동내용을 명확하게 보고하기 위하여 당해 회계기간에 속하는 현금의 유입과 유출내용을 적정하게 표시한 표를 의미한다.

현재 「주식회사의 외부감사에 관한 법률」에서는 직전 사업연도 말 자산총액이 70억원 이상인 주식회사는 반드시 현금흐름표를 작성하여 공인회계사의 감사를 받도록 하고 있다. 그러나 법인세 신고서류에는 포함되어 있지 않으며, 상법에서도 기본재무제표의 범위에 포함시키지 않고 있다.

현금흐름표는 일정기간 동안의 현금흐름을 나타내는 보고서이므로 유량(Flow)개념이고 동적 재무제표이다. 대차대조표가 기초에서 기말로 변천해 간 과정을 현금흐름의 측면에서 관찰한 것이 현금흐름표라고 할 수 있다.

| 표 7-4 | 현금흐름표

현금흐름표
2020년 1월 1일부터 2020년 12월 31일까지

(단위 : 천 원)

항목	제X(당)기 금액	제X(전)기 금액
Ⅰ. 영업활동으로 인한 현금흐름	XXX	XXX
1. 당기순이익		
2. 현금의 유출이 없는 비용 등의 가산		
3. 현금의 유입이 없는 수익 등의 차감		
4. 영업활동으로 인한 자산·부채의 변동		
Ⅱ. 투자활동으로 인한 현금흐름	XXX	XXX
1. 투자활동으로 인한 현금유입액		
2. 투자활동으로 인한 현금유출액		
Ⅲ. 재무활동으로 인한 현금흐름	XXX	XXX
1. 재무활동으로 인한 현금유입액		
2. 재무활동으로 인한 현금유출액		
Ⅳ. 현금의 증가(감소)(Ⅰ+Ⅱ+Ⅲ)	XXX	XXX
Ⅴ. 기초현금	XXX	XXX
Ⅵ. 기말현금	XXX	XXX

(1) 현금흐름표의 유용성

현금흐름표를 작성하는 목적은 일정기간 동안 기업의 현금흐름을 경영활동별(영업활동, 투자활동, 재무활동)로 구분하여 현금의 유입과 유출을 나타내 줌으로써 기업의 영업, 투자 및 재무활동에 관한 정보를 제공하는 것이다. 따라서 현금흐름표는 기본적으로 다음과 같은 의문점에 대한 해답을 제공한다.

첫째, 현금은 어디에서 얼마만큼 조달되었는가 하는 현금의 조달원천과 둘째, 현금은 어디에 얼마만큼 사용되었는가 하는 현금의 사용내역, 셋째, 현금은 기간 중에 얼마만큼 변동하였는가 하는 현금의 증감액이다.

현금흐름표는 위와 같은 물음에 대한 해답을 제시함으로써 구체적으로 다음과 같은 유용한 정보를 제공한다.

첫째, 기업의 미래현금흐름의 창출능력에 관한 정보를 제공한다. 즉, 역사적 현금흐름정보는 미래현금흐름의 금액, 시기 및 확실성에 대한 지표로 자주 사용되며, 과거에 추정한 미래현금흐름의 정확성을 검증하고, 수익성과 순현금흐름 간의 관계 및 물가변동의 영향을 분석하는 데 유용하다.

둘째, 다른 재무제표와 같이 사용되는 경우 순자산의 변화, 재무구조(유동성과 지급능력 포함), 그리고 변화하는 상황과 기회에 적응하기 위하여 현금흐름의 금액과 시기를 조절하는 능력을 평가하는 데 유용한 정보를 제공한다.

셋째, 현금흐름정보는 동일한 거래와 시간에 대하여 서로 다른 회계처리를 적용함에 따라 발생하는 영향을 제거하기 때문에 영업성과에 대한 기업 간의 비교가능성을 제고한다.

넷째, 현금흐름표는 기업의 가치를 평가하는 데 필요한 기초자료를 제공한다. 즉, 기업가치를 평가하는 경우 일반적으로 기업의 미래현금흐름을 할인하여 추정하는데, 이때 미래현금흐름으로 영업활동흐름에서 투자활동현금흐름(현금순증감액 포함)을 차감한 현금흐름을 주로 사용한다.

(2) 현금흐름표의 기본구조

① 영업활동으로 인한 현금흐름

외식기업 본래의 사업인 판매, 구매, 생산활동 등에서 발생한 현금, 예금 등의 실질적인 흐름을 말한다. 매입대금을 현금으로 지급하고 매출대금이 현금으로 입금되는 등의 현금흐름이 발생한다. 이러한 영업순환과정에서 증가한 현금을 '영업현금흐름'이라고 하는데 이는 당기이익(매출-비용)에 감가상각비 등 비현금성 비용을 더한 후 운전자본(재고 + 외상매출금-외상매입금)의 증가액을 뺀 값이다. 여기서 이익에 감가상각비 등을 더하는 이유는 감가상각비 등이 현금 지출을 동반하지 않는 비용이기 때문이다. 다시 말해 이익+감가상각비 이상으로 운전자본이 증가하면 영업현금흐름은 마이너스가 되어 '계산상으로는 맞는데 현금이 모자라는 형태'가 된다.

영업활동으로 인한 현금유입은 재고자산 판매와 용역제공에 따른 현금유입, 로열티나 수수료, 중개로 인한 현금유입, 이자 수입과 배당금 수입, 기타 영업활동으로 인한 현금유입이 발생할 수 있으며 현금유출로는 재고자산과 용역 등의 구입에 따른 현금유출이나 종사원에 대한 현금유출(퇴직금 포함), 이자 지급, 법인세 및 기타 세금, 공과금 납부, 기타 영업활동 등으로 인한 현금유출이 발생될 수 있다.

② 투자활동으로 인한 현금흐름

점포나 사옥 등을 짓거나 설비를 교체하는 등의 설비투자, 영업에 필요한 자산에 대한 투자, 여유자금을 유익하게 사용하기 위한 기업외부 투자 등과 같이 미래를 위한 현금과 예금의 사용과정을 나타낸다.

투자활동으로 인한 현금유입은 금융상품 처분에 따른 현금유입, 대여금 회수에 따른 현금유입, 투자자산 처분에 따른 현금유입, 유형자산 처분에 따른 현금유입 등이 있다. 현금유출로는 금융상품 취득에 따른 현금유출, 단기매매증권 취득에 따른 현금유출, 대여금 지급에 따른 현금유출, 투자자산 취득에 따른 현금유출, 유·무형자산 취득에 따른 현금유출 등이 있다. 구체적으로는 기계설비, 건물, 토지, 자회사 주식의 취득과 매각,

투자목적으로 보유하는 주식의 매각, 자회사 등에 실시하는 자금의 대출이나 상환 등을 의미한다.

건전한 회사의 경우 적극적인 투자로 인하여 투자현금흐름의 값이 마이너스가 될 수 있다.

③ 재무활동에 의한 현금흐름

금융기관으로부터 장·단기 자금조달이나 사채발행을 통한 자본시장에서의 자금조달, 증자에 의한 자본금 증가, 차입금 상환 등을 재무제표식으로 표현한 것이다.

투자활동으로 인한 현금유입은 장·단기 차입에 따른 현금유입, 사채발행에 따른 현금유입, 주식발행에 따른 현금유입 등이 있으며 현금유출로는 사채와 차입금의 상환에 따른 현금유출, 유상증자 및 감자에 따른 현금유출, 배당금 지급에 따른 현금유출, 자기주식취득에 따른 현금유출 등이 있다.

4) 이익잉여금처분계산서(Surplus Appropriation Statement)

이익잉여금처분계산서(Surplus Appropriation Statement)는 일정기간 동안의 미처분이익잉여금(주주에게 배당 가능한 이익)의 변동내용을 보여주는 보고서이다.

즉, 기업의 이익잉여금(영업활동 결과 획득한 이익의 합계액으로서 사외로 유출되지 않고 기업 내에 유보되어 있는 부분)의 처분사항을 명확히 보고하기 위하여 이월이익잉여금의 총 변동사항을 표시한 재무제표이다.

이익잉여금처분계산서를 통해 기업의 이해관계인들은 기업의 누적이익이 어떻게 형성되고 사용되었는지를 알 수 있게 된다.

| 표 7-5 | 이익잉여금처분계산서

이익잉여금처분계산서
제×기 2020년 1월 1일부터 2020년 12월 31일까지
처분확정일 2021년 2월 28일

(단위 : 천 원)

항목	제X(당)기 금액	제X(전)기 금액
Ⅰ. 미처분이익잉여금	XXX	
1. 전기이월미처분이익잉여금	XXX	
2. 당기순이익	XXX	
Ⅱ. 임의적립금등의 이입액		XXX
1. 배당평균적립금	XXX	
Ⅲ. 이익잉여금처분액		XXX
1. 이익준비금		
2. 임의적립금	XXX	
3. 현금배당	XXX	
4. 주식배당		
Ⅳ. 차기이월이익잉여금	XXX	

(1) 미처분이익잉여금

아직 사용되지 않은 누적이익을 의미한다. 전기(전년도)에서 이월되어 넘어온 미처분이익잉여금에 당기(당해연도)의 당기순이익을 가산하여 산정된다. 이는 대차대조표상의 '자본항목의 미처분이익잉여금'과 일치한다. 이익잉여금은 회계기간(상기에서는 2020년 1월 1일~2020년 12월 31일)의 다음연도(2021년)의 주주총회에서 승인이 이루어져야 처분(사용)될 수 있다. 따라서 재무제표 작성 기준일(2020년 12월 31일)에는 이익잉여금의 사용 등에 대한 회계처리가 이루어지지 않기 때문에 'Ⅳ. 차기이월이익잉여금'이 아닌 'Ⅰ. 미처분이익잉여금'이 대차대조표에 반영되는 것이다.

(2) 임의적립금 이입액

과도한 현금배당으로 기업의 재무상태가 악화되는 것을 방지하기 위해 기업이 자율적·임의적으로 적립해 놓은 이익잉여금을 다시 배당의 재원으로 사용할 수 있도록 미처분이익잉여금으로 대체(이입)하는 것을 말한다.

(3) 이익잉여금처분액

사용가능한 이익잉여금(미처분이익잉여금 + 임의적립금등의 이입액)의 처분(사용)내용을 말한다.

이익잉여금의 처분은 주주총회의 승인을 요한다. 따라서 처분기준일(결산일), 처분결의일(주주총회승인일), 처분지급일별로 회계처리하여야 한다.

4. 재무비율 분석

1) 재무비율분석의 개념

재무분석은 재무관리의 기능인 투자결정과 자본조달 결정을 수행하기 위한 기본적 분석을 말한다. 외식기업이 목표를 달성하기 위해서 재무관리자는 적절한 자본조달을 통하여 자본구조를 최적으로 하고 조달된 자금으로 자산운영과 투자결정을 최적으로 한다. 이러한 의무를 효과적으로 수행하기 위한 수단으로 재무비율분석이 사용된다.

재무비율은 경제적 의미와 논리적 관계가 분명한 재무제표상에서 서로 대응하는 항목으로 분류하여 그 총체적 구성비나 개별항목 간의 연관비율을 산출하고 이를 과거의 평균비율이나 표준비율과 비교함으로써 재무상태와 경영성과를 분석 · 평가하는 것을 말한다.

2) 재무비율의 종류

재무비율의 종류는 정태비율과 동태비율, 관계비율과 구성비율, 이용목적에 따라 유동성비율, 성장성비율, 레버리지비율, 수익성비율 등으로 구분할 수 있다.

다음의 대차대조표와 손익계산서를 이용하여 재무비율의 종류에 따른 계산과정을 살펴보자.

| 표 7-6 | 재무비율 계산과정을 위한 대차대조표

대차대조표
제×기 2020년 12월 30일 현재

(단위 : 천 원)

항목	제X(당)기 금액	제X(전)기 금액	항목	제X(당)기 금액	제X(전)기 금액
자산			부채		
Ⅰ. 유동자산	42,200	39,600	Ⅰ. 유동부채	33,400	32,000
1. 현금 및 현금등가물	15,000	14,000	1. 매입채무	11,000	10,000
2. 유가증권	6,000	5,200	2. 단기차입금	22,400	22,000
3. 매출채권	14,000	13,800			
4. 재고자산	7,200	6,600	Ⅱ. 고정부채	39,600	36,800
			1. 사채	23,500	21,400
Ⅱ. 고정자산	71,200	62,000	2. 장기차입금	16,100	15,400
1. 투자자산	14,600	13,200	부채총계	73,000	68,800
2. 유형자산	54,300	47,700	자본	40,400	32,600
1) 토지	32,200	25,400	Ⅰ. 자본금	10,400	8,400
2) 건물	22,100	22,300	Ⅱ. 자본잉여금	24,000	20,600
3. 무형자산	2,300	1,100	Ⅲ. 이익잉여금	6,000	3,600
자산총계	113,400	101,600	부채와 자본총계	113,400	101,400

자료: 김민환, 재무관리, 홍, 2000. p.963.

(1) 유동성비율(Liquidity Ratio)

유동성비율은 단기부채를 상환할 수 있는 능력을 측정하는 비율로 유동비율과 당좌비율 등이 있다.

유동비율은 유동부채에 대한 유동자산의 비율, 즉 1년 내에 현금으로 전환될 자산과 1년 내에 상환해야 할 부채를 비교하는 것이다. 유동비율은 단기 채무에 충당할 수 있는 유동자산이 얼마나 있는가를 나타내는 비율로서 주로 은행에서 기업의 단기지급능력을 판단하는 데 사용된다. 이 비율이 높으면 양호한 편이며, 일반적으로 200% 이상이면 유동성이 양호한 것으로 판단한다.

$$유동비율 = (유동자산 \div 유동부채) \times 100 = 42,200 \div 33,400 \times 100 = 126\%$$

당좌비율은 유동부채에 대한 당좌자산의 비율로 현금화의 불확실성이 높은 재고자산을 제외한 순수한 유동자산만을 대응시키므로 단기적인 지급능력을 평가하는 비율이다. 이 비율이 높을수록 양호한 편이며 일반적으로 100% 이상이면 양호한 것으로 판단한다.

$$당좌비율 = \{(유동자산 - 재고자산) \div 유동부채\} \times 100$$
$$= \{(42,200 - 7,200) \div 33,400\} \times 100 = 105\%$$

(2) 성장성비율(Growth Ratio)

성장성비율은 일정한 기간 중 기업의 경영규모 및 경영성과가 얼마나 증가되었는가를 나타내는 비율로 재무제표 각 항목에 대한 일정기간 동안의 증가율로 측정한다. 성장성비율은 기업의 외형이나 자산규모, 주당이익, 주당 배당의 성장속도를 파악할 경우 기업의 이해관계자는 해당기업의 경쟁력이나 투자수익을 기대할 수 있게 되는 등의 여러 가지 중요한 정보를 얻게 된다.

성장성비율을 분석할 때 주의해야 할 점은 성장률이 높을 경우 일시적으로 유동성 부족이 발생하여 기업이 어려움을 겪을 수 있으므로 유동성 분석을 병행하여 실시해야 한다. 또한 성장률 자체의 측정뿐 아니라 산업 내의 특성, 산업 내의 경쟁구조, 제품수명주기 등 성장률에 큰 영향을 미치는 질적 요인에 대한 분석이 있어야 한다. 성장성비율에는 매출액증가율, 총자산증가율, 순이익증가율 등이 포함된다.

① 매출액증가율(Growth Rate of Sales)

매출액증가율은 일정기간 동안에 매출액이 어느 정도 증가하였나를 측정하는 비율이다. 성장성을 나타내는 비율을 해석할 때에는 물가변동의 효과를 감안하여 해석해야 한다. 매출액은 물가변동률 이상으로 성장해야 경제적 활동이 실제로 성장한 것이라고 볼 수 있다. 만일 매출액이 25% 성장하였으나 당해연도의 물가상승률이 5%라고 한다면 당해연도의 실질적인 매출액 증가율은 25%보다 낮은 수준이 될 것이다. 즉, 매출액증가율은 매출수량의 증가뿐만 아니라 물가상승분도 포함되어 있다는 것을 감안해야 할 것이다.

$$매출액증가율 = \{(당기매출액 - 전기매출액) \div 전기매출액\} \times 100$$
$$= \{(68,730-64,490) \div 64,490\} \times 100 = 6.6\%$$

② 총자산증가율(Growth Rate of Total Assets)

총자산증가율은 일정기간 동안 기업의 자산규모가 어느 정도 증대되었는가를 나타낸다. 총자산증가율이 높다는 것은 기업의 투자활동이 적극적으로 이루어져 기업규모가 빠른 속도로 성장하고 있다는 것을 의미한다. 총자산증가율을 해석할 때는 기업의 자산재평가 여부를 먼저 확인해야 한다. 만일 증가율을 추정하는 기간 동안에 자산재평가가 일어난 경우에는 신규투자 없이도 자산규모가 증가한 것으로 나타날 수 있기 때문이다.

$$총자산증가율 = \{(당기총자산 - 전기총자산) \div 전기총자산\} \times 100$$
$$= \{(113,000 - 101,600) \div 101,600\} \times 100 = 11\%$$

③ 순이익증가율(Growth Rate of Net Income)

순이익증가율은 일정기간 동안에 순이익이 어느 정도 증가하였는가를 측정한 비율이다. 순이익증가율을 계산할 때에는 전년도에 당기순손실이 발생한 경우와 같이 마이너스 금액이 기준연도 금액이 된다거나, 기준연도 금액이 아주 작은 값을 취할 때는 비율의 값을 구할 수 없거나 비정상적인 값이 되어 의미가 없어진다는 점을 유의할 필요가 있다.

$$순이익증가율 = \{(당기순이익 - 전기순이익) \div 전기순이익\} \times 100$$
$$= \{(2,400 - 1,434) \div 1,434\} \times 100 = 67\%$$

(3) 레버리지비율(Leverage Ratio)

레버리지비율은 기업의 재무유동성과 안정성을 나타내는 비율로 조달한 자본이 기업자산에 얼마나 적절히 배분되어 있는가를 나타내는 비율이다. 일반적으로 고정자산에 대한 투자는 장기자본의 범위 내에서 이루어져야 안정성이 높다고 할 수 있다. 레버리지비율을 측정하는 것으로는 부채비율과 자기자본비율, 고정장기적합률 등이 있다.

① 부채비율(Debt Ratio)

부채비율은 기업의 안정성을 측정하는 대표적인 지표로 부채비율이 높을수록 재무적 안정성은 떨어진다고 할 수 있다. 예를 들어 자기자본이 100이고 부채가 120이라면 자기자본을 다 처분해도 20%의 부채를 상환하지 못한다는 의미이다.

부채비율 = (부채총계÷자기자본)×100 = (73,000÷40,400)×100 = 180%

② 자기자본비율(Stockholder's Equity to Total Assets)

자기자본비율은 총자본에서 자기자본이 차지하는 비중을 나타내는 비율로 금융비용을 부담하지 않고 이용할 수 있는 자본으로 이 비율이 높을수록 안정성은 높아진다.

자기자본비율 = (자기자본÷총자산)×100 = (40,400÷113,400)×100 = 35%

③ 고정장기적합률(Fixed Assets to Long Term Capital Ratio)

고정장기적합률은 기업자산의 고정화로 인하여 장기적 지급능력 악화로까지 이어질 수 있는 위험성을 측정하는 비율이다. 예를 들어 대규모 설비를 필요로 하는 업종에서는 자기자본만으로 생산설비를 마련하기에 부담이 클 수 있다. 이 때문에 소요자금의 일부를 부채의 형식으로 빌려오는데 가능한 한 상환기간이 1년 이상인 비유동부채로 빌려야 한다. 따라서 이러한 현실을 감안하여 기업의 장기안정성을 측정하기 위한 수단으로 활용한다.

고정장기적합률은 100% 미만일수록 재무구조가 건실하다고 평가할 수 있다.

고정장기적합률 = {고정자산÷(자기자본 + 고정부채)}×100

= {71,200÷(40,400 + 39,600)}×100 = 89%

(4) 수익성비율(Profitability Ratio)

수익성비율은 일정한 기간 동안 기업활동의 최종적인 성과, 즉 손익의 상태를 측정하고 그 성과의 원인을 분석, 검토하는 수익성 분석을 행함으로써 재무제표의 내부 및 외부이용자들이 보다 합리적인 의사결정을 할 수 있도록 한다.

수익성비율을 산정하는 데 사용하는 자본은 기초와 기말잔액의 평균치가 된다.

수익성비율로는 매출액 총이익률, 매출액 순이익률, 매출액 영업이익률, 총자산 순이익률, 자기자본 순이익률 등이 있다.

① 매출액 총이익률(Gross Profit on Sales)

매출액 총이익률은 매출총이익을 매출액으로 나눈 비율로서 기업의 판매능력이나 생산효율을 측정하는 비율이다.

$$매출액\ 총이익률 = (매출총이익 \div 매출액) \times 100 = (13,200 \div 68,730) \times 100 = 19\%$$

② 매출액 순이익률(Ratio of Net Profit Net Sales)

매출액 순이익률은 당기순이익을 매출액으로 나눈 비율로서 기업의 전체적인 능률과 수익성을 판단하는 비율이다.

$$매출액\ 순이익률 = (당기순이익 \div 매출액) \times 100 = (2,400 \div 68,730) \times 100 = 3.5\%$$

③ 매출액 영업이익률(Return on Net Sales)

매출액 영업이익률은 매출액에 대한 영업이익의 관계를 나타내는 비율을 말하며 영업이익은 매출이익에서 영업비를 공제해서 계산한다. 따라서 영업외활동(재무활동)의 영향을 받지 않고 영업활동만의 성과를 나타내는 것으로 중요시된다.

매출액 영업이익률은 영업이익을 매출액으로 나눈 비율이다.

$$매출액\ 영업이익률 = (영입이익 \div 매출액) \times 100 = (8,280 \div 68,730) \times 100 = 12\%$$

④ 총자산 순이익률(Return on Assets)

총자산 순이익률(ROA)은 기업의 총자산에서 당기순이익을 얼마나 올렸는지를 판단하는 지표로, 기업의 일정기간 순이익을 자산총액으로 나누어 계산한 수치이다.

즉, 특정기업이 자산을 얼마나 효율적으로 운용했느냐를 나타낸다.

총자산 순이익률은 매출액 대비 이익률이 떨어졌는지 등 자산을 얼마나 효율적으로 영업활동에 연결시켰는지를 알 수 있다. 만일 수익은 상승하는데 총자산 수익률이 감소했다면 자산이 수익보다 빨리 증가했다는 것이고 자산을 효율적으로 활용하지 못하고 있음을 알 수 있는 것이다.

총자산 순이익률은 한 회사가 경쟁회사의 비교도구로 활용된다. 즉, 경쟁회사 간에 자산 1단위당 벌어들인 당기순이익을 동일한 잣대로 비교할 수 있어 수익창출능력을 객관적으로 비교할 수 있다는 장점이 있다.

총자산 순이익률을 높이기 위해서는 매출액 이익률을 높이거나 총자산 회전율을 높여야 하며, 또는 단순 매출액보다는 순이익을 올릴 방법을 찾거나 수익성이 떨어지는 자산을 과감하게 줄인다면 개선할 수 있다.

$$총자산~순이익률 = (당기순이익 \div 총자산) \times 100 = (2,400 \div 113,400) \times 100 = 2.1\%$$

⑤ 자기자본 순이익률(Return on Equity)

자기자본 순이익률(ROE)이란 투입한 자기자본이 얼마만큼의 이익을 냈는지를 나타내는 지표로 기업이 자기자본(주주지분)을 활용해 1년간 얼마를 벌어들였는가를 나타내는 대표적인 수익성 지표로 경영효율성을 표시해 준다.

자기자본 순이익률이 10%이면 10억 원의 자본을 투자했을 때 1억 원의 이익을 냈다는 것을 보여주는 것으로 자기자본 순이익률이 높다는 것은 자기자본에 비해 그만큼 당기순이익을 많이 내 효율적인 영업활동을 했다는 뜻이다.

$$자기자본~순이익률 = (당기순이익 \div 자기자본) \times 100 = (2,400 \div 40,400) \times 100 = 5.9\%$$

외식산업의 경영전략

제1절 전략 및 경영전략의 이해
제2절 외식기업의 수준별 경영전략

외식산업의 경영전략

전략 및 경영전략의 이해

1. 전략의 정의

전략이란 기업이 지니고 있는 자원과 능력을 활용하여 조직의 목표를 달성하기 위한 계획과 결정 및 활동방침을 수립하는 것이라고 할 수 있다.

전략이라는 용어가 처음 등장한 시기는 1960년대 기업환경이 비교적 안정적이고 정태적이었기 때문에 생산이나 마케팅 등의 경영관리활동을 장기적 시각에서 사전에 계획하는 장기경영 관리계획의 입안과 수립이 경영자에게 가장 큰 과제였다. 그러나 1970년대 들어 기업을 둘러싸고 있는 환경의 불연속성 및 불확실성이 심화되면서 환경이 주는 기회와 위협을 제대로 해결할 수 없는 상황에서 대두되었다.

전략이 경쟁자를 이기기 위한 수단일 수도 있지만 이러한 경쟁이라는 수단에 너무 치중하여 경쟁자에 집중하다 보면 소비자의 욕구를 등한시하고 경쟁자의 반응에 집착하여 고객에 대한 능동적인 전략을 펴지 못하고 경쟁자의 움직임에 따라 끌려다니는 수동적인 전략을 펴는 오류를 범할 수 있다.

전략의 궁극적인 목표는 고객의 관점에서 고객의 욕구를 정확하게 파악하고 보다 높은 시간적, 공간적, 경제적, 심리적 가치를 제공해 줌으로써 기업의 생존과 성장을 확실히 해두는 것이다. 손자병법에서도 싸우지 않고 이기는 방법이 최선의 전략이라고 하였듯이 경쟁자가 전략의 핵심이 되어서는 안되며 궁극적인 표적이 되는 고객에 초점을 맞춘 전략이 되어야 할 것이다.

따라서 외식기업에 있어서의 전략은 고객의 관점에서 고객의 욕구를 정확하게 파악하고 보다 높은 가치(경제적, 심리적 가치 등)를 제공하여 기업의 성장을 도모하는 것이라고 할 수 있다.

흔히, 전략과 전술을 혼동하는 경우가 있는데 전략은 목적달성을 위해 방향을 결정하는 것이고 전술은 전략에 의해 결정된 사항을 실제적인 행동으로 실행하는 것을 의미한다.

| 표 8-1 | 학자들의 전략에 대한 개념

학자	정의
액코프 (R. Ackoff)	전략은 장기목표와 관련된 것으로서 전체로서의 시스템에 영향을 미치는 장기목표를 추구하는 방법과 관련된다.
패인 & 나움스 (F. Paine & W. Naumes)	전략은 기업의 목표를 달성하기 위한 어떤 주요한 행동 또는 행동모형이다.
매카시 (D.J. McCarthy)	전략은 환경의 분석이며, 몇 개의 대안이 보여주는 이윤의 생존능력과 함께 위험에 직면하여 어떤 경험적 대안이 기업의 제 자원과 목표에 알맞은지를 선택하는 것이다.
글릭 (W. Glueck)	기업의 제 목표가 확실히 달성되도록 고안된 통일되고 포괄적이고 통합된 계획이다.

맥니콜스 (T.J. McNichols)	기업의 기본적인 목표의 결정을 반영하는 일련의 의사결정과 이들 목적을 달성하기 위한 제 기법과 제 자원의 활용을 포함한다.
슈테이너 & 마이너 (G.A. Steiner & J.B. Miner)	전략은 임무의 형성, 조직 내외의 힘을 고려한 조직목표의 설정, 목표달성을 위한 구체적인 정책과 전략의 형성, 조직의 기본적인 목표가 달성되도록 적정한 실현을 명확히 하는 것이다.

자료: 추헌, 경영학원론, 형설출판사, 1993, p.295.

2. 경영전략의 개념 및 필요성

외식산업은 제조업과는 달리 소수 기업들의 과점적 경쟁관계가 존재하지 않으며 시장의 진입장벽이 낮음으로 인하여 항상 경쟁이 치열하다고 할 수 있다. 이러한 경쟁상황에서 시장의 기반을 확보하여 시장우위를 점할 수 있다는 것은 외식기업에게 있어 매우 중요하다고 할 수 있다.

경쟁의 상황에서 우리 기업의 경쟁자는 누구이며 기업은 이러한 경쟁자에 대비하여 어떠한 전략을 수립하여야 하는가 하는 것은 모든 기업이 공통적으로 지니는 경영전략상의 문제이다.

경영전략이란 기업이 그를 둘러싸고 있는 사회·경제적 환경변화에 대응하여 기업의 성장을 위한 최적의 기본방침을 수립하고 그것을 실천하는 조직적 활동을 위한 기본적인 의사결정이라고 할 수 있다.

경영전략은 경영학의 세부학문 분야 중 가장 역사가 짧은 학문분야이다. 전략이라는 용어는 원래 병법 또는 군사학에 그 기원을 두고 있다.

중국의 손빈이 기원전 360여 년 전 손자병법을 썼던 것같이 서양에서도 시저(Caesar)와 알렉산드로스 대왕(Alexandros the Great) 등은 자신들의 병법이론을 서술하였다.

영어로 전략이라는 의미를 지닌 Strategy라는 단어는 그리스어인 'Strategos'에서 나온 것으로 군대나 민중집단을 의미하는 'stratos'와 이끌다라는 의미의 'agein'이 합쳐진 용어라 할 수 있다.

전쟁과 기업 간의 경쟁을 동일시하기는 어렵지만 상당히 유사한 점도 많다. 예를 들어 기업과 군대는 모두 인력 및 자본, 장비, 기술을 보유한 채 경쟁에 임하고 있으며 양자 모두 외부환경의 변화에 영향을 받고 있다. 또한 구체적인 경쟁사례에 있어서도 전면공격, 수비전략, 정면 돌파전략, 적을 기만하는 전략 등과 같이 군대의 전략과 비슷한 양상으로 기업들이 경쟁하는 것을 볼 수 있다.

우리는 최근에도 경영전략 또는 전략경영이라는 말을 신문이나 방송을 통하여 자주 접하고 있다. 기업들 역시 경영전략을 강조하고 있고, 경영학의 각 기능별 분야에서도 마케팅전략, 재무전략, 생산전략과 같이 모든 학문분야에 전략이라는 단어를 붙임으로써 전략적 사고의 중요성을 강조하고 있다.

이러한 사실은 현대의 외식기업 경영에 있어서 전략적인 사고가 얼마나 중요한가를 말해주고 있으며 더욱이 치열한 글로벌경쟁에 직면하고 있는 한국기업에게는 경영전략이 더욱 중요하다는 사실을 보여주고 있다.

3. 경영전략의 과정

경영전략에 필요한 전략을 수립하는 데 고려해야 할 요소는 기업의 비전과 전략목표의 설정, 전략적 환경분석, 전략수립, 전략실행, 전략의 평가와 통제 등 일련의 과정으로 설명할 수 있다.

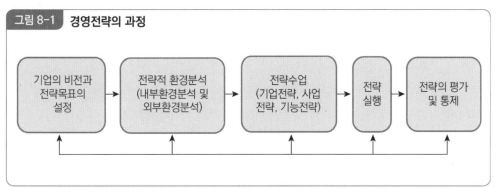

그림 8-1 **경영전략의 과정**

자료 : 유필화 외, 디지털시대의 경영학, 박영사, 2001, p.87.

1) 기업의 비전과 전략목표의 설정

기업에 대한 전략 수립은 대부분 최고경영자의 몫이라고 할 수 있다. 최고경영자는 기업의 비전과 방향을 제시하여야 하며 이러한 최고경영자의 가치관이나 비전을 토대로 경영철학이 형성되면서 전략결정에 전체적인 영향을 미치게 된다.

2) 전략적 환경 분석

기업은 어떤 사업을 유지하고 철수할 것인지 또는 새롭게 구축할 것인지에 대한 의사결정과 경영활동에 영향을 미치는 요인들을 예측하기 위해 환경 분석을 실시한다. 대표적인 방법으로는 미시적 환경을 분석하기 위한 가장 기본적 분석인 3C 분석(Customer, Competitors, Company)과 거시적 환경인 정치, 경제, 사회, 기술동향에 관한 정보를 분석하는 PEST분석(Political, Economic, Social-cultural, Technological)이 있다. 또한 내부 환경인 자사의 강점과 약점을 분석하고 외부환경에 속하는 기회와 위협요소를 평가하여 자사의 강점을 활용한 사업기회를 확보하고 위협에 대한 대안을 수립하기 위한 SWOT(Strength, Weakness, Opportunity, Threat)분석, 산업구조분석 등이 있다.

(1) SWOT 분석

SWOT 분석은 외부환경에 대한 정보를 평가하여 위협요인과 기회요인을 발견하고 기업 내부의 인사 및 조직, 재무, 기술 분야 등으로부터 기업의 주요자원과 기술 수준의 정도를 평가하여 강점 및 약점으로 대내외 환경요인을 규명하고 보기 쉽게 도표화하여 전략을 수립할 수 있도록 하는 방법으로 1960~70년대 미국 스탠포드대학에서 연구프로젝트를 이끌었던 '알버트 험프리(Albert S Humphrey)'에 의해 고안된 전략개발 도구이다.

마케팅 전략수립에 있어 SWOT 분석은 외부환경과 내부환경 분석, 유통채널과 미디어 분석을 거쳐 도출해 낸 결과들을 통합하고 이를 바탕으로 마케팅 전략의 방향을 도출해내는 분석체계이다.

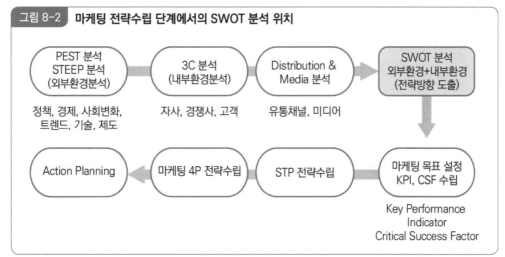

그림 8-2 **마케팅 전략수립 단계에서의 SWOT 분석 위치**

자료 : 마케팅전략연구소(www. msrkorea.co.kr)

① 외부환경

외부환경은 기회와 위협요인으로 기업을 둘러싸고 있는 요인을 말하는데 크게 거시
환경과 미시환경으로 구분할 수 있다.

거시환경은 기업에 광범위하게 영향을 미치는 경제적, 사회적, 인구학적, 정치적 요인
들을 말하고 미시환경은 경쟁자, 고객, 공급자 등 기업 활동에 직접적인 영향을 미치는
요인들을 말한다.

기업은 높은 성과를 달성하기 위하여 외부환경에 적합한 전략을 선택할 필요가 있다.
만일 기업이 과거의 전략에 집착하여 새로운 환경변화에 적절하게 대응하지 못한다면
기업의 경영성과는 궁극적으로 떨어지게 된다. 따라서 기업은 외부환경의 추세를 면밀
하게 분석하여 이에 적절한 전략적 대응을 해야 한다.

경쟁기업의 상황은 외부환경에서도 가장 직접적으로 기업의 활동에 영향을 미치는
요소이다. 따라서 경쟁기업에 비하여 우리 회사의 장점을 극대화시킬 수 있는 전략을
수립하기 위해 철저한 분석이 이루어져야 한다.

② 내부환경

어떠한 기업이든지 그 조직의 문화나 가치관에 영향을 받아 조직구성원들이 행동하게 되어 있다. 이러한 기업문화는 최고경영자에 의해 영향을 받는 경우가 많다.

내부환경은 크게 강점과 약점으로 구분하여 강점은 경쟁기업과 비교하여 차별화 될 수 있는(평판, 입지, 종사원, 분위기, 전망 등) 부분을 분석하고 약점은 경쟁기업과 비교하여 약점으로 인식 또는 주의와 개선이 요구되는 부분을 분석하여야 한다.

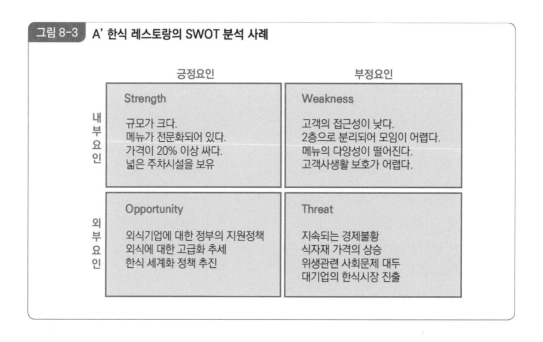

그림 8-3 **A' 한식 레스토랑의 SWOT 분석 사례**

	긍정요인	부정요인
내부요인	**Strength** 규모가 크다. 메뉴가 전문화되어 있다. 가격이 20% 이상 싸다. 넓은 주차시설을 보유	**Weakness** 고객의 접근성이 낮다. 2층으로 분리되어 모임이 어렵다. 메뉴의 다양성이 떨어진다. 고객사생활 보호가 어렵다.
외부요인	**Opportunity** 외식기업에 대한 정부의 지원정책 외식에 대한 고급화 추세 한식 세계화 정책 추진	**Threat** 지속되는 경제불황 식자재 가격의 상승 위생관련 사회문제 대두 대기업의 한식시장 진출

③ SWOT 분석을 통한 마케팅 전략

기업들은 내·외부 환경 분석의 결과를 가지고 전략을 수립하는데 SWOT 분석을 통해 도출할 수 있는 마케팅 전략은 크게 SO전략, ST전략, WO전략, WT전략으로 구분할 수 있다.

SO전략은 기업이 지닌 강점을 가지고 기회를 살리는 전략이다. 즉 기업이 지닌 강점과 시장의 기회를 결합하여 사업영역이나 시장, 사업포트폴리오 등을 확장하는 공격적인 전략이다.

예를 들어 Hertz나 Avis가 출장이나 여행목적의 고객을 위해 공항에서 경쟁을 벌이는 동안 엔터프라이즈 렌터카는 출장이나 여행 목적보다는 차가 갑자기 고장나거나 사정상 차가 1대 더 필요한 일반 고객들을 목표로 공략하여 공항보다는 도심에 사무실을 차렸고 이러한 전략이 맞아떨어지면서 Hertz나 Avis와 경합하는 북미 최대 업체로 성장하였다.

ST전략은 강점으로 시장의 위협을 회피하거나 최소화하는 전략이다. 예를 들어 애경은 10대를 위한 여드름 치유 화장품을 출시하고자 했으나 당시 약사법 및 화장품 법에 의하여 화장품이 의약품처럼 광고, 홍보되는 것이 금지되어 있었다. 하지만 애경은 아주대학교 의과대학 피부과와의 산학협력 관계를 활용하여 대학에서 여드름 화장품이 개발되었다는 홍보방식을 사용하였고, 여드름을 직접 표현하지 않고 '멍게'를 내세워 피부사춘기라는 단어로 간접표현을 실시하는 방식으로 외부의 위협요인을 벗어날 수 있었다.

WO전략은 약점을 보완하여 기회를 살리는 전략이다. 신라호텔과 홈플러스는 전략적 제휴를 통하여 서로의 약점을 보완하고 전국적인 판매망을 보유하게 된 사례라고 할 수 있다. 즉 신라호텔은 약점인 유통망을, 홈플러스는 베이커리 기술력을 보완하여 기회를 살릴 수 있었다.

WT전략은 약점을 보완하면서 위험을 회피, 최소화하는 전략이다. 이럴 경우 대부분의 기업들은 원가절감이나 사업축소, 사업철수 전략으로 방어적인 형태를 취한다.

피자헛은 3~4년간 매출이 급격하게 하락하고 있는 상황에서 경영위기를 맞이하게 되었고 이에 반해 경쟁사인 미스터피자는 2~3년간 30% 이상의 매출 성장을 달성하여 업계 1위인 피자헛을 강하게 압박하고 있는 상황이었다. 이에 피자헛은 2008년 '투스카니 파스타'를 기반으로 한 '파스타 헛'을 런칭하고 저가의 상품을 출시하여 '비싸다'라는 소비자의 선입견을 깨고 방문횟수를 증가시키고자 하였다.

(2) 산업구조 분석

산업의 경쟁구조는 여러 환경요인 중에서 기업 활동에 가장 큰 영향을 미치는 요인이다. 따라서 경쟁전략을 수립하기 위해서는 반드시 산업구조분석이 이루어져야 한다.

산업이란 서로 유사한 대체품을 생산하는 기업군인 동시에 경쟁이 일어나는 기본영역이라 할 수 있다. 그리고 이러한 산업 내에서 유리한 경쟁적 지위를 확보하기 위하여 기업이 추구하는 전략이 바로 경쟁전략이다.

경쟁전략의 수립은 기업과 그 기업을 둘러싼 주변 환경을 연결시키는 데 본질적인 의미가 있다. 그러나 기업과 그 기업을 둘러싸고 있는 주변 환경을 연결시켜 경쟁전략을 수립하는 일이 쉽지는 않다. 이러한 이유는 기업활동에 영향을 미치는 환경요인은 경제적 요인뿐만 아니라 사회적, 문화적, 기술적, 정치적 요인까지 너무도 다양하고 넓기 때문이다. 따라서 기업에 영향을 미치는 환경 변화를 모두 파악하는 것이 가능하지 않기에 몇 가지에 집중해서 분석하는 것이 바람직하다.

외식기업은 자신이 속한 산업의 경쟁 집단 세력에 의해 궁극적인 잠재이익이 결정되며 또한 경쟁압력의 원인을 이해할 때 기회와 위험을 예측할 수 있다.

산업구조를 분석하는 목적은 다음과 같다.

첫째, 경쟁이 기업의 장기적인 수익성을 결정하기 때문에 전략을 수립하기 위해서는 경쟁이 일어나는 원인을 밝힐 필요가 있다.

둘째, 경쟁요인에 대한 이해를 통해 경쟁요인들이 지닌 경쟁강도를 파악할 수 있으며 기업이 고려해야 할 주요 경쟁요인을 도출할 수 있다.

셋째, 각각의 요인에 대한 경쟁강도뿐 아니라 산업의 이윤 잠재력, 즉 업종이나 업태의 매력도를 파악할 수 있다.

넷째, 경쟁구조분석은 현재의 상황뿐 아니라 경쟁요인들이 어떻게 상호작용하여 미래에 어떻게 변화해 나갈 것인가를 밝혀냄으로써 향후 발생될 산업구조 환경을 예측할 수 있다.

기업이 속해 있는 산업의 경쟁구조를 분석하는 체계로는 마이클 포터(Michale E. Porter)의 산업구조분석이 널리 사용된다. 포터는 산업에 참여하는 주체들을 기존기업들과 잠재적 진입자, 대체재, 구매자, 공급자 등 다섯 가지 경쟁요인으로 구분하고 서로 간의 경쟁관계에서 우위에 따라 각 기업과 산업의 수익률이 결정된다고 하였다.

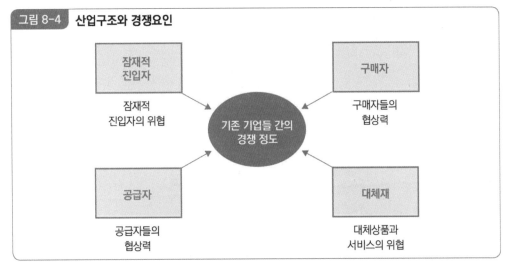

그림 8-4 **산업구조와 경쟁요인**

자료: Michale E. Porter, The Competitive Strategy, The Free Press, 1980.

① 기존 기업들 간의 경쟁

기존 경쟁기업들 간의 경쟁은 경쟁에서 유리한 위치를 차지하려는 여러 가지 전략, 즉 가격인하 및 광고, 신제품 출시, 고객서비스 강화 등의 형태로 나타난다.

외식기업에 있어서 수익률은 기존 기업들 간의 경쟁에 의해 많은 영향을 받으며 이들의 경쟁이 치열할수록 산업 및 기업수익률은 낮아지게 된다. 따라서 이러한 기업 간의 경쟁이 심화될수록 서비스 및 가격, 상품에 대한 차별화가 실시될 수 있다.

② 잠재적 진입자의 위협

잠재적 진입자는 어느 산업에서나 위협으로 다가올 수 있으며 이들 새로운 기업이 진출할 때에는 좋은 자원이나 능력을 확보하고 이를 이용하여 시장을 점유하려는 의지를 가지고 있다. 이러한 잠재적 진입자의 시장진출에 따른 위협은 산업의 수익률에 영향을 미친다. 특히 외식산업의 경우 시장진출입이 용이하여 경쟁이 더욱 심화될 수밖에 없다.

이에 따라 잠재적 진입자가 진출하면 가격이 하락하거나 마케팅 비용 등의 부대비용이 상승하여 수익성이 낮아질 수 있다. 따라서 기존의 기업들은 잠재적 진입자의 시장진출을 막기 위하여 차별화된 상품을 개발하여야 한다.

③ 대체재의 위협

외식기업은 넓은 의미에서 대체품을 생산하는 산업들과 경쟁을 벌이고 있다. 예를 들어 레스토랑의 경우를 보면 우리들이 흔히 편의점에서 구할 수 있는 각종 인스턴트식품이 가장 대표적인 예라고 할 수 있다. 비록 모양이나 형태는 다르지만 고객의 허기를 채울 수 있다는 점에서는 큰 위협이라 할 수 있다.

이러한 대체품은 기존 산업의 수익률에 영향을 미치지만 한편으로는 기존 기업들의 차별화된 방안을 도출할 수 있는 원동력이 될 수도 있다.

④ 구매자의 교섭력

구매자들은 가격인하 및 품질향상, 서비스의 증대를 항상 요구하여 경쟁기업들 간에 대립의 양상을 유발한다고 할 수 있다. 즉 구매자의 교섭력이 강할수록 외식산업의 수익률은 낮아질 수 있다.

구매자들의 교섭력이 강해지는 경우는 대부분 기업으로부터 고객들이 대량구매를 할 때, 제품이 표준화되어 있거나 차별화가 전혀 이루어지지 않아 대체할 수 있는 상품이 많은 경우, 공급자를 바꿀 때 전환비용이 낮은 경우 등이 있다.

예를 들어 단체급식을 하는 학생들의 수가 증가할수록 학부모나 학교에서는 단가를 낮추려고 압력을 가할 수 있다.

⑤ 공급자의 교섭력

공급자의 교섭력이 강해지면 공급자로부터 납품을 받는 기업은 원재료 값의 인상 등으로 인하여 수익이 낮아질 수 있다.

즉, 공급자의 힘이 강해지면 공급자는 단가를 높이려 할 것이고, 만일 기업에서 공급자를 바꾸기 위한 전환비용이 높은 경우라고 한다면 어쩔 수 없이 높은 공급단가에 원재료를 받아 가격을 올려야 하는 부담을 가지게 된다.

예를 들어 우리나라에 밀가루를 수입하는 기업이 몇 개 안되는 경우 대부분의 기업들은 해당 공급자에게 재료를 공급받을 것이고 이들이 가격을 인상하게 되면 판매가격을 올리기 전에는 자신들의 수익을 포기해야 하는 경우가 발생하는 것이다.

3) 경영전략 수립

경영전략은 어떠한 수준에서 수립할 것인가에 따라 기업전략(Corporate Strategy), 사업부전략(Business Strategy), 기능전략(Functional Strategy)으로 구분할 수 있다.

(1) 기업전략(Corporate Strategy)

기업전략(Corporate Strategy)은 여러 개의 사업을 전개하는 기업이 경쟁우위를 지속적으로 확보하기 위해 실시하는 전략으로 어떠한 사업에 진출하고 철수할 것인가를 결정하는 전략을 말한다. 삼성그룹의 예를 들어보면 삼성그룹에는 삼성전자를 비롯하여 삼성생명, 호텔신라, 에버랜드 등 여러 개의 사업부로 구성되어 있다. 기업전략은 이러한 여러 사업부에 대한 효율적인 자원배분 및 상호조정을 통하여 기업 전체의 경영목표를 달성하기 위한 전략을 말한다.

(2) 사업부전략(Business Strategy)

사업부전략(Business Strategy)은 개별사업에 적용되는 전략으로 특정한 산업에서 제품 및 서비스의 경쟁력을 개선하기 위한 것으로 경쟁전략이라 부르기도 한다. 예를 들어 삼성그룹의 계열사인 호텔신라에서 호텔사업이 경쟁우위를 갖기 위해 최고급 호텔로 사업을 전개한다는 전략 등을 말할 수 있다.

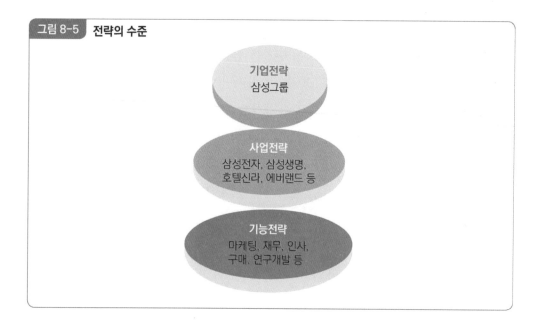

그림 8-5 　**전략의 수준**

대표적인 사업전략으로는 마이클 포터(Michale Porter)가 제시한 차별화전략, 원가우위 전략, 집중화전략을 꼽을 수 있다.

(3) 기능전략(Functional Strategy)

기능전략(Functional Strategy)은 상위의 사업부전략을 실행하기 위해 개별 사업부 내에 있는 인사나 재무, 마케팅, 생산 등에서 실시하는 전략을 말한다. 예를 들어 호텔신라에서 최고급 호텔 지향이라는 전략을 사용할 때 인사팀에서는 최고급 호텔에 맞는 인력채용 전략이라든지, 마케팅에서는 최고급을 알릴 수 있는 전략 등을 구체화하는 것을 말한다.

4) 경영전략실행

전략의 실행단계에서는 기업이 가고자 하는 곳에 어떻게 도달할 수 있는가에 대한 구체적인 활동을 하게 된다. 전략을 성공적으로 실행하기 위해서는 기업문화와 조직구조 및 인적자원 등이 조화롭게 결속되어 상호협력과 지원이 필요하다.

5) 전략의 평가와 통제

전략의 평가와 통제과정은 전략의 실행과정을 감시하여 성과측정의 결과, 품질과 효율성, 경쟁우위를 조장하도록 하는 과정을 말한다. 즉 전략이 계획대로 실행되었는지, 의도된 결과를 달성하였는지 등에 대한 답을 제공하게 된다.

 외식기업의 수준별 경영전략

1. 기업수준의 전략

기업수준의 전략은 기업의 최고경영자가 조직 전체의 이익과 행동을 원하는 방향으로 유도하기 위하여 수립된다. 예를 들면 우리 기업이 해야 할 사업은 무엇이며, 이들 사업 간에 자원을 어떻게 분배할 것인가에 관한 두 가지 기본적인 문제와 관련된 것이다. 글룩(Glueck)은 모든 기업의 전략을 성장전략, 안정전략, 축소전략, 혼합전략의 네 가지 유형으로 분류하였다.

1) 글룩(Glueck)의 기업전략 유형

(1) 성장전략(Growth Strategy)

성장전략(Growth Strategy)은 기업의 규모를 증대시키고 현재의 영업범위를 확대하는 공격적 전략을 말한다. 이러한 성장전략은 장기적 생존을 위해 반드시 필요한 전략이라고 할 수 있다.

기업이 성장전략을 추구하기 위해서는 기업이 보유하는 자원분석을 통한 강점을 더욱 효과적으로 이용할 수 있는 환경적 기회가 도래해야 한다. 기업이 성장을 추구하기 위해서 사용하는 방법으로는 신제품 개발이나 서비스의 개발을 통한 다각화 및 인수합병(M&A: Mergers & Acquisition), 글로벌 시장으로의 침투 등을 들 수 있다.

(2) 안정전략(Stability Strategy)

안정전략(Stability Strategy)은 현재의 활동을 지속적으로 유지하는 전략을 말한다. 즉, 기업이 동일한 제품이나 서비스를 공급하고 시장점유율을 유지함으로써 사업을 확장하는 데 따르는 위험부담을 기피하려는 전략이다.

안정전략은 기업이 현재의 사업에 만족하고 환경의 변화가 예상되지 않는 경우에 선호한다.

(3) 축소전략(Retrenchment Strategy)

축소전략(Retrenchment Strategy)은 방어적 전략이라고도 하며 경제상황이 좋지 않거나 외부환경이 불확실한 경우 비용감축을 통해 능률을 확보하고 성과를 높이기 위하여 경영의 규모나 다양성을 축소하는 전략이다.

축소전략의 방법으로는 비용절감을 위한 다운사이징(Downsizing)과 효율증진을 위한 구조조정(Restructuring) 등이 있다.

(4) 혼합전략(Combination Strategy)

혼합전략(Combination Strategy)은 상기의 전략 중 두 개 이상의 전략을 동시에 사용하는 것을 말하며 기업의 규모가 클수록 혼합전략을 선호하게 된다. 또한 경쟁이 심화되고 환경의 변화가 빈번한 경우에도 혼합전략이 주로 사용된다.

2) 사업 포트폴리오 매트릭스

포트폴리오 매트릭스는 미국의 경영자문회사인 BCG(Boston Consulting Group)에 의해 개발된 모형으로 급변하는 경영환경 속에서 기업이 계속기업(Going Concern)으로서 유지, 발전하기 위한 전략이 무엇인가를 파악하는 것을 의미한다.

여기서 말하는 전략이란 기업이 현재 안고 있는 사업활동은 무엇인가, 또는 새롭게 진출하려는 사업활동은 무엇인가를 명시하고 여기서 전략적인 성장기회를 모색하는 것을 말한다.

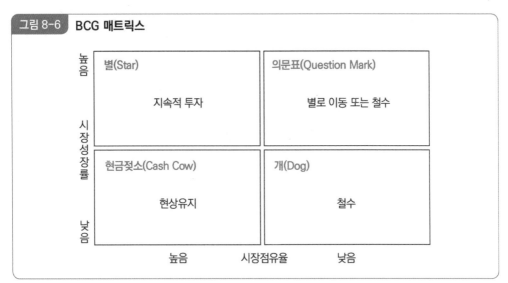

그림 8-6　**BCG 매트릭스**

자료: 한국프랜차이즈협회, 프랜차이즈 경영원론, 2004, p.70.

(1) 별(Star)

　별(Star)은 시장성장률과 시장점유율이 모두 높은 사업으로 경쟁우위에 있기 때문에 지속적인 지원이 필요한 사업이다. 하지만 기술개발이나 생산시설 확충 등에 많은 자금이 필요하고 제품수명주기로 볼 때 성장기에 해당되므로 성장전략을 추구하는 것이 바람직하다.

(2) 의문표(Question Mark)

　의문표(Question Mark)는 시장점유율은 낮지만 성장속도가 매우 빠른 시장에서 영업을 하는 사업을 의미한다. 이러한 사업은 이익을 내지 못하고 시장점유율을 유지하기 위해 새로운 자금의 투자를 필요로 한다.

시장이 급속히 신장하는 곳으로 이익을 높일 수 있는 투자기회는 매력적이지만 심한 경쟁에서 이겨야 하므로 불확실성과 위험을 내포한다. 따라서 자금을 더 투자할 것인지, 아니면 사업을 철수할 것인지를 신중하게 판단해야 한다.

(3) 현금젖소(Cash Cow)

현금젖소(Cash Cow)는 저성장, 고점유율의 상태로 새로운 투자에 대한 자금수요는 크지 않으면서 자금의 유입이 많아 이익이 나는 영역이다. 이 시장은 성숙기에 접어든 시장으로 시장점유율을 유지하는 데 거의 투자가 필요하지 않기 때문에 투자가 필요한 다른 사업을 지원하는 데 필요한 많은 자금을 창출한다. 따라서 현재의 시장지위를 유지하고 강화하는 전략을 구사하는 것이 좋다.

(4) 개(Dog)

개(Dog)는 낮은 시장점유율로 인하여 많은 자금이 필요한 것은 아니지만 이에 따른 이익도 매우 낮은 사업이다. 제품의 수명주기로 볼 때 쇠퇴기에 해당되므로 축소 또는 철수를 검토하는 것이 좋다.

2. 사업수준의 전략

사업수준의 전략은 관리자들이 장기적인 목표를 달성하기 위한 방법으로 사업의 이익이나 운용을 분석함으로써 구체화된다.

마이클 포터(Michale Porter)는 경제학적 접근법을 중심으로 지속적인 경쟁우위를 갖기 위해 3가지의 본원적 경쟁전략을 제시하였다.

3가지 경쟁전략을 유형화하기 위한 2가지의 기준은 경쟁우위요소와 경쟁범위를 들고 있다. 여기서 말하는 경쟁우위요소는 낮은 비용으로 경쟁할 것인가? 아니면 제품과 서비스의 질을 차별화하여 경쟁할 것인가? 등에 대한 결정을 말하고, 경쟁범위는 자사의 능력에 따라 전체시장을 공략할 것인가?, 세분시장을 공략할 것인가? 등에 대해 결정하는 것을 의미한다.

경쟁우위요소의 기본은 낮은 생산원가를 통해 경쟁력을 강화하는 원가 우위와 독특한 효용을 제공함으로써 직접적인 경쟁을 피하는 차별화이다. 이러한 경쟁우위의 기본 요소 아래 경쟁기업과의 경쟁에서 월등한 경쟁적 우위를 확보하기 위한 전략으로 원가우위전략, 차별화전략, 집중화전략을 제시하였다.

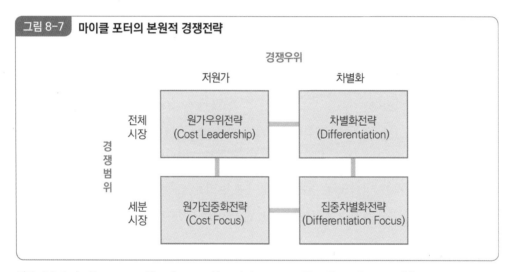

그림 8-7 마이클 포터의 본원적 경쟁전략

자료: Michale E, porter, The Competitive Advantage, The Free Press, 1985.

1) 원가우위전략(Cost Leadership Strategy)

원가우위전략(Cost Leadership Strategy)은 넓은 시장에서 원가를 낮추어 시장에서 비용의 우위를 달성하여 높은 시장점유율과 수익을 달성하려는 전략이다.

원가우위를 달성하면 낮은 가격 또는 높은 이윤을 기대할 수 있어 가격경쟁에 여유 있게 대응할 수 있고 시장점유율 확보를 위해 경쟁자를 낮은 가격으로 공략할 수 있다. 원가우위 전략을 사용하기 위해서는 생산 및 판매에서 원가를 비교적 낮게 들이는 몇 개의 기업 중 하나가 되는 정도로는 충분하지 않고 반드시 시장 내 최저수준 원가로 생산할 수 있어야 한다. 즉 원가는 가장 낮게, 그러나 생산제품이나 서비스 품질은 경쟁자와 유사하거나 최소한 소비자들이 받아들일 수 있는 수준이어야 한다.

대표적인 예로 저가 스마트폰을 판매하는 샤오미나 코스트코, 이마트 등의 유통회사, 제주항공, 진에어와 같은 항공사를 들 수 있다.

원가우위를 달성할 수 있는 방법으로는 첫째, 규모의 경제성을 누릴 수 있는 설비에 투자하거나, 둘째, 경험의 축적을 통하여 생산성을 높여 원가를 절감, 셋째, 원가와 총경비의 통제 및 이익을 내기 어려운 거래를 회피하고 인력이나 광고 등의 분야에서 원가를 최소화하는 방법이 있다.

예를 들면 일반 주유소에서 인건비 절감을 위하여 셀프 주유소로 변경하는 것도 이에 해당한다고 할 수 있다.

하지만 원가우위전략을 시도하는 경우 다음과 같은 위험성도 존재한다.

첫째, 과거의 투자나 교육훈련을 무력화시키는 기술상의 변화 둘째, 신규진입자들의 모방이나 낮은 원가를 이룩할 수 있는 기술이나 방법을 습득한 경우 셋째, 지나친 원가절감으로 인하여 마케팅이나 생산에 대한 변화에 둔감한 경우 기업에 위협이 될 수 있다.

2) 차별화전략(Differentiation Strategy)

차별화전략(Differentiation Strategy)은 넓은 시장에서 경쟁기업이 제공하지 못하는 차별화된 제품이나 서비스를 제공함으로써 경쟁우위를 확보하려는 전략이다. 전반적인 제품의 품질보다는 특정한 속성의 부각을 통해 고객의 충성도를 강화하는 것이 일반적이다. 즉, 디자인이나 브랜드 이미지, 기술, 고객서비스 등이 차별성이 될 수 있으며 고객의 욕구를 표준화된 제품으로 만족시킬 수 없을 경우 적절한 전략이다.

나이키의 경우 상품개발에 있어 상품 디자인팀, 그래픽 디자인팀, 환경 디자인팀, 영화, 비디오 사업팀 등으로 세분하여 특색을 가미한 디자인을 추구하고 최고의 인기스타를 통한 스타마케팅 등으로 고객들이 제품의 독특함에 대한 프리미엄을 기꺼이 지불할 수 있는 상표충성도를 지니고 있다. 외식기업에 있어서도 4천원대 프리미엄 김밥 전문 점인 '바르다 김선생'이나 1인분에 2만원이 넘는 삼겹살을 판매하는 '봉피양'의 경우도 차별화 전략을 추구하고 있다.

하지만 제품의 차별화에 대한 소비자의 선호도가 둔감해지고 경쟁사가 표준형 제품을 대량생산하여 큰 가격 격차로 판매할 때, 보다 강력한 차별화 제품을 경쟁사가 출시할 때, 경쟁사의 모방이 쉽게 이루어질 때 위협요소로 다가올 수 있다.

3) 집중화전략(Focus Strategy)

집중화전략(Focus Strategy)은 규모가 큰 경쟁기업들이 쉽게 접근할 수 없는 틈새시장에서 낮은 원가 또는 차별화전략을 바탕으로 하여 경쟁하는 전략을 말한다.

즉, 집중화전략은 원가 집중화전략과 집중차별화전략으로 구분된다.

원가 집중화전략은 목표 세분시장에서 원가우위를 추구하고 집중차별화전략은 목표 세분시장에서 차별화를 추구한다.

원가 집중화전략은 간접비용과 개발비용 등을 최소화하여 틈새시장에서만 마케팅을 집중하고 효율적인 서비스를 제공할 수 있어야 한다. 예를 들어 낮은 원가의 가격 경쟁력을 무기로 한 가지 메뉴를 점심시간에만 제공하는 부추비빔밥 집 같은 경우를 들 수 있다.

집중차별화전략은 특정 구매자나 지역시장에 집중하여 원가보다는 차별화를 위주로 경쟁하는 전략을 말한다. 즉, 특정시장에서의 독특한 고객의 욕구를 경쟁자들보다 더 잘 이해하고 효과적으로 충족시켜 줄 수 있는 경우에 사용한다. 예를 들어 페라리 자동차나 할리데이비슨 오토바이의 경우 일부 부유층을 대상으로 차별화된 판매를 한다고 할 수 있다.

3. 기능별 수준전략

기능별 수준전략은 궁극적으로 각 경영기능별 경영자들이 담당한다.

생산, 마케팅, 재무, 인사 등 각 경영기능에서 단기적 목표와 전략방안 등을 주 내용으로 한다. 기능별 수준에서의 의사결정은 사업부 수준에서 결정된 전략을 실천하는 것과 직접적으로 관련되어 있다. 따라서 기능별 수준의 전략들은 사업부 수준의 전략들과 일관성을 가져야 한다.

기능별 수준에서의 전략적 의사결정은 전사적 또는 사업부 전략에 비하여 단기적이며 보다 구체적이다. 즉 의사결정은 생산시스템의 효율성 제고, 적정재고 수준의 결정, 고객서비스의 질적 향상 등과 같은 실천적 문제를 다룬다.

외식산업의 체인경영

9

Chapter

외식산업의 체인경영

1. 체인경영의 이해

1. 체인경영의 개념

체인경영은 동일업종의 여러 점포를 직영하거나 계약에 의해 여러 점포를 지속적으로 경영지도하고 상품을 공급하는 경영방식을 말한다.

외식기업들이 체인화를 지속적으로 실시하는 가장 큰 이유 중의 하나는 규모의 경제화를 추구하는 것이다. 즉 한 단위의 업소를 대형화하는 것도 규모의 경제를 이룰 수 있는 방법이기도 하지만 외식기업의 상품 특성인 상품이동과 저장의 한계로 확보할 수 있는 시장권이 제한되기 때문에 단일외식업소로는 규모의 경제를 이루는 데 한계가 있기 때문이다.

체인화는 적은 점포수로는 규모의 경제화를 제대로 실현할 수 없기 때문에 6개 이상의 점포로 규정하는 경우도 있으나 오늘날 국제기준으로는 11개 이상의 점포를 말한다. 따라서 동일한 유형의 상품을 판매하는 11개 이상의 점포가 중앙본부로부터의 관리를 통해 획일화, 표준화를 달성하면서 전체로서 판매력 및 시장점유율을 강화하는 조직을 체인사업이라 할 수 있다.

2. 체인경영의 특징

체인은 표준화, 단순화, 집중화라는 원칙을 상품화하고 점포 정책 및 업무관리, 평가방식, 교육훈련 등에 일관되게 적용하여 수행하는 경영체제로서 다음과 같은 특징을 지니고 있다.

1) 전 점포의 단일자본 운용

임의체인(Voluntary Chain)이나 프랜차이즈 체인(Franchise Chain)과는 달리 체인스토어는 전 점포가 한 개의 기업으로 경영된다. 따라서 회사 체인 또는 법인 체인이라고 불리기도 하며 다른 것과 구분된다.

2) 중앙본부 관리체제 하에 각 점포의 운영

각 점포는 판매기능(상품제공 기능)을 주요기능으로 하고 있으며 점포의 전략수행은 중앙본부로부터 이루어진다.

3) 머천다이징(Merchandising)의 집중화 및 동질화

각 점포에 제공되는 상품은 통일적으로 정형화되게 만들어지며, 제공방법도 통일되고 표준화된다. 이로 인하여 규모의 이익(Scale Merit)을 통한 대중적인 가격정책과 전 점포가 동일품질을 재현함으로써 동일 브랜드력의 실현으로 브랜드파워를 가질 수 있다.

4) 생산성의 표준화, 단순화, 전문화

종래의 소매업에서는 '생산성'이라는 개념은 없었다. 그러나 이 생산성이라는 개념을 소매점 경영에 적용함으로써 소매업 경영이 지니는 한계를 극복하고 기업의 능력을 확대할 수 있게 되었다. 이 생산성은 체인경영의 경영원칙인 표준화, 단순화, 전문화라는 근대적 경영논리에서 나왔다. 이 원리의 적용 없이는 운영비를 대폭 낮추고 고객에 대한 품질과 가격, 양면에서 보다 매력 있는 상품을 제공할 수는 없다. 이렇게 공업경영의 원리를 적용한다는 의미에서 체인스토어 경영은 상업경영의 '공업경영화'라고도 할 수 있다.

따라서 체인스토어 경영은 경영기능의 본부집중과 판매기능의 점포분산이라는 방식을 통하여 중앙본부로부터 고도의 표준화, 단순화, 전문화를 달성해 가면서 자체의 판매관리, 시장점유율을 강화해 가는 경영방식이라고 할 수 있다.

3. 체인경영의 형태

체인사업은 직영점체인, 임의가맹점체인, 프랜차이즈체인, 조합체인으로 구분될 수 있다.

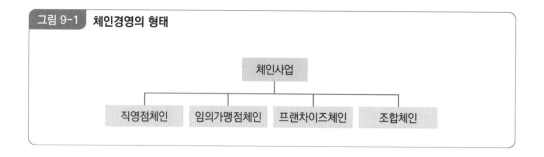

그림 9-1 체인경영의 형태

1) 직영점체인(Regular Chain)

직영점체인(Regular Chain)은 가맹본부가 직접 자본을 투자하여 직영점을 개설하고 본사의 직원을 파견하여 관리해 나감으로써 브랜드의 이미지를 보다 강력하고 일관되게 통제하여 소비자에게 좋은 이미지를 심어주기 위한 경영방식이다.

이 방식은 본사의 직원이 파견되어 근무를 하다 보니 경영방침이 그대로 전수되어 상품 및 서비스의 품질을 유지할 수 있고, 브랜드의 이미지를 전달하는 데 도움이 된다. 또한 직영점체인에서 얻어지는 모든 수익은 본사로 귀속되어 수익성이 높은 편이다. 하지만 점포개설에 따른 비용이 많이 들고 직접투자에 대한 위험성이 높다는 단점이 있다.

2) 임의가맹점체인(Voluntary Chain)

임의가맹점체인(Voluntary Chain)은 동일업종의 점포들이 경영의 독립성은 유지하면서 마케팅이나 구매, 물류 등을 공동으로 추진하여 규모의 경제에 따른 이익과 분업의 효율성을 얻기 위한 체인형태이다.

이 방법은 본사와 점포 간의 수평적 관계로 상호나 인테리어, 간판 등 최소한의 이미지만 통일하고 경영은 점포 개개인이 자율적으로 한다.

지역의 특색에 맞는 점포 이미지를 만들고 가격을 조절할 수 있으며 상품 취급 등에 대한 한계를 극복할 수 있고, 노하우 없이 판매위주로 운영하는 소매업종에 유리한 형태이다.

3) 프랜차이즈체인(Franchise Chain)

프랜차이즈체인(Franchise Chain)은 독자적인 상품 또는 판매 및 경영기법을 개발한 체인본부가 상호 및 판매방법, 매장운영 등을 결정하고 가맹점으로 하여금 그에 따르도록 운영하는 방식을 말한다.

가맹본부는 가맹사업자를 지원한다는 명분으로 개점 시에 대가를 받으며, 개점 이후에는 로열티 등을 받아 수입을 올린다. 또한 최종적으로는 자기자본을 들이지 않은 타

점포에서 상품을 대량 소비하여 점주는 소매 마진을 얻고, 본부는 도매 마진을 지속적으로 확보할 수 있다.

4) 조합체인(Cooperative Chain)

조합체인(Cooperative Chain)은 동일업종의 소매점들이 「중소기업협동조합법」 규정에 의한 중소기업협동조합을 설립하여 공동구매 및 공동판매, 공동시설활용 등을 통해 사업을 수행하는 방식을 말한다.

1. 프랜차이즈(Franchise)의 개념

프랜차이즈(Franchise)란 상호, 특허상품, 노하우를 소유한 가맹본부(Franchisor)가 계약을 통해 다른 사람(Franchisee)에게 상표의 사용권과 제품의 판매권, 기술 등을 제공하고 그 대가로 가맹비, 보증금, 로열티 등을 받는 시스템을 말한다. 여기서 상호, 상표, 노하우 등을 소유한 사람이나 기업을 프랜차이저(Franchisor)라고 하고 프랜차이저로부터 상호의 사용권, 제품의 판매권, 기술, 상권분석, 점포 디스플레이, 교육훈련 등을 제공받은 사람이나 기업을 프랜차이지(Franchisee)라고 한다.

국제프랜차이즈협회(IFA: International Franchise Association)에서는 프랜차이즈를 '본부가 가맹점의 사업에 대하여 노하우나 교육 등의 분야에서 계속적으로 이익을 제공하거나 유지하고, 그 기간 중 가맹점을 본부가 보유하고 있거나 통제하는 공통의 상호, 양식(Format) 및 기타 절차에 따라 영업을 하며, 자기자본으로 자기 사업에 상당한 자본을 투자한다'고 정의한다.

프랜차이즈 비스니스 개념을 최초로 도입한 기업은 1860년대 미국의 싱거 재봉틀 회사(Singer Sewing Machine Co.)이며 이후 1898년에는 자동차 회사인 제너럴 모터스(General Motors) 등이 탄생하게 되었다. 이러한 프랜차이즈 형태는 그 효율성을 인정받아 급성장하면서 광범위한 분야로 파급되기 시작하였다.

그림 9-2 **프랜차이즈 용어**

- **프랜차이즈(Franchise)**

프랜차이즈는 가맹본부(Franchisor : 프랜차이저)와 가맹점 사업자(Franchisee : 프랜차이지) 간의 합의 또는 지속적인 관계를 의미한다. 가맹본부는 가맹점 사업자에게 동일한 브랜드 및 이미지 사용과 본부에서 개발한 상품이나 서비스를 독점으로 판매할 수 있는 권리부여와 영업을 위한 각종 교육 및 경영지도, 통제를 하는 대신 가맹비, 로열티 등을 받아 판매시장을 개척해 나가는 사업방식을 말한다.

- **가맹본부(Franchisor)**

가맹사업과 관련하여 가맹점 사업자에게 가맹점 운영권을 부여하는 사업자를 말한다. 가맹본부는 가맹점 사업자에게 자신의 상호나 상표, 서비스 등을 사용하여 자신과 동일한 이미지로 상품판매의 영업활동을 하도록 허용하고 그 영업을 위하여 교육, 지원, 통제를 하며, 이에 대한 대가를 받는 사업체를 말한다.

- **가맹점 사업자(Franchisee : 프랜차이지)**

가맹사업과 관련하여 가맹본부로부터 가맹점 운영권을 부여받은 사업자를 말한다. 가맹본부로부터 그들의 상호나 상표, 서비스 등을 사용하여 동일한 이미지로 상품판매의 영업활동을 허가받고 영업을 위한 교육 및 지원, 통제를 받아 자신의 자금과 노동으로 가맹점을 운영하는 사업체를 말한다.

프랜차이즈 시스템의 특징은 가맹본부와 자본을 달리하는 독립사업자인 가맹점이 서로 협력하는 형태로 본부와 가맹점 간에 계약된 범위 내에서만 서로 통제하거나 득정한 요구를 수행한다는 것이다. 프랜차이즈 가맹점의 유리한 점은 본부에서 시스템을 갖추고 구매력이 있는 제품을 개발하여 공급하므로 실패의 위험성이 적고 본부에서 일괄적인 영업, 광고, 판촉활동을 지원하므로 효과가 크다는 것이다.

2. 프랜차이즈의 성장요인

프랜차이즈산업은 서비스산업에서도 매우 비중 있는 산업으로 발전의 추세가 날로 더해가고 있다. 특히 본부와 가맹점의 밀착된 상호관계를 통하여 소비자의 기호 변화에 과학적으로 대응하고 다점포로 경쟁력을 확보하는 것 등으로 인하여 급성장할 수 있는 계기가 되었다. 이러한 프랜차이즈의 발전요인을 살펴보면 첫째, 경제적 요인을 들 수 있다. 즉 경제적 성장으로 인한 국민소득과 가처분 소득의 증가로 외식비에 대한 지출이 늘어나게 되었고, 식문화의 질적인 향상은 외식 욕구를 증가시키는 요인으로 작용하였다. 또한 시장개방에 따른 해외업체의 진출이 가속화됨으로 인해 외식기업이 글로벌화될 수 있는 발판을 마련하였다.

둘째, 사회적 요인으로 여성의 사회진출 확대와 맞벌이 부부의 증가로 집에서 식사하는 시간보다 밖에서 식사하는 시간이 늘어나게 되었고 자가용의 증가는 장거리에 있는 외식기업의 발전으로까지 확대되었다. 또한 주 5일제 근무 및 삶의 질 향상을 위한 레저문화의 지향도 성장요인으로 볼 수 있다.

셋째, 문화적 요인으로 식생활 패턴의 서구화 및 외식에 대한 가치관의 변화, 전통메뉴의 개발과 현대화 등이 있다.

넷째, 정보 및 기술적 요인으로 첨단 IT산업의 발달과 기술의 진보는 세계 각국의 음식을 접할 수 있는 계기를 마련하였고 주방기기의 자동화 및 기업들의 선진 경영기법은 소비자를 외식기업으로 이끄는 요인으로 작용하게 되었다.

결과적으로 프랜차이즈 산업의 성장은 사회, 경제, 문화, 기술적 요인의 변화에 따른 결과이지만 무엇보다 소비자가 요구하는 편의성을 제공한다는 점에 의의가 있다.

3. 프랜차이즈의 유형

프랜차이즈 시스템은 본사(Franchisor)와 하위단계의 가맹점(Franchisee)이 계약을 근거로 하여 통합되는 계약적, 수직 마케팅 시스템의 형태를 취한다. 이러한 방식은 여러 가지의 형태로 구분될 수 있으나 여기서는 유통경로에 따른 프랜차이즈의 유형과 성격에 따른 유형으로 구분하기로 한다.

1) 유통경로에 따른 프랜차이즈 유형

(1) 제조업자 · 소매업자(Manufacture Sponsored-Retailer)

제조업자 · 소매업자(Manufacture Sponsored-Retailer) 시스템은 오랫동안 사용된 프랜차이즈 시스템으로서 교통이 편리한 경우 제조업자가 일정한 지역에서 판매망을 확보하고 소매상들을 이용하여 영업방법, 상호, 상표 등을 개발하여 가맹점인 소매점에게 제품과 서비스를 유통시킬 수 있는 특권을 부여하여 계열화하는 사업형태이다. 대부분의 주유산업이 이러한 형태로 운영된다.

(2) 제조업자 · 도매업자(Manufacture Sponsored-Wholesaler)

제조업자 · 도매업자(Manufacture Sponsored-Wholesaler) 시스템은 시장이 너무 분산되어 있거나 소량의 제품을 취급하여 규모의 경제성을 확보할 수 없는 경우, 제조업자가 자신을 대신하여 유통기능을 수행할 도매상과 프랜차이즈를 계약하여 운영하는 전통방식의 시스템이다. 대표적인 예로 코카콜라, 펩시콜라 등의 음료제조업자가 도매상에게 음료수의 원료(Beverage Base)를 제공하면 도매업자는 이를 채택하여 소매업에게 판매하는 방식으로 청량음료 매출액의 90% 정도가 이러한 시스템의 형태로 운영된다.

(3) 도매업자 · 소매업자(Wholesaler Sponsored-Retailer)

도매업자 · 소매업자(Wholesaler Sponsored-Retailer) 시스템은 제조업자가 생산하는 제품의 품목수가 제한되어 있으므로 도매업자가 여러 제조업자들로부터 다양한 품목을 제공받아 프랜차이즈를 개발하고 소매상을 체계화하는 방식이다. 즉 도매상이 본부가 되고 소매상이 가맹점이 되어 도매상 중심의 프로그램에 의해 소매상을 모집한다. 주로 스포츠용품점이나 제약업 등에서 운영되는 형태이다.

(4) 서비스제조업자 · 소매업자(Service Firm Sponsored-Retailer)

서비스제조업자 · 소매업자(Service Firm Sponsored-Retailer) 시스템은 서비스회사가 서비스를 소비자에게 효율적으로 제공하기 위하여 소매업자에게 표준화된 상호, 상표, 서비스 제조 및 판매방법 등을 직접 제공하는 방법이다. 여기에서는 유명상호, 상표 또는 경영자가 주요한 자산이 될 수 있다.

대표적인 예로는 맥도날드와 KFC, 버거킹 등 우리나라에 진출한 대부분의 패스트푸드 업종이 여기에 속한다고 할 수 있다.

2) 성격에 따른 프랜차이즈 유형

(1) 상품형태 프랜차이즈(Product Format Franchise)

상품형태 프랜차이즈는 프랜차이저가 제조한 상품을 프랜차이즈의 상호 및 상표하에서 프랜차이지가 소매업자 또는 도매업자로서 판매하는 프랜차이즈 형태를 말한다. 프랜차이저는 프랜차이지에게 상표와 상호 등의 사용을 허락하고 상품만을 공급하며 사업운영에 필요한 노하우는 제공하지 않는다.

(2) 비즈니스형태 프랜차이즈(Business Format Franchise)

비즈니스형태 프랜차이즈는 상품형태 프랜차이즈에서 기인하는데 편리성과 서비스가 중요시되면서 상품들을 잘 팔기 위해 프랜차이즈를 적용하였다. 이 형태는 프랜차이저가 독자적인 노하우와 제품을 개발하여 시스템화하고 프랜차이지에게 사용을 허락하는 프랜차이즈 형태이다. 이러한 시스템은 일관성을 유지하게 만들며 그 일관성은 프랜차이즈가 성공하는 데 가장 중요한 근간이 되기도 한다.

즉, 가맹본부의 직영점이나 가맹점 사업자나 국내에서 영업을 하거나 해외에서 영업을 하거나 관계없이 모든 매장을 동일하게 보이거나 느낀다는 것이다.

오늘날 대부분의 프랜차이즈 사업이 비즈니스 형태의 프랜차이즈로 운영되고 있다.

(3) 전환 프랜차이즈(Conversion Franchise)

전환 프랜차이즈는 표준적인 프랜차이즈 관계를 조금 수정한 형태로 전환 프랜차이즈에서 가맹본부는 동일한 산업에서 독립적으로 사업을 하고 있는 사람들을 모집하여 자신의 가맹점 사업자로 바꾸는 것이다. 이러한 형태의 프랜차이즈는 부동산이나 호텔과 같은 서비스산업에서 체인을 확장하기 위해 널리 사용된다. 즉 가맹본부는 같은 사업을 하는 독립사업자들이 가맹본부의 서비스나 상표 그리고 시스템을 이용하여 수익의 극대화를 기대한다. 또한 가맹점 사업자는 가맹본부의 우수한 운영시스템이나 높은 브랜드인지도 그리고 차별화된 마케팅 능력의 도움을 받아 매출액의 증가를 기대한다.

하지만 관련 산업에 사업경험이 없는 새로운 가맹점 사업자는 그 시스템의 다른 가맹점 사업자와 동일성을 유지하기 위해 중요한 변화나 전환을 꺼려하며, 가맹본부 역시 이러한 변화에 대해 요구를 할 수 없다.

3 프랜차이즈 사업의 특성

1. 프랜차이즈 사업의 성격

1) 계약관계

　프랜차이즈 사업은 가맹본부와 가맹점 간의 상호 신뢰와 공동투자에 의한 분업의 협력계약을 기반으로 상호 계약된 범위 내에서 통제하거나 특정한 요구를 수행한다.

　프랜차이즈 계약은 양자의 합의에 의하여 결정된 것이 아니라 가맹본부가 미리 결정한 사업의 계약내용을 사업을 하고자 하는 가맹점에게 설명한 후, 동의할 경우 계약이 성립되는 부합계약의 성격을 갖는다.

2) 독립된 사업자

　프랜차이즈 사업은 자본을 달리하는 가맹본부와 가맹점이 장기계약에 의해 독립된 사업자로서 사업을 영위한다.

　프랜차이즈 시스템은 가맹본부와 가맹점의 자율성이 인정되고 각자는 독립된 이윤의 흐름을 보장받는다는 점에서 일반적인 제품이나 용역의 거래와는 다른 특징을 보인다. 거래빈도가 일반적으로 낮다는 부분도 하나의 특징으로서 가맹본부가 가맹점에게 허가하는 상호나 기술전수, 경영기법은 계약기간 동안 언제든지 사용할 수 있다.

3) 상품의 동질성

　프랜차이즈 사업은 독립적인 경영자와 사업 주체들로 구성되어 있지만 소비자들은 사업 전체를 동질적인 것으로 인식한다. 따라서 마케팅 활동에서 얻는 효과 역시 일반적인 기업의 경우보다 훨씬 높다고 할 수 있다.

4) 불확실성의 감소

가맹본부 입장에서 프랜차이즈 사업은 가맹점이 자본투자를 하기 때문에 사업을 구축하고 확장하는 데 필요한 자본투자가 많지 않다. 따라서 소규모 투자와 최소의 인력으로 사업을 빠르게 확장할 수 있으며 가맹비나 로열티, 식재료 공급을 통해 수익을 얻을 수 있다. 이러한 금전적인 부분 이외에도 가맹본부가 영업을 지속적으로 확장하고자 할 때 해당 지역의 시장성 및 문화적 특성 등을 정확하게 예측할 수 없는 데 반하여 해당 지역에서 가맹점을 모집하여 영업활동을 허가해 줌으로써 정보의 부족에서 생기는 전반적인 불확실성을 감소시킬 수 있다.

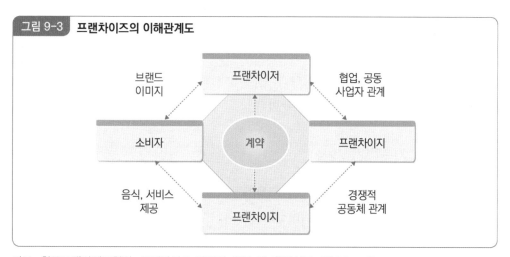

그림 9-3 프랜차이즈의 이해관계도

자료: 한국프랜차이즈협회, 프랜차이즈 가맹점 창업 및 운영실무, 2004. p.7

2. 프랜차이즈의 성공요소

프랜차이즈가 성공하기 위해서는 많은 요소들이 있지만 대표적인 요소로는 다음의 3

가지를 들 수 있다.

1) 상표인지도

상표인지도라는 것은 가맹본부의 브랜드가 소비자들에게 얼마나 잘 알려져 있으며, 인정받고 있는가에 대한 문제이다. 브랜드에 대한 고객의 충성도가 높아지면 가맹점으로서는 영업에 큰 도움이 되기 때문이다. 따라서 가맹본부에서는 상표의 인지도를 높이기 위한 광고 및 홍보 전략을 잘 수립해야 할 것이다.

2) 효율적인 운영시스템 확립

효율적인 운영시스템 확립은 개점 후 가맹본부에서 영업활동을 위하여 운영하는 영업시스템이 얼마나 잘 구축되어 있는가 하는 문제이다. 가맹점 사업자의 영업을 활성화하기 위한 가맹본부의 전반적인 운영시스템이 체계적으로 구축된 프랜차이즈 본사가 가맹점 사업자의 지원 면에서도 우수할 수 있기 때문이다.

이러한 효율적인 운영시스템은 인력 및 재료의 낭비를 줄일 뿐 아니라 영업과 직결되기 때문에 지속적으로 개발, 유지해야 한다.

3) 프로그램의 지속적인 제공

가맹점이 창업을 한 이후에도 가맹본부에서는 가맹점이 잘 유지될 수 있도록 영업상태에 관심을 기울여야 한다. 즉 슈퍼바이저나 전문 지도요원들을 통하여 점포의 문제점이나 고충사항 등을 해결해 주고 관리하는 것이 좋다.

예를 들면 직원들의 교육이나 매뉴얼, 매장관리 방안 등이 이에 해당될 수 있다. 만일 프로그램이 지속적으로 제공되지 못해 매장의 상황이 유지되지 못한다면 고객은 사업을 동일하다고 생각하기 때문에 프랜차이즈 전체 사업에 나쁜 영향을 미칠 수 있다.

3. 프랜차이저와 프랜차이지의 역할

프랜차이저와 프랜차이지의 역할은 상호 계약관계에 따라 다소 차이는 있지만 각자 수행해야 할 역할이 있다.

1) 프랜차이저의 역할

(1) 원·부자재의 개발

프랜차이즈 사업이 경쟁력이 있기 위해서는 가격이나 품질, 맛 등 다양한 방면에서 원·부자재가 우수해야 한다. 따라서 프랜차이저는 다른 기업과 차별화될 수 있는 원부자재의 개발로 기술적 수준을 유지할 수 있어야 한다.

(2) 제품 및 서비스의 개발

소비자가 선호하는 독창적인 제품과 서비스 체계를 개발하여야 한다. 즉 경쟁업체에서 모방할 수 없는 제품이나 서비스를 갖추어 가맹점에게 제공하면 많은 고객을 확보할 수 있어 안정된 경영이 가능하게 된다.

(3) 교육 및 훈련

프랜차이즈 사업은 특성상 동일한 이미지를 확보할 수 있도록 가맹점 사업자들에게 영업활동을 지도 및 통제하고 가맹점 사업자들은 이러한 지도에 따라 영업활동을 하는 관계이다. 따라서 계약의 내용대로 가맹점에서 필요한 정보를 제공할 뿐 아니라 교육을 함께 진행해야 한다. 가맹본부에서 아무리 훌륭한 상품을 개발했다고 하더라도 결과적으로 상품을 고객에게 판매하는 것은 가맹점의 일이다. 따라서 가맹본부는 가맹점이 소비자들에게 확실한 판매활동과 서비스 활동을 할 수 있도록 꾸준한 교육과 훈련을 해야 한다.

(4) 판매촉진 기능 및 광고제공 기능

가맹본부에서 지원해야 할 기능 가운데 판매촉진 기능과 전국 광고제공 기능이 있다.

판매촉진은 프랜차이즈 개발 시점부터 종료될 때까지 계속되는 것으로 제품판매와 직접적으로 관련이 있으며 이에 대한 결과가 매출로 나타나기 때문에 판매촉진은 가맹점의 경영이 계획대로 실현되도록 지원할 때, 또는 프랜차이즈 사업 전체의 이미지 변신을 할 때, 신상품을 보급할 때 등 신문이나 방송 등의 대중매체를 통하여 적극적으로 임해야 한다.

(5) 경영관리 기능

가맹본부의 경영관리 기능이란 실제 점포에서 실시하는 반복적인 작업, 예를 들면 매출계산이나 원가계산, 비용, 이익계산, 영업 분석 등을 말한다. 즉 점포에서는 최소한의 필요한 작업을 제외하고 오직 영업에만 노력을 기울일 수 있도록 하고 나머지 부분에 대해서는 가맹본부에서 일괄적으로 처리함으로써 프랜차이즈 사업 전체의 효율성을 높일 수 있게 된다.

2) 프랜차이지의 역할

(1) 판매대행 역할

프랜차이지는 본사의 아이템과 브랜드를 로열티를 지불하고 사용하는 가맹점으로 본사로부터 제공받은 노하우를 바탕으로 본사를 대신하여 영업 일선에서 판매를 실시한다. 즉 가맹본부에 의해 제공되는 지속적인 지원서비스를 활용하여 보다 능률적이고 효과적으로 이익을 낼 수 있도록 노력해야 한다.

(2) 브랜드이미지 유지

브랜드이미지는 본사 차원에서도 유지하기 위해 노력하지만 아무리 본사에서 노력한다고 해도 결국 소비자를 만나는 곳은 가맹점이다. 하나의 가맹점이 잘못한 경우 그 이미지가 프랜차이즈 전체로 번지기 때문에 브랜드의 가치를 인식하고 좋은 방향으로 증대시키기 위해 노력해야 한다.

(3) 고객 확보 및 유지 노력

상품의 서비스나 원재료, 시설 등은 가맹본부에서 제공할 수 있다. 하지만 영업을 시작한 후부터 고객확보 및 유지는 가맹점 스스로 해결해야 한다. 즉 가맹본부에서는 고객을 확보해 주는 것이 아니다. 가맹점은 브랜드를 보고 찾아온 고객을 지속적으로 유지하고 더 많은 고객을 유치하기 위해 노력해야 한다.

4. 프랜차이즈 사업의 장·단점

프랜차이즈는 프랜차이저와 프랜차이지 모두에게 좋은 사업기회를 제공한다. 하지만 상호 추구하는 방향이 다를 수 있어 양자의 입장에 따라 나타날 수 있는 장·단점은 다음과 같다.

1) 프랜차이저 측면

(1) 장점

① 사업 확장

한정된 자본으로 독자적인 기업들보다 빠르게 사업을 확장할 수 있는 방법이 프랜차이즈 사업이다. 자신이 가맹점을 창업하는 것이 아니라 사업의욕이 있는 사람들을 가맹점으로 모집함으로써 적은 투자비용으로 넓은 지역에 단시간 내에 판매망을 확보할 수 있다.

또한 프랜차이즈 사업의 지명도가 높아지면서 실적이 올라가면 가맹사업에 대한 전개를 가속화할 수 있다.

② 안정된 사업 추진

가맹본부의 노하우를 바탕으로 가맹점으로부터 들어오는 가맹비, 로열티 등을 지속적으로 확보할 수 있어 안정된 사업을 수행할 수 있다.

③ 편리한 운영

가맹점의 스타일이나 종사원의 유니폼, 서비스 방법 등을 통일된 방법으로 사용할 수 있고, 비상경영이나 위기상황을 제외하고는 가맹점들이 독립적인 경영을 하기 때문에 직원들에 대한 채용이나 복지, 노사문제 등이 다른 사업에 비하여 비교적 쉬운 편이다.

(2) 단점

① 경영에 대한 직접 통제의 어려움

프랜차이저는 프랜차이지에 대한 직접적인 통제권이 없기 때문에 프랜차이즈의 발전을 느리게 하고 때로는 방해가 되기도 한다. 즉 경영변화에 따라 목표와 전략을 변화시켜야 하고 이를 위해서는 프랜차이지의 협력이 필수지만 단기적인 이익을 추구하는 습성으로 인해 장기적인 이익을 보지 못하고 피하는 경향이 있다. 이 외에도 가맹점이 급증한 경우 통제가 어려울 수 있다.

② 커뮤니케이션의 오해

프랜차이지는 가맹본사의 지도 및 통제를 받아야 함에도 불구하고 운영방법이나 영업시간 등에 대해 독립적으로 운영하거나 계약 내용에 대해 프랜차이저의 요구를 잘못 이해해 다른 견해나 성격차이의 문제로 발생되어 갈등이 심화될 수 있고 심지어 법적인 소송으로 이어질 수도 있다.

③ 프랜차이지 선별의 어려움

프랜차이지에 대한 선별은 유능한 인재를 선별하는 것만큼 중요한 일이다. 만일 프랜차이지들이 사업에 대한 의욕이 부족하거나 노력, 위험부담 등을 이해하지 못하고 단지 프랜차이즈 시스템이라는 권리 위에 안이한 생각으로 사업을 하게 되면 사업 전체에 활력을 잃을 수 있다.

④ 이미지 손상가능

프랜차이지의 사소한 실수로 인하여 오랫동안 유지해 온 브랜드에 손상을 줄 수 있다. 예를 들어 고객과의 다툼이라든지 서비스 불량 등은 해당 점포에만 영향을 주는 것이 아니라 프랜차이즈 사업 전체에 대한 불신으로 이어질 수 있기 때문이다.

2) 프랜차이지 측면

(1) 장점

① 낮은 리스크

프랜차이즈는 가맹본부가 합리적인 방법으로 사업 패키지를 개발하여 가맹점을 지도하고 통제하기 때문에 사업 실패의 위험성이 낮다.

② 확립된 콘셉트

개인이 사업을 시작했을 경우 가장 어려운 부분 중 하나가 바로 인지도이다. 하지만 프랜차이즈는 이미 성공한 사업의 아이템이나 성장하고 있는 아이템으로 사업을 할 수 있어 일정수준의 브랜드 파워를 확보할 수 있다.

③ 소자본 창업

프랜차이즈는 개인이 독립레스토랑을 창업했을 경우보다 운영자금이 적게 든다. 이러한 원리는 규모의 경제성으로 들 수 있는데 프랜차이저가 대량구매나 신용구매를 통하여 원재료의 가격을 낮춰 공급할 수 있기 때문이다. 또한 경험이 풍부한 프랜차이저가 계획한 설비는 서비스의 효율성과 생산성을 높여줄 수 있다.

④ 기술 및 경영지원

프랜차이지는 프랜차이저가 공급하는 기술이나 경영지원에 대해서도 공급을 받을 수 있도록 대부분 계약하고 있다. 이렇게 제공되는 기술이나 경영지원을 자체적으로 개발하기 위해서는 많은 노력과 시간을 투자해야 하지만 프랜차이즈 사업을 통하면 이러한 비용을 절감할 수 있다. 예를 들면 개인이 창업을 하기 위해서는 시장조사를 비롯하여 입지선정, 건축, 구매, 주방기기, 설비, 운영방법 등을 습득해야 하지만 프랜차이즈의 경우 기술이나 경험이 없이도 프랜차이저의 도움을 통해 창업이 가능하다는 것이다.

⑤ 광고 및 판촉효과

프랜차이지는 섬포 스스로가 광고 및 판촉활동을 할 필요가 없다. 긱긱의 가맹점들로부터 모인 자금을 가지고 가맹본사가 광고와 판매촉진을 실시하기 때문이다. 특히 많은 자금이 투입되는 대규모의 상업성 광고는 개인점포에서는 할 수 없으나 프랜차이즈 사업에서는 가능하며 효과를 극대화할 수 있다는 장점이 된다. 예를 들면 개인 사업자가 1억 원을 들여 광고를 한다면 프랜차이즈의 경우 각각의 가맹점에서 나누어 부담하면 되기 때문에 비용적인 절감을 하면서도 광고효과는 극대화될 수 있다는 것이다.

⑥ 연구와 개발에 따른 이익

프랜차이저는 프랜차이즈 사업을 발전시키기 위해 지속적으로 연구개발을 실시한다. 이러한 연구개발은 결국 프랜차이지에게 돌아가게 된다. 개인 사업자의 경우 따로 연구개발 팀을 운영하게 되면 막대한 비용이 소요되지만 프랜차이즈의 경우는 메뉴나 서비스 등 다양한 분야에서 적은 비용으로 연구개발이 이루어질 수 있다.

(2) 단점

① 계약의 불평등성

프랜차이즈 계약은 본질적으로 상호 협의를 통해 작성되는 것이 아니라 프랜차이저에 의해 일방적으로 작성되기 때문에 프랜차이지는 계약 내용에 조건 등을 첨부하는 것이 쉽지 않다.

② 서비스에 대한 비용지출

프랜차이지는 프랜차이저가 제공하는 서비스에 대해 계속적으로 일정액의 비용을 지불해야 하는데 제공받는 서비스가 평균수준에 미달되면 그에 대한 지출은 의미가 없어진다. 따라서 가맹비나 로열티 등의 일정액을 지불하는 것에 대한 불만이 발생될 수 있다.

③ 자체 노력 및 자율성 결여

프랜차이저의 노력에 의해서 새로운 상품이나 패키지가 개발되면 프랜차이지들은 지원을 받을 수 있기 때문에 의존도가 강해지고 스스로 문제해결이나 경영개선의 노력을 게을리하다 보면 자율성이 결여될 수 있다.

④ 고객 및 지역적 특성의 미반영

프랜차이즈 사업의 특성 중 하나는 바로 상품구입이나 판매방법, 점포, 디자인 등이 모두 표준화되고 통일화되어 있다는 것이다. 가맹점주 스스로가 능력이 있고 좋은 방법을 개발했다고 해도 독자적으로 사용이 불가능하고 가맹본부의 허락을 받아야 한다. 이로 인해 문제가 발생되는 경우도 있다. 예를 들면 도시에 위치한 맥도날드와 도시 외곽에 위치한 맥도날드의 개점시간이나 메뉴에 대한 소비자의 선호도 및 욕구가 다를 수 있음에도 불구하고 프랜차이즈는 통일성 및 표준화로 인하여 지역적인 특색을 고려하지 못해 소비자 불만을 야기할 수도 있다.

⑤ 공동체적 책임

프랜차이지는 다른 여러 업체들의 모임으로 이루어진 가맹점으로 혼자서 아무리 잘한다고 해도 다른 동일한 가맹점의 실수로 인하여 동일시될 수 있다. 예를 들어 동일한 다른 가맹점에서 음식을 먹은 고객이 식중독에 걸렸다고 한다면 이러한 소문은 구전 또는 매체를 통하여 다른 고객들이 접할 수 있게 되므로 본인은 아무런 관계가 없음에도 불구하고 나쁜 영향을 받을 수 있다.

5. 우리나라 프랜차이즈 산업의 문제점

선진국의 경우 프랜차이즈 산업은 대형화, 대기업화의 추세를 보이며 발전하고 있지만 우리나라 프랜차이즈의 경우 지속되는 저성장 기조와 가맹사업법 등 관련법의 개정, 최저임금 인상, 일부 가맹본부의 부적절한 행동 등으로 인해 곱지 않은 시선과 함께 다음과 같은 문제점도 지니고 있다.

1) 외식업종의 비중 과다

우리나라는 대부분의 소자본 창업자들이 손쉽게 접근할 수 있는 외식업 중심의 자영업을 선택하고 있다. 2018년 기준 외식프랜차이즈 가맹본부 수는 67%, 가맹점 수 기준 41%로 독점하고 있으며 선진국에 비교하여 30% 정도가 높은 수치로 나타나고 있다. 또한 프랜차이즈 업종별 분포도를 보면 외식업종의 비중이 전체 74.7%, 서비스업 19.1%, 도소매업 6.2%의 순으로 나타났다.

이러한 현상은 프랜차이즈 시장에서 업종의 다양성이 낮아 안정적인 산업 성장이 저하될 수 있고, 유사 업종 간의 경쟁이 치열하여 향후 외식업 프랜차이즈의 경쟁 심화로 인한 부실화 가능성이 높아질 수 있어 주의해야 한다.

2) 프랜차이즈 본사 경영관리 미흡

프랜차이즈 사업이 성공하기 위해서는 가장 먼저 본사의 경영관리가 체계적이어야 한다. 즉 인적자원관리나 생산관리시스템, 재무관리, 마케팅 관리 등 경영 전반에 걸친 효율적인 경영관리 시스템이 부족하다는 것이다. 대부분의 프랜차이즈 본사들은 시스템이 체계적이지 못하고 조직과 인력 측면에서 정예요원의 확보가 어렵고 업무영역이 광범위하여 시스템적인 활동이 이루어지지 못하고 있다.

3) 프랜차이즈 전문 교육 및 운영 데이터 부재

프랜차이즈 본사에서 핵심적으로 양성해야 할 분야는 사업기획, 상권분석 및 점포개발, 상담 및 전문 인력, 슈퍼바이저, 프랜차이즈 매뉴얼 작성 등 다양하다. 하지만 이와 같은 교육을 체계적으로 운영하는 회사는 매우 부족한 상태이며 외부에서 체계적인 교육프로그램을 개발하여 운영하는 기관도 거의 전무한 실정이다. 또한 예비창업자들이 프랜차이지가 되기 전에 충분히 프랜차이즈 사업에 대한 정보를 제공 받고 검토 후 계약이 이루어져야 하나 이러한 정보 관련 데이터를 제공할 수 있는 기회 역시 미흡하다.

따라서 전문적인 교육을 실시할 수 있는 프로그램의 개발 및 전문기관이 절실히 요구되는 상황이다.

4) 낮은 신뢰도

프랜차이저와 프랜차이지 간에 신뢰도 부족으로 분쟁이 일어나는 경우도 많다.

특히, 가맹점 오픈 후 본사의 점포관리 소홀이나 협력시스템 부족, 높은 원가 및 수수료, 강제적인 물류 공급, 과도한 인테리어 비용, 본사의 갑질 등이 대표적인 분쟁 요소들이다.

실제 일부 외식 프랜차이즈 가맹사업본부에서는 재료를 시중 가격보다 비싸게 받는 경우나 본사가 지정한 업체에게 식재료를 구매하도록 강요한 경우, 인테리어 개·보수 등 점포 환경 개선 권유로 공사를 하면서 가맹점에 부담을 안기는 경우, 가맹사업본부가 진행하는 광고나 마케팅 비용 대부분을 가맹점에 전가하는 경우 등 다양한 사례들이 발생하기도 한다.

또한 가맹금 반환 등에 대한 문제도 자주 발생되고 있으나 이러한 분쟁이 신속하게 조정되지 않고 있으며, 분쟁이 지속되는 경우 소비자의 입장에서도 프랜차이즈를 신뢰하지 못하게 되어 프랜차이즈의 이미지 하락에 영향을 줄 수 있다.

5) 글로벌화 미흡

프랜차이즈 사업은 근본적으로 글로벌 비즈니스라고 할 수 있다. 즉 국내에서 성공한 사례를 해외에 진출시켜 더 큰 부가가치를 만드는 것이다. 우리나라의 경우도 중국 등에 진출하는 프랜차이즈 기업들이 늘고 있지만 아직 많은 문제점을 지니고 있으며 보다 성공적인 프랜차이즈 사업을 위해서는 글로벌화에 많은 연구가 필요할 것이다. 프랜차이즈의 글로벌화를 위한 고려사항은 다음과 같다.

(1) 정치적 환경과 법적 규제

해외에 프랜차이즈 사업을 실시할 때에는 그 나라의 정치적 환경과 법적 규제의 충분한 검토가 필요하다. 특히 정치적 안정을 측정하기는 쉽지 않지만 위험을 방지하기 위해서는 과거의 역사와 정치적 환경을 잘 피악해야 한다.

또한 재정적인 측면에서의 규제 여부도 관심을 가져야 한다. 예를 들어 사업을 통해 수익을 얻었지만 해외로의 자금 유출이 어렵다면 기업으로서는 많은 낭패를 볼 수 있다.

(2) 언어

해외시장에 진출하기 위해서는 그 나라 언어에 대한 지식은 필수라고 할 수 있다. 특히 사업에 대한 철학이나 전략, 기능 등을 가맹점을 운영하는 점주들에게 정확하게 전달하고 커뮤니케이션 할 수 있어야 한다.

아무리 좋은 기술이라고 할지라도 언어가 통하지 않아 습득할 수 없다면 기술은 쓸모없을 뿐 아니라 잘못 전달되면 소비자에게까지 피해를 입힐 수 있게 된다. 이 외에도 언어는 직원과 개인을 관리하기 위한 교육프로그램의 올바른 성과를 나타내고 발전에 도움을 줄 수 있기 때문에 반드시 익혀야 할 것이다.

(3) 문화

문화는 프랜차이즈가 진출하는 나라가 어떤 나라인지, 어떤 메뉴를 제공하고 어떤 서비스를 제공해야 하는지 알게 해 준다.

예를 들어 이슬람교도가 많은 지역의 경우 돼지고기의 판매를 금해야 할 것이고, 인도의 경우 신분제도로 인하여 고객들의 출입에 제한을 해야 하는 경우도 생길 것이다. 이러한 사항 이외에도 어떤 경우는 상호명도 규제를 받을 수 있다. 예를 들면 미국의 레스토랑 처치스(Church's) 치킨은 대만과 사우디아라비아에서 처치(Church)라는 상호로 등록하고자 했지만 종교적인 이유로 거절당해 상호명을 변경하기도 하였다. 이처럼 프랜차이즈는 외식사업에 영향을 줄 수 있는 식습관과 문화적 요인을 파악해야 한다.

(4) 식생활 습관

해당 국가의 식생활 습관은 메뉴에 영향을 미친다. 음식은 맛이 중요하지만 맛이라는 것은 주관적이기 때문에 맞춘다는 것이 쉽지 않다. 예를 들어 특정 국가에서 인기 있는 메뉴라고 할지라도 다른 국가에서는 그렇지 못한 경우가 발생할 수 있다.

예를 들어 치킨의 경우 멕시코나 남미의 국가에서는 매운맛을 좋아하기 때문에 미국에서 판매하는 치킨보다 매콤한 맛을 내는 칠리소스를 함께 제공하기도 한다.

(5) 자원의 이용가능성

프랜차이즈의 표준화와 규격화를 위해서는 이용해야 할 자원 확보가 가능해야 한다. 예를 들어 우리 기업에서 사용하고 있는 식재료가 해당 지역에서 제대로 공급되지 못하면 사업을 지속적으로 유지하기 어려워진다.

또한 어떤 국가에서는 동력이나 물의 공급이 제한되거나 규제되어 제품과 서비스에 영향을 주기도 한다. 이러한 문제를 해결하기 위해서 프랜차이저들은 해외로 진출 시 합작투자 또는 마스터 프랜차이징을 선호하기도 하는데 이러한 이유는 합작하려는 파트너가 해당 지역에 대한 상황을 잘 알고 해결방안도 갖고 있기 때문이다.

외식산업의 창업경영

10
Chapter

외식산업의 창업경영

1
ooo

외식창업의 이해

1. 창업의 개념

미국 GE의 최고경영자인 잭 웰치(J. F. Welch) 회장은 '정확하게 미래를 전망하는 것보다 변화의 흐름을 가장 빨리 읽는 경영자가 돼야 한다'고 조언한다.

정보통신 혁명의 발전 속도를 감안할 때 기업이 미래를 정확하게 예측한다는 것은 불가능할 뿐 아니라 무모할 수 있지만, 변화의 흐름을 잘 읽고 변화의 틈새마다 숨어있는 사업기회를 포착하는 것이 더욱 중요해진다.

창업이란 이러한 변화의 불확실성과 위험의 상황에서 성장과 이윤의 추구를 목적으로 혁신적인 경영조직체를 탄생시키는 것이다. 즉 기업가의 능력을 갖춘 개인이나 집단이 사업 아이디어를 가지고 사업목표를 세운 후, 적절한 사업기회에 자본, 인력, 설비, 원자재 등 경영자원을 투입하여 재화를 생산하거나 또는 용역을 제공하는 기업을 설립하는 것이다.

창업을 하는 동기는 크게 경제적 동기와 비경제적 동기로 나눌 수 있다. 경제적 동기란 돈을 벌기 위한, 즉 이윤을 추구하기 위해 창업을 하는 경우를 말한다.

비경제적 동기란 크게 세 가지로 나눌 수 있는데 첫째, 개인의 경력을 쌓거나 하고 싶은 일을 해 보려는 동기, 즉 자아실현을 이루려는 욕구에서 창업을 하는 경우이다. 둘째, 자신의 능력을 발휘해 기업을 성장시키고 사회적 책임을 다해 사회에 봉사하려는 의도에서 창업을 한다. 셋째, 개인적인 생각이나 아이디어를 상업화하려는 모험정신이 생겨 창업하게 되는 경우가 있다.

하지만 창업은 무엇보다도 신념과 경영철학을 바탕으로 생성되고 이루어져야 하며 단지 돈벌이만을 위한 창업보다는 분명한 기업이념과 기업가정신, 기업윤리를 가지고 창업을 해야 한다.

2. 창업 배경

1) 생계형 소자본 창업

오늘날 창업의 가장 큰 특징은 생계형 소자본 창업이 증가하고 있다는 점이다. 생계형 소자본 창업은 전체 창업의 약 70% 이상을 차지하고 있으며 그중에서도 서비스 유형의 창업이 전체의 60%를 차지하고 있다. 정부에서도 이러한 창업열기에 부응하기 위하여 전국에 약 50여 개의 소상공인지원센터를 두고 예비창업자들을 위한 자문과 애로사항을 해결하기 위한 활발한 활동을 전개하고 있다.

2) 직장관의 변화

전통적인 우리의 직장관은 평생직장의 개념으로 한 번 입사하면 천직으로 여기고 평생 근무하는 개념이었으나 이러한 직장관은 사회 · 경제적 상황으로 인하여 점차 변화되고 있다. 이에 따라 현재의 회사에서 평생 근무하겠다는 생각보다는 지금의 경험을 바탕으로 창업을 해서 경영자가 되어보겠다는 꿈을 가진 사람들이 계속적으로 증가하는 추세이다.

3) 대학생 창업의 증가

경기가 어려워짐에 따라 창업에 대한 관심은 직장인뿐만 아니라 대학에서도 관심을 기울이고 있다. 정부에서도 활동이 우수한 창업동아리를 신규발굴하고 학생 창업활동을 장려함으로써 창의적이고 도전정신을 갖춘 대학생들에게 기업가 정신 배양 및 창업 관련 활동을 지원하고 있다.

4) 여성 창업의 증가

여성의 사회진출 확대와 맞벌이가 당연시되고 있는 최근의 사회분위기 속에서 여성의 창업이 증가하는 추세이다. 여성의 창업은 주로 도 · 소매업과 서비스업을 중심으로 전개되고 있으며 남성들이 생각하지 못하는 감각적인 아이디어를 내세워 여성 창업의 주역이 되고 있다.

5) 정부의 창업지원정책

최근 정부의 정책은 창업을 촉진하고 중소기업을 육성하는 데 초점을 맞추고 있다. 정부의 창업초기기업의 육성시책 또한 중소기업의 역할에 대한 정책적인 변화를 반영한다. 정부의 지원제도는 자금이나 입지, 기술, 인력, 세제 등으로 매우 다양하다.

3. 창업의 기본요소

창업이란 사업 아이디어를 가지고 자본을 동원하여 특정한 재화나 용역을 생산하는 체계를 만드는 과정으로 이해할 수 있다. 즉 창업이란 기업 형태나 사업장의 위치에 관계없이 기존의 사업을 상속, 증여, 합병, 영업 등으로 승계하지 않고 사람, 원료, 기계, 자금을 투입하여 고객의 욕구를 만족시키기 위하여 창업 아이디어를 가지고 특정한 제품이나 서비스를 생산하는 시스템을 구축하는 것이다.

따라서 창업을 하기 위해서는 자금이나 사업아이템, 동업자와 종사원 등 여러가지 요소들이 필요한데 가장 기본이 되는 요소로 창업자, 사업 아이디어, 창업 자본을 들 수 있다.

1) 창업자

창업을 하는 데 있어서 가장 핵심적인 요소 중 하나가 바로 창업의 주체인 창업자이다. 창업자는 직접 기업운영을 주관하는 사람으로 개인사업의 성패는 창업자의 사업가로서의 자질, 사업계획 수행능력에 의해 좌우된다고 해도 과언이 아니다. 왜냐하면 사업을 성공적으로 이끌기 위해서는 창업자 본인의 경험이나 선행지식, 성공에 대한 집념, 리더십, 의지력, 성격, 체력 등이 뒷받침되어야 하기 때문이다.

창업자의 역할이 사업에 얼마나 중요한가를 살펴보기 위하여 실패한 창업자의 유형을 조사한 결과 무계획적이고 자신의 감정에 치우치거나 과거에 집착하는 유형, 불성실한 유형, 주변 환경이나 주위사람에게 의지하는 유형, 자신의 자존심을 지나치게 내세우는 유형들로 나타났다.

창업자가 지켜야 할 사항으로는 자기의 적성에 맞는 사업을 하여야 하고 쉽게 돈 벌 생각을 하지 말아야 하며, 많은 정보를 수집·활용하고 돈에 알맞은 사업 및 체면과 자존심을 버리고 고객 위주로 생각을 바꿔야 할 것이다.

🍲 사례: 창업자 자질 테스트(Baumback Test)

NO	질문 항목	응답		
		그렇다 (3점)	가끔 그렇다 (2점)	그렇지 않다 (1점)
1	다른 사람과의 경쟁 속에서 희열을 느낀다			
2	보상이 없어도 경쟁이 즐겁다			
3	신중히 경쟁하지만 때로는 허세를 부린다			
4	앞날을 생각해 위험을 각오한다			
5	업무를 잘 처리해 확실한 성취감을 맛본다			
6	일단 하기로 결심한 일은 뭐든 최고가 되고 싶다			
7	전통에 연연하긴 싫다			
8	일단 일을 시작하고 나중에 상의하곤 한다			
9	칭찬 받기 위함이 아니라 업무 자체를 중요하게 생각한다			
10	남의 의견에 연연하지 않고 내 스타일대로 한다			
11	나의 잘못이나 패배를 잘 인정하지 않는다			
12	남의 말에 의존하지 않는다			
13	웬만해서는 좌절하지 않는다			
14	문제가 발생했을 때 직접 해결책을 모색한다			
15	호기심이 강하다			
16	남이 간섭하는 것을 못 참는다			
17	타인의 명령을 듣기 싫어한다			
18	비판을 받고도 참을 수 있다			
19	일이 완성되는 것을 보겠다고 고집한다			
20	동료나 부하들이 나처럼 열심히 일하기를 바란다			
21	사업에 관한 지식을 넓히기 위해 독서를 한다			

*상기 테스트의 21개 문항을 '그렇다, 가끔 그렇다, 그렇지 않다'로 체크하고 '그렇다' 3점, '가끔 그렇다' 2점, '그렇지 않다' 1점으로 계산하여 63점 이상인 경우 창업가로서의 자질이 완벽함, 52~62점은 창업가로서의 자질이 우수함, 42~51점은 창업가로서 자질이 부족함, 42점 미만은 창업가로서의 자질이 매우 부족함으로 판단한다. 52점 이상의 경우 창업환경이 성숙되어 있고 창업자로서의 자질이 충분하여 업종선택과 필요한 정보 수집을 마쳤다면 창업을 해도 좋으며 42~51점 이하의 경우 성공적인 창업을 위해 좀 더 폭넓은 자료 수집과 고민을 해야 하며, 41점 이하인 경우 과장된 수익 광고에 현혹될 위험성이 있기 때문에 창업을 자제하는 것이 좋다.

자료: jobitoday. com, 2019. 11. 24.

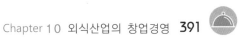

2) 사업 아이디어

훌륭한 창업자와 창업자금이 있다고 해도 분명하고 정확한 아이디어가 있어야 성공적인 사업으로 연결될 수 있기 때문에 창업 아이디어가 어떤 것이냐에 따라 기업의 성공여부가 달려 있다고 할 수 있다.

창업 아이디어란 기업에서 무엇을 생산할 것인가를 결정하는 것으로 구체적인 형태의 재화일 수도 있고 형태가 없는 무형의 재화일 수도 있다.

이러한 창업 아이디어의 원천은 전문적 기술이나 노하우로부터 창출되거나 시장수요로부터 발생되기도 한다.

창업 아이디어를 선정하는 핵심요소는 다음과 같다.

첫째, 제품과 시장의 조화이다.

성공형 제품이란 욕구충족형 제품, 경쟁력 있는 제품, 성장성이 있는 제품을 말하며 성공형 제품이 유망한 아이디어가 되기 위해서는 목표시장과 조화를 이루어야 한다. 즉, 신제품을 신시장에 팔거나 기존제품을 기존시장에 파는 경우에 비해 신제품을 기존시장에 팔거나 기존제품을 신시장에 파는 경우가 시장성이 있다. 따라서 제품과 시장이 조화를 이루어야만 성공가능성이 높다.

둘째, 창업자 연령에 맞는 창업유형이다.

창업자는 각각의 연령에 맞는 창업을 하는 것이 안정적이다. 즉 50대 이후의 창업은 노후보장이 우선시될 수 있으며, 수입이 적더라도 안정성 있는 창업 아이디어를 선택하는 것이 좋다. 30대 중반 이전의 창업은 모험적 분야의 창업, 향후 전망이 밝은 21세기형 창업 아이디어로 창업을 하는 것이 좋다.

3) 창업 자본

창업 자본은 사업에 필요한 설비, 재료, 기술 등을 확보하는 데 필요한 가장 원천적인 자원이다. 성공적인 창업이 되기 위해서는 충분한 창업자금의 확보가 선행되어야 하며 이는 곧 성공창업의 결정적 요인이 된다.

창업 자본은 창업자 자신이 출자하는 경우와 창업 팀에 속한 사람들이 제공하는 경우, 창업과정에 직접 참여하지 않은 제3자로부터 조달되는 경우가 있다.

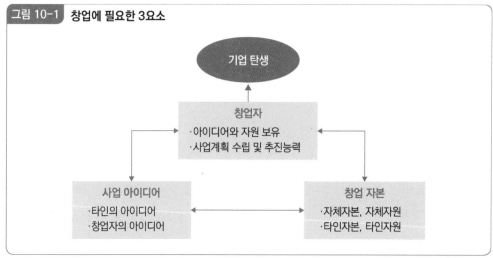

그림 10-1 **창업에 필요한 3요소**

자료: 한국프랜차이즈협회, 프랜차이즈 경영원론, 2004. p.105.

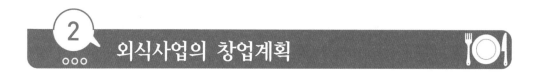

2 외식사업의 창업계획

1. 창업 아이디어 선정

창업 아이디어 선정은 창업을 준비하는 예비창업자가 가장 먼저 선택해야 할 첫 번째 관문이라고 할 수 있다. 아이디어 선정은 창업의 성패가 달려 있다고 할 수 있을 만큼 큰 비중을 차지한다. 따라서 창업 희망자가 자신에게 맞는 창업업종을 선택함에 있어

실패율을 낮출 수 있는 요령은 다음과 같다.

첫째, 자신의 성격을 먼저 파악하고 그에 맞는 업종을 선택한다. 특히, 자신의 경력이나 전문지식, 인맥을 활용할 수 있는 업종을 선택하면 더욱 좋다.

둘째, 시대의 변화를 반영하되 자신이 할 수 있는 업종을 선택한다.

셋째, 자금 및 기술 등 경영자원의 관점에서 이상적인 기준과 너무 큰 차이가 없는 업종을 선택하는 것이 좋다. 즉 현실성을 고려하여 선정한다.

2. 창업 아이디어 선정 절차

창업을 준비하는 입장에서 아이디어를 선정하기 위해서는 다음과 같은 과정을 거치는 것이 좋다.

1) 창업 아이디어 선정을 위한 정보수집

(1) 신문 · 방송

신문과 방송은 창업 아이디어를 제공하는 정보 제공처 가운데 가장 대표적인 곳이라 할 수 있다. 이곳에는 창업에 관한 모든 초기 정보가 모여 있다. 관심 있는 뉴스나 기사를 찾게 되면 기사에 소개된 장소나 사람 그리고 관련 기관을 찾아 더 자세한 정보를 얻을 수 있기 때문이다.

(2) 검색엔진의 창업관련 사이트

검색엔진도 창업과 관련된 정보를 수집하는 좋은 창구가 된다. 검색엔진은 창업과 관련된 사이트를 알려주는 등대의 역할을 하며 인터넷을 통해 찾은 유용한 창업정보제공 사이트에서는 더 많은 창업정보를 제공해 준다.

(3) 창업관련 도서

창업과 관련된 서적은 그 독자층에 따라 수록된 내용과 형식이 매우 다르다. 먼저 창업 전반의 절차나 핵심요소들을 소개하는 종합안내서가 있다. 이러한 도서는 대학교수나 창업컨설턴트 등의 전문가들이 창업절차, 창업지원제도, 사업타당성 분석, 사업계획서 작성요령 등 창업 전반을 소개해 놓고 있으니 참고하는 것이 좋다.

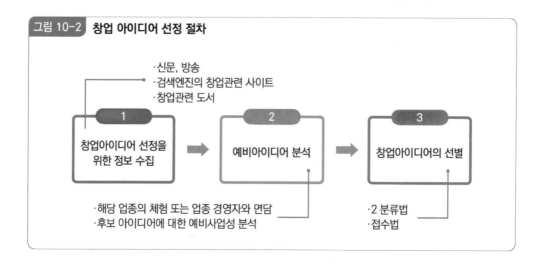

그림 10-2 창업 아이디어 선정 절차

3. 창업 아이디어 선정의 기본원칙

1) 성장 및 발전 가능성이 있는 업종 선택

모든 상품이나 산업에는 생명주기가 있다. 만일 성장이 정지되었거나 저하된 분야의 산업은 경쟁이 격화되어 이윤이 감소하게 되므로 창업하는 분야는 성장성이 있어야 한다. 또한 관련 사업과 연계하여 발전가능성이 큰 사업이어야 시너지효과를 기대할 수 있다.

2) 경험이나 특징을 잘 활용할 수 있는 업종 선택

창업 시 창업자의 경험이나 지식, 기술, 특징 등과 결합될 때 사업성공 확률이 높아지며 실패를 줄일 수 있다. 특히 사회생활을 통하여 배우고 익힌 경험이나 지식 등이 창업에 있어서는 매우 중요한 자산이 될 수 있다.

실제로 창업자의 50% 정도는 전 근무지에서 얻은 창업 아이디어로 사업을 시작했다고 할 정도로 경험의 중요성을 인식할 수 있다.

3) 인·허가 유무

창업 시 중요 확인사항 중 하나가 바로 제도적인 절차이다. 이러한 제도적인 절차에 소홀하여 창업 시기를 놓치는 경우도 있다. 즉 법적인 허가 및 인가, 면허등록 등이 없으면 창업할 수 없는 업종이 있으므로 사전에 확인해야 한다.

4) 실패의 위험이 낮은 업종 선택

위험이 큰 사업일수록 사업 성공 시에 이득이 많은 것은 사실이다. 즉 위험성이 높기 때문에 도전하는 창업자는 적고, 이런 상황에서 성공하면 경쟁자가 없어 성공 가능성은 높다. 그러나 이와 같은 업종은 실패율이 성공률보다 훨씬 높다는 데 한계가 있다. 따라서 이익이 적어서 큰돈을 벌 수 없는 사업이라도 성공이 확실하다면 그 사업을 선택하는 것도 좋다.

4. 창업의 일반적 절차

창업은 여러 기본요소를 사업운영이 가능한 형태로 결합하여 이루어진다. 즉 창업자는 자신이 창업하기에 적합한가를 판단하고, 적합하다면 사업목적과 아이디어를 검토한 후 자본을 투자하여 인적·물적 자원을 조직화하고 실제 경영관리를 착수하기 위한 다양한 의사결정을 수립한 후 실행하는 과정을 거치게 된다. 일반적인 창업의 절차는 다음과 같다.

1) 창업 예비분석

창업희망자는 먼저 자신의 창업자질 및 적성 등을 파악하여 창업이 바람직한 것인가를 알아보아야 한다. 또한 자신이 가진 자원이 창업하기에 충분한지, 창업 시기는 적당한지에 대해서도 미리 생각해 보아야 한다.

2) 사업목적의 정의

창업을 하기 위해서는 이 사업을 하는 기본적인 이유와 운영방향에 대하여 명확하게 정의할 수 있어야 한다. 오늘날의 창업은 다원화된 사회 속에서 단순히 이윤 극대화에만 있는 것이 아니라 여러 가지 목적이 동시에 추구되거나 이윤이 수단화되는 경우가 많기 때문이다. 이러한 사업목적은 창업자에게는 창업이념이 되며 그에 따라 업종 선택이나 기업 활동의 내용이 달라질 수 있다.

3) 사업 분야 결정 및 사업 아이디어 모색

사업이 성공적으로 운영되는가의 여부는 얼마나 유망하고 자신에게 적합한 업종을 선택하였는가에 따라 결정될 수 있다. 나아가 사업 아이디어가 얼마나 시장조건에 잘 일치했는가 하는 점도 매우 중요하다.

사업 아이디어를 발휘함에 있어서는 어떤 상품, 서비스를 생산·판매할 것이며 그 시기를 언제로 할 것인가에 관한 고려가 중요하다. 따라서 이를 위해 시장조사 특히, 소비자 조사를 통하여 소비자 수요의 동향을 파악하고 이를 충족할 수 있는 제품으로는 어떤 것이 있는가를 발견해야 한다.

4) 사업성 분석

모든 사업은 시행 전 반드시 사업을 통해서 발생하게 될 손해와 이익에 대하여 분석을 해야 한다. 사업성 분석은 흔히, 수익성 분석, 시장성 분석, 기술성 분석을 주요 내용으로 분석하며 이외에도 필요시 공익성 분석과 같은 추가 분석이 이루어질 수도 있다.

5) 인적·물적 자원의 조달과 구성

사업성 분석을 통하여 유망하다고 판단되면 이를 실행하기 위한 인적·물적 자원을 조달해야 한다. 인적자원의 조달은 창업 팀을 만드는 데서 시작하는데 창업 팀은 주로 활동목표 및 범위를 결정하고 상품을 설계하며 사업규모와 입지 선정, 인테리어, 설비, 건물의 선정, 소요자금액 및 자금조달계획 등과 같이 새로운 사업시작에 관련한 의사결정을 수립해야 한다.

물적 자원의 조달 중 가장 중요한 것이 바로 자금의 조달문제이다. 자금은 자기자본으로 충당하거나 타인자본을 조달하는 방법이 있다.

6) 사업계획서 작성 및 조직구조 설정

사업계획서에는 서비스계획을 비롯하여 시장성과 판매계획, 생산 및 설비계획, 수익계획, 인원계획, 자금계획, 일정계획 등이 구체적인 활동의 내역별로 포함되어야 한다. 또한 기업의 기능에 따라 업무, 책임, 권한 등을 체계적으로 구분하고 이를 담당할 인력을 선발·배치하여야 한다.

7) 사업개시

사업을 실시함에 있어 필요한 점포를 구하고 인테리어 및 설비에 대한 구매와 배치를 통하여 영업을 실시하게 된다.

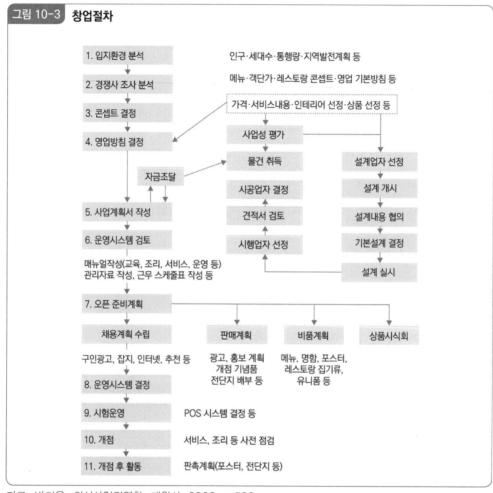

그림 10-3 **창업절차**

1. 입지환경 분석	인구·세대수·통행량·지역발전계획 등
2. 경쟁사 조사 분석	메뉴·객단가·레스토랑 콘셉트·영업 기본방침 등
3. 콘셉트 결정	가격·서비스내용·인테리어 선정·상품 선정 등
4. 영업방침 결정	사업성 평가

- 자금조달
- 물건 취득 / 설계업자 선정
- 시공업자 결정 / 설계 개시
- 견적서 검토 / 설계내용 협의
- 시행업자 선정 / 기본설계 결정
- 설계 실시

5. 사업계획서 작성

6. 운영시스템 검토

매뉴얼작성(교육, 조리, 서비스, 운영 등)
관리자료 작성, 근무 스케줄표 작성 등

7. 오픈 준비계획

채용계획 수립	판매계획	비품계획	상품시식회
구인광고, 잡지, 인터넷, 추천 등	광고, 홍보 계획 개점 기념품 전단지 배부 등	메뉴, 명함, 포스터, 레스토랑 집기류, 유니폼 등	

8. 운영시스템 결정

9. 시험운영 — POS 시스템 결정 등

10. 개점 — 서비스, 조리 등 사전 점검

11. 개점 후 활동 — 판촉계획(포스터, 전단지 등)

자료: 박기용, 외식산업경영학, 대왕사, 2009, p.536.

3 입지와 상권의 이해

1. 입지의 개념

입지는 흔히 점포가 소재(所在)하는 외형적 조건이다. 구체적으로는 입지조건을 말한다. 예를 들면 상업지구에 속해 있는지 아니면 일반주거지에 속해 있는지, 도로와의 거리는 얼마나 되는지, 중심부로부터 얼마나 떨어져 있는지, 가시성은 좋은지, 아파트단지와의 거리는 얼마나 되는지 등이 입지조건을 평가하는 기준이 된다.

입지에 있어서는 지점(Point)이 평가척도로 작용한다. 흔히 1급지, 2급지, 3급지로 상권을 평가하는데, 보다 엄밀히 말하자면 입지조건을 구분한 것으로 이해하는 것이 옳다고 할 수 있다.

급지를 평가하는 일반적인 척도로는 임대료의 수준을 토대로 한다. 임대료의 차이는 차별적 지대의 원리가 작용하는데, 수확체감의 원리에 따라 중심부로부터 멀어질수록 임대료가 떨어지게 마련이다.

고객의 입장에서 중심에 가까울수록 접근성이 높아지기 때문에 경쟁관계에 놓여 있는 판매자의 선택은 중심을 향할 수밖에 없다.

결국 점포의 수요와 공급에 영향을 미치게 되며 중심일수록 과(過)수요상태가, 중심에서 멀어질수록 과(過)공급상태가 형성되기 마련이다. 이러한 원리로 임대료의 차이가 발생하며 바닥 권리금이라는 일종의 프리미엄이 형성된다.

입지조건은 외형적인 조건의 가치화가 중요한 변수가 된다. 하지만 업종특성을 제대로 반영하지 못한다는 측면에서 자칫 속단의 빌미를 제공하기도 한다. 이해를 돕기 위해 사례를 들어보자. 대학가에 편의점이 들어갈 자리를 찾는다고 하면, 우선 유동인구가 가장 많은 횡단보도와 버스정류장과 인접해야 하며, 전면이 넓은 실평수 20평 이상의 모퉁이 점포가 최적의 입지조건이라 할 수 있다. 만약 이런 입지조건을 만족할 수 있는 최적의 점포를 구해 입점했다고 했을 때, 성공을 보장할 수 있을까? 성공확률은 반반이다. 성공을 보장하기 위한 전제조건이 있다.

앞서 언급한 조건에 대하여 고객의 니즈(Needs)가 변하지 않는다는 전제가 그것이다. 버스정류장이 인접해 있다는 것 자체는 적지 않은 반사이익을 가져다준다. 잠시나마 기다리는 동안 편의점을 방문할 수 있는 기회를 제공하기 때문이다. 하지만 버스노선이 변경되거나 지하철노선이 들어서는 경우에는 상황이 돌변하게 된다. 정체해 있어야 할 인구가 흘러가게 된다.

시간대와 고객층, 목적이 달라질 수 있다. 결국 편의점 역시 자리를 옮겨야 하는 상황으로 몰리게 된다. 이처럼 단순히 미시적인 입지조건만을 따지게 되거나, 정적인 상황만을 전제로 한다면, 분명 향후에 예기치 못한 상황이 발생했을 때 극복하지 못하게 된다. 입지조건은 보다 거시적인 측면에서 이해해야 한다는 뜻이다.

고객의 니즈와 이를 둘러싼 환경적인 요인, 경제사정, 접근성, 경쟁업체의 기술수준이나 마케팅능력, 임대료수준 등 보다 포괄적인 접근이 필요하다는 것이다.

2. 입지선정 시 주의사항

입지는 지리적으로 일정한 장소를 중심으로 자신의 경영자원을 활용하여 사업성을 높이는 곳으로 중요한 전략적 과제가 된다. 이러한 입지의 중요성에 따라 입지를 선정할 때 고려해야 할 사항을 보면 다음과 같다.

1) 접근과 가시성

고정된 입지에서 매출을 기대하기 위해서는 자신의 레스토랑이 고객들에게 충분히 보여지는 가시성이 있어야 한다. 이러한 가시성은 풀서비스를 하는 레스토랑보다는 패스트푸드 레스토랑에 있어서 더욱 중요하다고 할 수 있다.

이러한 가시성과 더불어 고객들이 방문하기에 용이하도록 교통편이나 도보 등으로부터의 접근성도 매우 중요하다고 할 수 있다.

2) 통행량

입지를 선정함에 있어서는 통행량이 중점이 된다. 통행량은 단지 하루의 통행량을 조사하는 것이 아니라 최소한 일주일 이상의 통행량을 조사해야 한다. 또한 하루를 조사하는 방식에서도 아침, 점심, 저녁 등 또는 시간대별로 잠재고객의 통행량을 분석해야 한다. 이와 더불어 고객들의 이동방향에 대해서도 면밀하게 조사해야 한다.

3) 경쟁자

어느 곳에 위치하더라도 주변에는 많은 경쟁자가 존재하게 되어 있다. 경쟁자 파악은 자신의 지위를 파악할 수 있고 더 나아가서는 해당 상권에서의 점유율을 파악할 수 있게 된다. 상권점유율은 상권 내 구매력에 대한 자사의 판매비율을 말하는데 경쟁이 치열한 환경에서는 점유율이 시장 내에서의 지위를 나타내기 때문이다.

경쟁자에 대한 조사는 고객층, 명성, 가격, 분위기, 서비스 등을 파악하여 자신의 레스토랑과 비교 분석하는 것이 좋다.

소매업에서의 상권점유율은 보통 7% 정도면 시장에서의 존재를 어느 정도 인정받는 단계, 11% 정도면 해당 시장에서 어느 정도 영향을 미칠 수 있는 단계, 26% 정도면 시장에서 리더를 바라볼 수 있는 상태, 42% 정도면 안정적인 과점상태, 74% 정도면 절대 안정권으로 경쟁시장이 아니라 독점시장이라고 할 수 있다.

상권점유율 = (레스토랑 매출÷상권 내 레스토랑 매출)×100

4) 임차료

임차료는 남의 물건을 빌려 쓰는 대가로 내는 돈을 의미하는데 즉, 레스토랑을 운영

하기 위해 점포를 빌린 대가로 지불하는 비용을 말한다.

임차료가 어느 징도가 적당한지를 알아보기 위해서는 가장 먼저 주변의 시세를 확인하는 것이 좋다. 하지만 주변 시세만 의존하다가는 자신이 운영하는 업종의 특성을 반영하기 어려우며 수익구조에 문제가 생길 수 있다. 이를 위해 외식업에서 쉽게 계산할 수 있는 방법을 제시하면 우선 3, 5, 12, 2, 8이라는 숫자를 활용하는 것이다.

다시 말해 3일치 매출은 임차료, 5일치 매출은 인건비, 12일치 매출은 식재료, 2일치 매출은 공과금, 8일치 매출은 수익으로 구분하는 것이다.

예를 들어 예상 하루 매출이 50만 원이라고 한다면 월 임차료는 150만 원 선이 적당하다고 할 수 있다. 따라서 입지를 선정할 때 상기 금액을 기준으로 최대 10~15% 정도를 넘지 않아야 수익구조를 맞출 수 있다.

그림 10-4 **예상 수익구조**

임차료	인건비	식재료비	공과금	수익
예상매출 × 3일	예상매출 × 5일	예상매출 × 12일	예상매출 × 2일	예상매출 × 8일

3. 상권의 개념

1) 상권의 정의

상권(Trading Area, Market Area)이란 점포와 고객을 흡인하는 지리적 영역이며, 모든 소비자의 공간선호(Space Preference)의 범위를 의미하기도 한다. 따라서 상권은 판매액의 비율을 고려하여 생각할 수 있는데, 대표적인 상품 판매액의 약 70%를 차지하는 지역을

1차 상권, 다음 25%가 거주하는 지역을 2차 상권, 그 나머지를 3차 상권이라 한다.

일반적으로 '상권'이라 함은 상거래의 세력이 미치는 범위를 말한다. 사업주의 입장에서 본다면 고객의 공간적 분포와 관련이 있는데, 쇼핑거리를 면으로 확산한 개념으로 이해하면 된다. 이러한 논리는 일종의 폐쇄경제(Closed Economy)를 전제로 하는데, 독점적인 상황에서 1개의 점포가 고객을 흡수할 수 있는 공간적 범위를 상권이라 한다.

2) 상권의 범위

(1) 1차 상권

1차 상권은 점포 고객의 60~70%가 거주하는 지역이라고 보면 되는데 고객들이 점포에 가장 근접해 있으며 고객수나 고객 1인당 판매액이 가장 높은 지역이다.

1차 상권은 식료품과 같은 편의품의 경우에는 걸어서 500m 이내가 되며, 선매품(Shopping Goods: 제품에 대한 완전한 지식이 없어 구매를 계획·실행하는 데 비교적 시간과 노력을 소비하는 제품)의 경우에는 버스나 승용차로 15분 내지 30분 정도 걸리는 지역이 된다.

(2) 2차 상권

2차 상권은 점포 고객의 20~25%가 거주하는 지역으로서 1차 상권의 외곽에 위치하며 고객의 분산도가 아주 높다. 편의점의 경우 2차 상권에서는 약간의 고객밖에 흡인하지 못하게 된다.

선매품의 2차 상권은 버스나 승용차로 30~60분 정도 걸리는 지역이 포함된다.

(3) 3차 상권

3차 상권은 1, 2차 상권에 포함되는 고객 이외에 나머지 고객들이 거주하는 지역으로 고객들의 거주지역이 매우 분산되어 있다.

편의점의 고객들은 거의 존재하지 않으며 선매품이나 전문품을 취급하는 점포의 고객들이 5~10% 정도 거주한다. 이 외에도 호텔 내의 점포, 쇼핑센터 내의 스낵바(Snack Bar)

와 같은 점포는 독자적인 고객흡인력이 없기 때문에 독자적인 상권을 가지지 못한다. 이러한 점포들의 상권은 호텔이나 쇼핑센터 상권의 절대적인 영향을 받는다. 그리고 업종에 따라 동일한 입지에 있는 점포라고 하더라도 고객흡인력은 달라질 수 있다.

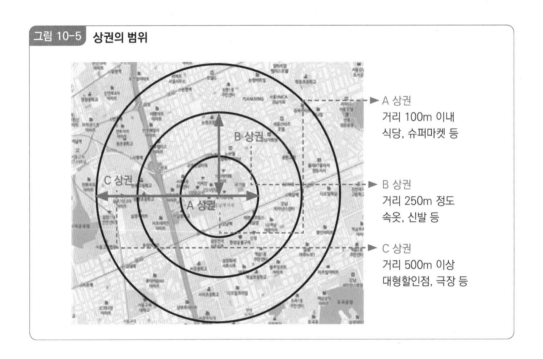

그림 10-5 **상권의 범위**

A 상권
거리 100m 이내
식당, 슈퍼마켓 등

B 상권
거리 250m 정도
속옷, 신발 등

C 상권
거리 500m 이상
대형할인점, 극장 등

4. 상권별 특성

1) 아파트 상권

아파트 상권의 경우 완전히 폐쇄된 상권에 속한다. 서로 다른 단지로 쇼핑을 하는 고객은 거의 드물다. 따라서 최대 수요자가 해당 아파트단지 이외에는 없다.

아파트 상권에서 점포를 운영하기 위해서는 생활패턴이 유사한 5천 세대 이상으로 구성되어야 하며, 구매형태가 거의 일정하기 때문에 고가품이나 사치품이 아닌 일상생활용품 위주로 판매를 하는 것이 좋다. 또한 가능한 단지 주민과 유동인구를 흡수할 수 있는 점포여야 한다. 물론 모든 아파트 상권이 동일한 것은 아니다. 주거특성이나 거주민의 직종, 소득, 문화, 학력수준 등에 따라 달라지기도 하기 때문에 고객의 특성을 잘 파악해야 한다.

음식점의 경우 주로 집에서 배달해 먹을 수 있는 음식 위주로 판매하는 것이 유리하다.

2) 지하철역 역세권 상권

지하철 역세권의 경우 도심의 교통체증이 지하철역 상권을 강화시킬 수 있으며 통행인구의 습성과 특성을 고려하여 중, 저가상품을 취급하는 것이 좋다.

인근에 사무실이 밀집되어 있으면 유리하고 대체적으로 5평 규모의 점포가 적당할 수 있다. 유동인구가 많은 관계로 테이블 회전율이 높은 업종을 선택하는 것이 효율적일 수 있다.

3) 학교 주변 상권

학교 주변 상권의 경우 판매대상이 항상 고정적이기 때문에 구매단위 역시 고정적이다. 학생들의 취향과 구매형태를 고려해야 하고 반드시 중저가의 상품을 취급하는 것이 좋다. 또한 방학이 있는 관계로 매출을 올릴 수 있는 시기가 한정되어 있다는 것을 고려해야 한다.

음식점의 경우는 주로 점심식사를 할 수 있는 간편식 위주가 좋으며, 커피숍이나 일반음식점 형태의 주점도 무난하다.

4) 주택가 진입로 상권

배후지 세력이 다소 유동적이어서 생활수준 정도를 반드시 관찰한다. 소비형태가 도보로 이루어지기 때문에 입지가 매우 중요하며 가능한 동일한 상가 내에 위치하여 업종

간의 협력을 고려한다.

5) 중심지 대로변 상권

화려하고 특색 있는 사업장은 어렵지 않게 영업이 가능하며 간판이나 상품 진열 등에서 사업장의 특색을 최대한 개성화시킨다. 대부분의 경우 고정고객보다는 유동고객이 많으므로 직원들의 친절이 중요할 수 있다.

6) 오피스 상권

사무실이 밀집되어 있는 지역으로 외식업 분야가 50% 이상을 차지한다. 단, 토요일이나 일요일에 판매대상이 없다는 것을 인지하고 주간업무 인구가 대부분이므로 퇴근시간에 영업을 맞추는 것도 좋다.

인테리어의 경우 지루한 느낌을 주지 않도록 변화를 추구하면서 영업을 전개한다.

5. 점포 선정 시 주의사항

입지와 상권을 분석한 후 점포를 선정할 시에는 여러 가지 요소들을 점검한 후 선정해야 한다. 주의사항은 다음과 같다.

1) 점포선정 시기

점포를 선정할 때에는 해당 업종의 비수기에 구입해서 영업 준비를 한 후 성수기로 진입하려는 회복기에 개점하는 것이 가장 현명하다.

대부분의 업종에는 성수기와 비수기가 있다. 예를 들면 목욕탕의 경우 성수기는 겨울철이고 비수기는 여름철이 될 것이다.

비수기에 점포를 구하는 것은 성수기를 대비한다는 의미도 있지만 권리금이나 임차

비용을 줄일 수 있는 이점도 있으므로 업종에 대한 성수기와 비수기를 잘 확인하여 점포를 구입한다.

2) 건물의 층수

소매업의 경우 1층 점포가 2층이나 3층에 있는 점포보다 유리한 것은 당연할 것이다. 즉, 고객들이 쉽게 접근할 수 있기 때문이다. 하지만 모든 업종이 다 1층에 있어야 유리한 것은 아니다. 오히려 독서실이나 고시원 같은 경우에는 높은 곳에 위치하여 조용한 분위기를 유지할 수 있기 위해 3층 이상에 입점하는 경우도 많다. 하지만 액세서리나 화장품, 충동구매가 많은 의류 등은 사람들이 많이 다니고 손쉽게 드나들 수 있는 1층을 선택하는 것이 좋다.

3) 조심해야 할 점포의 유형

(1) 주인이 자주 바뀌는 점포

장사가 잘 되는 점포는 주인이 자주 바뀌는 경우가 별로 없다. 따라서 점포를 구할 때는 주변사람들로부터 탐문하여 점포의 주인이 자주 바뀌었는지 아닌지를 확인하고 판단하는 것이 좋다. 즉, 주인이 자주 바뀌었다는 말은 영업이 잘 안된다고 볼 수 있기 때문이다.

(2) 임대료가 유난히 낮은 점포

장사를 하는데 있어서 공짜는 없다고 한다. 점포의 경우 입지 및 상권이 좋은 점포는 가격이 높을 수밖에 없다. 하지만 임대료가 다른 점포에 비해 별다른 이유없이 낮다면 다시 한번 확인하는 것이 좋다.

(3) 맞은편에 상권이 형성되지 않은 점포

맞은편에 점포가 형성되지 않은 지역은 대체적으로 대중교통이 비켜가는 지점이거나

상권의 끝 지점일 경우가 많다. 아무래도 점포가 밀집되어 있지 않은 상권은 소비자를 불러 모으는 힘이 약한 상권일 가능성이 높다.

⑷ 주변에 대형점이 있는 점포

경쟁점포를 이기기 위해서는 경쟁점포보다 더 큰 규모로 더 풍부한 상품력으로 승부를 걸면 이길 수 있다. 하지만 주변에 대형점이 있다면 경쟁력에서 불리하기 때문에 사전에 확인해야 할 것이다.

4 사업타당성 분석과 사업계획서

1. 사업성 분석의 개념

사업성 분석이란 실행하고자 하는 사업 아이디어를 사업으로 실행했을 때 어느 정도의 이윤을 얻을 수 있는가를 조사하는 활동이라고 할 수 있다.

사업성 분석의 세부적인 분석활동은 3가지로 볼 수 있는데 이는 제품의 마케팅 및 판매와 관련된 시장분석(Market Analysis), 생산과 관련된 기술분석(Technical Analysis), 수익성을 평가하는 재무분석(Financial Analysis)이다.

사업성 분석의 유용성은 다음과 같이 요약할 수 있다.

첫째, 체계적인 사업성 분석은 고려하는 사업의 형성요소를 정확하게 파악하는 데 도움을 준다. 즉 기업을 설립하기 위해서는 수많은 물적 요소와 관리활동이 필요한데 사업성 분석을 통하여 이들의 필요요소와 활동을 파악할 수 있다.

둘째, 체계적인 사업성 분석은 사업계획에 도움을 준다. 사업성 분석을 통하여 가장 유리한 조건을 탐색하게 되므로 사업성 분석은 창업하는 사업이 어떠한 조건하에서 가장 유리하게 운영될 수 있는가를 파악하는 데 도움을 준다.

셋째, 기업의 경영능력을 향상시킬 수 있다. 사업성 분석과정을 통하여 기업의 경영상 문제점을 사전에 검토하고 이해하게 되어 경영상의 오류를 방지할 수 있어 경영능력을 향상시킬 수 있다.

2. 사업성 분석의 기본과제

사업성 분석은 사업의 종류와 필요에 따라 조사하는 형식이 다를 수 있지만 가장 기본적인 요인을 4가지로 보면 다음과 같다.

1) 판매량

모든 기업은 생산하는 상품이 판매되는 것을 시점으로 사업이 시작된다고 할 수 있다. 따라서 사업성 분석의 시작은 상품이 어느 정도 팔릴 수 있는가에 대한 추정이다. 판매를 추정하기 위해서는 시장조사 및 마케팅과 관련된 많은 조사를 기반으로 실시해야 한다.

2) 기술의 실현가능성

기업이 판매하고자 하는 상품이 실제 기술적으로 완성이 가능한지를 조사하여야 한다. 대부분의 사업에서 기술적 실현가능성은 큰 문제가 되지 않으나 첨단기술사업 등에서는 중대한 문제가 될 수 있다. 외식사업의 경우도 마찬가지이다. 예를 들어 조리방법이나 맛을 내는 부분에서 이론적으로는 가능하지만 실질적으로 너무 많은 시간이나 자금이 소요된다면 적합하지 못한 경우이다.

3) 소요자금

창업을 하는 데 가장 큰 어려움 중의 하나가 바로 자금문제이다. 성공할 것으로 보이는 사업이 자금부족으로 인하여 중도에 포기하거나 도산하는 경우가 발생한다. 자금부족을 예방하는 데 가장 중요한 정보는 소요자금에 대한 추정치이다.

즉, 소요자금을 너무 적게 예상하면 자금부족으로 사업운영에 어려움을 겪게 될 것이고, 너무 많은 자금을 책정하면 수익성이 낮아지는 결과로 나타날 수 있다.

4) 수익성

사업성 분석의 최종적인 결과물은 바로 수익성이다. 즉, 창업자 및 투자자들 역시 해당 사업에 대한 수익성을 고려하여 본 사업에 투자를 할 것인가, 말 것인가를 결정하게 된다. 따라서 수익성 여부를 반드시 조사해야 한다.

3. 사업성 분석의 절차

사업성 분석의 절차는 시장분석과 기술분석, 재무분석으로 나누어볼 수 있다.

1) 시장분석

시장분석은 매출액과 판매비용에 대한 추정치를 분석하며 이 외에도 사업의 시작과 운영에 관련된 정보를 수집하고 분석해야 한다. 시장분석에 포함되어야 할 사항으로는 시장의 특성이나 수요분석, 공급분석, 매출추정, 판매비 추정 등이 있다.

2) 기술분석

기술분석에서는 시장분석의 결과에 의거하여 설정한 매출수량을 만족시키기 위한 생산활동의 기술적 실현가능성과 제품원가에 대한 추정이다. 따라서 기술분석에서는 제품의 특성이나 제조공정, 기계와 장비, 원자재, 건물, 대지 및 위치, 폐기물, 인력, 원가 및 설비투자 비용 추정 등을 실시한다.

3) 재무분석

재무분석을 실시하기 위해서는 먼저 판매계획 및 일반관리계획을 수립해야 한다. 재무분석에서 수행해야 할 조사와 분석은 다음과 같다.

(1) 총소요자금 추정

창업의 사업성 분석과 사업계획에 있어서 총소요자금 추정은 매우 중요하다. 사업실패의 주요 원인 중 하나가 바로 자금부족인데 자금부족을 초래하는 원인 중 하나가 바로 부정확한 소요자금 추정 때문이다.

(2) 자금조달계획

총소요자금이 추정되면 자금조달계획을 수립해야 한다. 자금조달방법에 따라 지불될 이자의 크기 등이 결정되며 이에 따라 사업의 수입성도 영향을 받게 된다.

(3) 추정재무제표 작성

추정손익계산서, 추정대차대조표 등은 보통 3~5년의 미래에 대하여 작성한다. 추정재무제표를 작성하기 위해서는 추정제조원가, 예상 판매비용, 일반관리비 추정치, 지급이자 추정치 등이 필요하다.

(4) 수익성 지표계산

사업의 내부수익률, 프로젝트의 현가 등 사업의 전체적인 수익성을 나타내는 지표를 구하여 사업의 수익성을 평가하여야 한다. 이와 같은 수익성을 계산하기 위해서는 관심대상이 되는 기간에 대한 현금흐름표를 작성해야 한다.

(5) 미래의 경영상태 지표계산

미래의 사업 경영상태를 나타내는 지표들, 예를 들면 유동성비율, 수익성비율 등을 구하여 미래의 경영상태를 검토해야 한다.

4. 사업타당성 분석의 체계

1) 자료수집

자료를 수집하는 방법에는 여러 가지가 있지만 과거 자료 이용법, 관찰방법, 실험방법, 조사방법 등이 사용된다.

자료의 종류에는 1차 자료와 2차 자료로 구분할 수 있는데 1차 자료는 시장 조사자가 자신의 목표를 위하여 수집하는 자료로 설문조사나 실험 등을 통하여 얻게 되는 자료를 말하고 2차 자료는 특정한 목적을 위하여 이미 수집 정리된 자료로 각종 통계 자료집에 나타난 자료나 정부의 간행물, 연구논문에 발표된 자료, 협회 등 전문기관에서 발표하는 자료 등을 말한다.

2) 시장분석

시장분석은 사업의 준비와 경영에 가장 중요한 활동이라고 할 수 있다. 시장분석을 통하여 고객의 특성이나 경쟁자, 시장의 변화, 동향 등에 대한 정보를 수집하고 분석하여 변화에 대응할 능력을 갖추게 된다.

이러한 정보는 창업자에게는 사업타당성 분석의 기초자료가 되며, 기존의 사업자에게는 시장 변화를 감지 또는 예측하여 지속적인 성장능력을 갖게 한다. 그래서 적절한 시장 정보 없이 기업의 창업을 준비하거나 경영을 하는 것은 매우 불안할 수 있다.

시장분석의 목표는 미래에 발생할 수 있는 마케팅 문제의 해결에 필요한 정보를 제공하는 것이다.

3) 자료수집 방법

(1) 우편조사

우편조사는 특정하게 제한된 응답이 필요한 경우에 효과적이다. 우편조사의 장점은 비용이 적게 들고 편리하다는 점이다. 또한 넓은 지역을 조사할 수 있고 응답자가 필요한 자료를 수집할 수 있는 시간이 충분하며, 면접보다 빠른 시간에 자료 수집을 할 수 있다는 점이다.

단점으로는 응답을 하지 않는 경우가 많으며, 우편물 수취인 명부가 오래되어 부정확하거나 특정인의 이름이 나와 있지 않은 경우로 인하여 회신이 되지 않을 수 있다.

(2) 면접

면접방법에는 표준화 면접과 준표준화 면접, 비표준화 면접의 세 가지 유형이 있다.

표준화 면접은 미리 준비된 질문지에 따라 내용과 순서를 지키면서 진행되는 면접으로 이때 면접자는 추가 설명을 해서는 안 된다. 따라서 표준화 면접을 할 때에는 특정한 정보를 파악할 수 있으며 또 그 결과를 비교할 수 있다. 하지만 융통성의 결여로 유용한 정보의 손실이 발생할 수 있다.

준표준화 면접은 타당성 분석 시 시장분석을 하는 경우에 가장 적합한 방법이다. 면접자가 질문을 미리 작성하기는 하지만 질문의 순서와 시기는 면접자가 적당히 조정할 수 있다. 또 미흡한 응답에 대해서는 추가질문을 할 수 있다.

비표준화 면접은 하나의 주제에 대해 면접자와 피면접자가 광범위한 대담을 하는 면접방법이다. 이와 같은 방법은 타당성 분석의 초기단계에서 시장에 대한 감을 잡는 데 유용하다. 어느 형태의 면접을 하더라도 유의할 점은 면접은 간단하고 요점을 충분히 다룰 수 있도록 하고 적절한 응답자를 선택해야 한다.

면접법의 장점으로는 자료를 수집하는 데 융통성이 있으며, 면접시간의 조절이 가능하고 응답률이 높으며, 내용이 복잡한 경우에는 시각적 보조자료를 활용할 수 있다는 점 등이 있다. 단점은 응답자와 접촉하고, 면접하는 데 시간과 비용이 많이 든다는 점이다.

(3) 전화조사

전화조사는 시장에 관한 자료를 가장 신속하게 수집할 수 있는 방법으로 비용측면에서 보면 면접방법과 우편 조사방법의 중간 정도에 해당한다.

전화조사의 장점은 다른 방법으로 접촉할 수 없는 응답자와 접촉할 수 있다는 점이다. 소비자 연구에 있어서 판매 기준이 전화의 소유를 기준으로 하는 경우가 아니면 전화조사 방법으로 인하여 초래되는 시장조사 결과의 편견은 심각한 문제가 될 수 있다. 하지만 고객이 기업일 때는 기업 대부분이 전화를 가지고 있으므로 큰 문제가 되지 않는다. 전화조사는 면접이나 우편조사와 병행하여 사용하는 경우가 많다.

4) 소비자 연구

소비자 연구를 하기 위해서는 대상이 되는 세분시장을 결정해야 한다. 시장세분화를 위해 주로 사용하는 요인으로는 소비자 특성이나 지리적 범위, 제품요인 등이 있다.

소비자 특성은 라이프스타일이나 사회계층, 성별, 나이, 소득 등의 요인들을 분석하고 지리적 범위는 국제시장, 전국시장, 지역시장, 거주지역 시장 등으로 구분하여 분석할 수 있다.

제품 요인과 관련된 세분방법으로는 제품의 사용처, 혜택의 종류, 가격민감도, 제품의 용도, 브랜드 충성도 등이 있다.

5) 경쟁자 연구

경쟁자를 파악하는 방법 중 하나는 경쟁의 정도에 따라 3가지 그룹, 즉 직접경쟁자, 2차 경쟁자, 간접경쟁자로 나눌 수 있다.

직접경쟁자는 유사한 기술을 보유하고 이를 통하여 고객을 확보하기 위한 공격적인 경쟁을 하는 대상을 말한다. 예를 들어 맥도날드와 직접경쟁상대는 버거킹이나 웬디스, 롯데리아 등이 될 수 있다.

2차 경쟁자는 유사한 기술을 보유하고는 있지만 동일한 고객을 목표로 경쟁을 하는 상대가 아닌 경우이다. 예를 들어 맥도날드의 2차 경쟁상대는 고급 햄버거 레스토랑이 될 수 있다.

간접경쟁자는 같은 고객을 위한 경쟁을 벌이는 것은 아니지만 식사라는 개념으로 볼 때 함께 경쟁하는 일반 또는 고급 레스토랑 등이 될 수 있다. 즉 맥도날드와 레스토랑이 경쟁상대는 아니지만 고객은 식사를 통한 욕구를 충족하고자 할 때 햄버거를 먹을지 아니면 레스토랑에서 다른 음식을 먹을 것인지 결정하게 된다. 이때 고객의 입장에서 본다면 두 곳 모두 경쟁의 상대가 될 수 있다는 것이다.

6) 점포분석

점포분석이란 고객에게 제품과 서비스를 판매하는 데 필요한 물리적 공간과 설비에 대한 분석이다. 점포분석에서 결정하거나 결정된 내용에 따라 추정해야 하는 내용들은 주로 취급할 상품의 종류와 재고수준의 결정이나 필요한 공간의 넓이, 내부장식, 소요인력, 외부장식 등이 있다.

(1) 상품의 종류와 재고 수준

시장분석단계에서 수행된 입지선정과 상권분석의 결과에 따라 표적 고객의 특성을 규명하고 그에 의하여 취급할 상품의 종류와 수량을 추정한다.

취급할 상품의 재고 수준을 결정할 때에는 자본금의 규모나 점포의 크기 등을 고려해야 한다.

(2) 외부장식

점포의 외부장식을 잘 갖추는 것은 고객을 효과적으로 유인하기 위한 것이다. 점포의 외양은 고객들에게 상점의 개방성, 활기, 안정, 일관성이 있다는 인상을 심어줄 수 있어야 하고 목표 고객에게 상점의 특별한 이미지를 전달할 수 있어야 한다. 외부장식으로 주로 고려해야 할 사항은 간판, 입구, 진열장, 주차장 등이다.

(3) 소요 인력

인력계획에 있어서 고려할 사항은 소요 인원수, 기능, 성별, 나이, 급여 등이다. 특히 소매점의 경우는 어떤 기능을 지닌 사람이 필요한가를 파악하는 것이다. 예를 들면 어느 정도의 지식과 관심이 있는지, 대인관계 능력은 있는지, 판매경력은 있는지 등을 파악하는 것이다.

(4) 내부시설의 구조

내부시설의 구조는 구상한 점포의 계획이 실제로 실현 가능한가를 확인하고 점포에 가장 부합하는 공간 활용 계획을 세우기 위한 것이다. 따라서 내부시설의 구조를 검토할 때 통로나 진열, 집기와 장비, 수금 카운터, 점포 내 휴식공간 등을 확인해야 한다.

(5) 소요자금 추정

점포 분석을 하기 위해서는 점포의 운영에 들어가는 비용을 추정해 봐야 한다. 소요자금으로는 크게 고정자본, 운전자본, 초기비용(개업 준비비용, 창업비) 등이 있다.

 **사업계획서 작성**

1. 사업계획의 정의

사업계획서는 사업을 시작하기 전에 창업을 위해 모아 놓은 각종 자료들과 메모들, 그리고 그동안 기획한 내용을 총정리해 보는 것이다. 즉 사업계획서는 사업을 검토하는 데 타당성이 인정되는 경우에 한하여 작성하는 것으로서 사업의 내용, 경영방침, 기술문제, 시장성, 판매전망, 수익성, 소요자금 조달 및 운영계획, 인력 충원계획 등을 정리한 일체의 서류를 말한다.

사업계획서는 창업자 자신을 위해서 사업성공의 가능성을 높여주는 동시에 계획적

창업을 가능하게 해주고, 창업기간을 단축하여 주며, 계획사업의 성취에도 긍정적인 영향을 미친다. 또한 창업에 도움을 줄 제3자에게 투자의 관심 유도와 설득자료로 활용도가 매우 높다.

따라서 사업계획서 작성은 정확성과 객관성이 유지되어야 하며, 전문성과 독창성을 갖춘 보편타당한 사업계획서를 완성해야 한다.

2. 사업계획서 수립의 목적

창업을 준비하면서 사업계획서를 작성해 보는 것은 반드시 필요한 사항이다. 사업을 할 때 생각하고 구체적으로 문서화하지 않는 경우가 많은데 이런 경우 계획한 방향으로 진행되지 않을 수 있다. 따라서 문제를 해결하고 효과적인 창업을 위해 체계적인 사업계획은 반드시 필요하다.

1) 사업의 지침 역할

창업 준비를 하다 보면 처음의 구상과 다르게 엉뚱한 방향으로 흐르는 경우가 있다. 이런 경우 잘 정리된 사업계획서는 사업의 기본 방향과 목적을 명쾌하게 알려주는 지침서의 역할을 할 수 있다.

2) 창업 진행상의 결점 파악과 대처방안의 마련

사업계획서를 작성하다 보면 어려운 부분이나 서로 연결이 안 되는 부분, 기타 결점을 발견하게 된다. 이 경우 전체적인 사업계획으로 묶다보면 창업계획의 장·단점을 알게 되고 이를 보완하기 위한 대처방안을 수립할 수 있게 된다.

3) 투자 유치나 대출을 받을 때 유용한 도구로 사용

사업을 시작하려는 사람들이 겪는 문제 중 하나가 바로 자금조달인데, 부족한 자금을 조달하기 위한 방법으로는 투자를 유치하거나 금융기관에서 대출을 받아야 한다. 이럴 때 가장 유용한 도구로 사용되는 것이 바로 사업계획서이다.

투자자나 금융기관의 경우 수익이 나는 사업에 투자를 하게 되어 있다. 즉 논리정연하고 설득력 있으며 사업의 달성 가능성을 반영한 사업계획서는 투자자나 금융기관에게 매력적인 도구로 작용할 수 있다.

3. 사업계획서 작성방법

사업계획서는 사업의 목적과 기본방향을 염두에 두고 사업계획서 안에 담아야 할 내용을 체계적으로 작성해 나가야 한다. 일정한 작성순서와 방법에 의하여 작성해 나가다 보면 짧은 시간 내에 좋은 사업계획서를 만들 수 있다.

1) 사업계획서 형태 결정

사업계획서를 작성하는데 이미 정해진 양식이 있으면 소정양식에 의해 작성해야 하며, 만일 소정양식이 없으면 어떤 형태로 작성할 것인지 먼저 결정하고 글자체의 결정이나 그림, 도표의 활용, 표지, 디자인 등을 결정해야 한다.

2) 기본 내용의 결정

사업계획서의 형태가 결정되면 어떠한 내용을 적을 것인가를 생각하며 기본 내용의 목차를 정리해야 한다. 예를 들어 일반현황, 사업개요, 시장현황과 분석, 판매계획, 조직 및 인원계획, 재무계획 등 주요 내용들을 정리하는 것이다.

3) 시장조사

구상하고 있는 사업과 관련하여 시장규모 및 전망, 경쟁상황, 유통경로, 매입처, 매출처 등 시장조사를 실시한다. 조사된 내용 중에서 사업계획서 구성상 반영이 필요한 사항은 별도로 표시해 두고 계획서에 반영한다.

4) 본문내용 작성

수집된 정보나 자료를 토대로 본문내용을 작성한다. 작성방법은 기본내용에서 결정한 순서에 따라 작성하며 세부적인 항목들은 보유한 자료나 표현 가능한 사업구상의 범위 내에서 결정한다.

5) 첨부서류 준비

모든 사업계획서에는 사업계획의 내용을 증명할 수 있는 참고자료가 첨부되어야 한다. 특히 자금이나 사업의 인·허가 기관에서는 규정에 의하여 필요한 구비서류를 요구하는 경우가 있다. 이러한 구비서류들은 신청자격 여부의 결정과 사업심의과정에서 평가요소로 반영되기 때문이 반드시 준비해 두어야 한다.

6) 내용 재검토

작성된 사업계획서는 최소 2~3회 정도 재검토를 실시한다. 내용관련 부분뿐 아니라 잘못된 글자나 특히 자금조달을 위한 내용에서는 숫자를 정확하게 재검토해야 계획서의 오류로 인한 피해를 막을 수 있다.

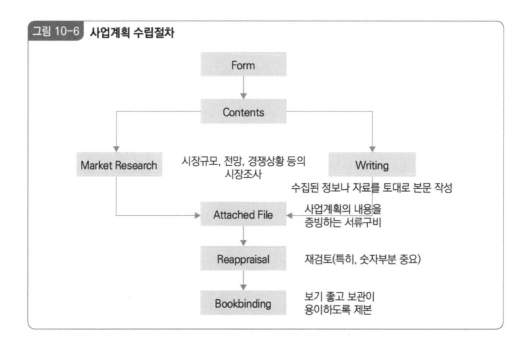

그림 10-6　**사업계획 수립절차**

Form
↓
Contents
↙　　　↘
Market Research　시장규모, 전망, 경쟁상황 등의 시장조사　Writing
　　　　　　　　수집된 정보나 자료를 토대로 본문 작성
↓
Attached File　사업계획의 내용을 증빙하는 서류구비
↓
Reappraisal　재검토(특히, 숫자부분 중요)
↓
Bookbinding　보기 좋고 보관이 용이하도록 제본

4. 사업계획서의 주요 내용

사업계획서의 구성내용은 사업계획서의 용도 또는 목적에 따라 그 내용이 달라질 수 있다. 소정양식의 사업계획서는 정해진 양식에 충실하되 필요한 경우 보완사항을 추가하도록 하고 일반 사업계획서의 경우는 다음의 구성내용을 참조하여 적절한 변화를 주어 작성한다.

첫째, 일반현황에서는 업체명, 대표자, 설립일자, 업종 등 일반적인 회사의 개요를 기록한다. 여기서 대표 또는 임원은 사실적으로 소개하는 것이 좋다.

둘째, 사업개요에서는 기업과 사업내용의 성장가능성 및 기대효과 등에 관하여 관심을 유발하도록 한다. 만일 그렇지 못하면 사업계획이 평범하다고 판단하여 나머지 부분에 흥미를 느끼지 않게 된다.

사람들에게 이미 알려진 기업이라면 그 기업이 무엇을 하고 어떻게 성장했는지 서술할 필요는 없다.

셋째, 시장현황과 분석에서는 잠재적 구매자에 대한 조사 및 시장규모, 경쟁과 도달가능한 시장점유율 등의 정보를 제공한다. 그리고 시장분석에 근거한 전략도 명확하게 기술한다.

넷째, 판매계획에서는 제품과 서비스를 충족시킬 시장욕구를 파악하는 마케팅 노력에 대해서 기술한다. 제품에 대해 가능성 있는 수요가 있다는 것을 설명하고 가격, 광고전략, 유통전략, 상품전략 등을 기술한다.

다섯째, 조직 및 인원계획에 대해서 대표자와 경영진, 직원현황 등을 기술한다.

여섯째, 재무계획에서는 3~5년 정도의 추정대차대조표, 추정손익계산서, 비용과 매출 및 이익 등을 분석한다.

이 외에도 자금운용 및 조달계획에서 소요되는 자금과 조달계획, 문제점과 해결방안 등에 대하여 기술한다.

| 표 10-1 | 사업계획서의 주요 내용

항목	주요 작성 내용
1. 일반현황	대표자 및 회사의 일반 현황
2. 사업개요	사업목적과 내용, 성장가능성, 기대효과
3. 시장현황과 분석	시장규모와 전망, 경쟁자 분석, SWOT 분석, 시장점유율
4. 판매계획	상품, 가격, 유통, 촉진, 상권개요, 입지분석
5. 조직 및 인원계획	조직도, 직무 또는 직위별 인력현황
6. 재무계획	추정대차대조표, 추정손익계산서, 매출 비용
7. 자금운용 및 조달계획	소요자금, 조달계획
8. 사업추진일정	사업추진에 대한 일자별 일정

참고문헌

1. 국내문헌

강병남, 외식산업실무론, 지구문화사, 2008.

고재용 · 하진영 · 오선영, 사례로 배우는 마케팅, 파워북, 2010.

김민주, 시장의 흐름이 보이는 경제법칙 101, 위즈덤하우스, 2011.

김범종 · 박승환 · 송인암 · 황용철, 마케팅 원리와 전략, 대경, 2009.

김성혁 · 황수영 · 김연선, 외식마케팅론, 백산출판사, 2009.

김수헌, 이재홍, 1일 3분 1회계, 어바웃북, 2020.

김영갑 · 홍종숙 · 김문화 · 한정숙 · 김선희 · 박상복, 외식마케팅, 교문사, 2009.

김헌희 · 이대홍 · 김상진, 글로벌시대의 외식산업경영의 이해, 백산출판사, 2007.

김형길 · 김정희, 마케팅의 이해, 두남, 2010.

모수미, 우리나라 외식산업 발전방향, 식품산업, 1987.

박기용, 외식산업경영학, 대왕사, 2009.

박종민, 회계학 콘서트 1, 한국경제신문, 2013.

방용성 · 주윤황, 창업, 학현사, 2009.

변영계, 교수학습이론의 이해, 학지사, 2006.

신재영 · 박기용 · 정청송, 호텔, 레스토랑 식음료서비스 관리론, 대왕사, 2005.

신지영, 김대현, 통계란 무엇인가, 주니어김영사, 2015.

어윤선 · 박승영 · 김종택, 외식산업경영론, 대왕사, 2009.

오수균 · 오병석 · 박수용 · 김인준, 마케팅원론, 두남, 2010.

유필화, 디지털시대의 경영학, 박영사, 2001.

이수광 · 이재섭, 서비스산업의 인적자원관리, 대왕사, 2003.

이와나가 요시히로, 회사의 운명을 좌우하는 브랜드 네이밍 개발법칙, 이서원, 2007.

이유재, 서비스마케팅, 학현사, 1997.

이정실, 외식기업경영론, 기문사, 2007.

이정학, 서비스마케팅, 대왕사, 2009.

전영직 · 원융희, 외식산업 경영과 창업, 백산출판사, 2008.

정경일, 브랜드 네이밍, 커뮤니케이션북스, 2014.

정용주, 외식마케팅, 백산출판사, 2011.

차길수·윤세목, 호텔경영학원론, 현학사, 2008.

최낙환·송윤헌·박만석, 마케팅의 이해, 대경, 2004.

최상철, 외식산업개론, 대왕사, 2008.

추헌, 경영학원론, 형설출판사, 1993.

한국심리학회, 게슈탈트 심리학, 심리학용어사전, 2014.

한국외식산업연구소, 외식사업경영론, 2006.

한국프랜차이즈협회, 프랜차이즈 가맹점 창업 및 운영실무, 2004.

한국프랜차이즈협회, 프랜차이즈 경영원론, 2004.

홍기운, 최신외식산업개론, 대왕사, 2008.

홍기운·진양호·김장익, 최신식품구매론, 대왕사, 2006.

2. 국외문헌

Cichy, Ronald F. & Wise, Paul E., Managing Service in Food and Beverage Operations, AH&LA, 1999.

Davis, Bernard, Food and Beverage Management, BH, 1998.

Green, Eric F. & Drake Gaulen G., Profitable Food and Beverage Management Planning, VNR, 1991.

IFA, Franchising, Educational Foundation INC., 1998.

Kano, Noriaki, "Attractive quality and must-be quality" The Journal of the Japanese Society for Quality Control, April, 1984.

Khan Mahmood A., Concept of Foodservice Operations and Management, VNR, 1990.

Kotler Philip & Keller L. Keller, Marketing Management, 13th ed., Prentice-Hall Inc., 2009.

Kotler, Bowen & Makens, Marketing for Hospitality & Tourism, Prentice-Hall, 1996.

Kotschevar, Lendal H. & Tanke, Mary L., Managing Bar and Beverage Operations, AH&LA, 1996.

Lefever, Michale M., Restaurant Basics, Hohn Wiley & Sons, 1992.

McLeod, S. A., Skinner - Operant Conditioning. Retrieved from www.simplypsychology.org/operant-conditioning.html. 2015.

Mcverty, Paul J., Ware, Bradley J. & Levesque Claudette, Fundamentals of Menu Planning, John Wiley & Sons, 2001.

Melaniphy, John C., Restaurant and Fastfood Site Selection, John Wiley & Sons, 1992.

Michale E. Porter, The Competitive Advantage, The Free Press, 1985.

Michale E. Porter, The Competitive Strategy, The Free Press, 1980.

Ninemeier, Jack D., Planning and Control for Food and Beverage Operations, AH&LA, 2001.

Paul J. Mcvety, Bradley J. Ware & Claudette Levesque, Fundamentals of Menu Planning, John Wiley & Sons, 2001.

Stauss, Bernd, Global World-of-Mouth: Service Bashing on the Internet is a Thorny Issue, Marketing Management, 1997.

Zeithaml, V. A. & Bitner, M. J., Service Marketing, NY: McGraw-Hill, 1996.

土井利雄, 外食, 東京: 日本經濟新聞社, 1990.

3. 인터넷사이트

국립농산물품질관리원, https://www.naqs.go.kr/main/main.do

국회법률지식정보시스템, http://likms.assembly.go.kr

네이버, www.naver.com

더외식, www.atfis.or.kr

동아일보, www.donga.com

매일경제, 1999. 4. 7.

삼성경제연구소, www.seri.org

식품의약품안전청, www.kfda.go.kr

에코저널, 2010. 9. 15.

이명헌, 경영스쿨, http://www.emh.co.kr/xhtml/ms_natural_monopoly.html

전자신문, 2008. 2. 27.

통계청, www.kostat.go.kr

한국관광공사, www.visitkorea.or.kr

▌저자소개

정 용 주

- 경기대학교 대학원 관광경영학과 졸업(관광학 석사)
- 경기대학교 대학원 호텔경영학과 졸업(관광학 박사)
- 호텔신라 매니저
- 아티제블랑제리 마케팅과장
- 삼성그룹 Six Sigma Black Belt
- Lausanne Hospitality 'Service Trainer' Certificate
- 마케팅기획전문가 Certificate
- 현) 경남정보대학교 호텔외식조리계열 교수

〈저서 및 논문〉
- 만화로 보는 글로벌 에티켓과 음식문화(백산출판사, 2010)
- 외식마케팅(백산출판사, 2011)
- 외식산업의 경영과 마케팅(백산출판사, 2021)
- 갈등관리 유형이 리더신뢰와 이직의도에 미치는 영향에 관한 연구(2007) 외 다수

저자와의
합의하에
인지첩부
생략

외식경영론

2011년 2월 7일 초 판 1쇄 발행
2023년 1월 30일 제3판 1쇄 발행

지은이 정용주
펴낸이 진욱상
펴낸곳 백산출판사
교 정 박시내
본문디자인 오행복
표지디자인 오정은

등 록 1974년 1월 9일 제406-1974-000001호
주 소 경기도 파주시 회동길 370(백산빌딩 3층)
전 화 02-914-1621(代)
팩 스 031-955-9911
이메일 edit@ibaeksan.kr
홈페이지 www.ibaeksan.kr

ISBN 979-11-6639-300-6 93590
값 27,000원